Lecture Notes in Mathematics

A collection of informal reports and seminars
Edited by A. Dold, Heidelberg and B. Eckmann, Zürich

Series: Mathematisches Institut der Universität Heidelb...
Adviser: K. Krickeberg

157

Tammo tom Dieck
Universität des Saarlandes, Saarbrücken

Klaus Heiner Kamps
Universität Konstanz

Dieter Puppe
Universität Heidelberg

Homotopietheorie

Springer-Verlag
Berlin · Heidelberg · New York 1970

Title No. 3314

Offsetdruck: Julius Beltz, Weinheim/Bergstr.

Vorwort

Diese Ausarbeitung geht zurück auf eine Vorlesung, die ich im Herbst und Winter 1966/67 an der University of Minnesota, Minneapolis, Minn. USA gehalten habe, und deren Ziel es war, die Grundzüge der Homotopietheorie lückenlos ohne Verwendung anderer Teile der algebraischen Topologie (wie z.B. Homologietheorie) aufzubauen und dabei bis zu interessanten Resultaten (wie z.B. den Einhängungssätzen und dem Satz von James über den Schleifenraum einer Einhängung) zu gelangen. Im Wintersemester 1967/68 habe ich an der Universität des Saarlandes, Saarbrücken nochmals über das gleiche Thema gelesen und mich bemüht, die Darstellungsweise zu verbessern. Zwei Hörer dieser Vorlesung haben die vorliegende Ausarbeitung verfaßt: K.H. Kamps die §§ 0-7 und den Anhang, T.tom Dieck die §§ 8-17.

In den §§ 1-9 wird die Theorie der Cofaserungen und Faserungen ausführlich behandelt. Die Ergebnisse und Methoden sind zum größten Teil bekannt, finden sich aber sonst nicht in systematischer Zusammenstellung und scheinen mir grundlegend zu sein.

Der § 10 über die Operation des Fundamentalgruppoids auf den Homotopiemengen wurde von tom Dieck nach eigenen Ideen ausgebaut. (In der Vorlesung kam nur der Fall K = Punktraum vor.)

In den §§ 11-13 werden die Homotopiegruppen im Zusammenhang mit den Funktoren "Einhängung", "Schleifenraum" und den Begriffen "H-Raum", "Co-H-Raum" eingeführt.

§ 14 enthält die Faserfolge, aus der sich die exakten Homotopiesequenzen für Paare und für Faserungen als Korollare ergeben. Dual dazu ist die "Cofaserfolge". Auf ihre Beschreibung haben wir verzichtet, weil sie sich ganz analog entwickeln läßt und weil sie in [19] (unter dem Namen "Abbildungsfolge") eingehend diskutiert wird. (Die Darstellung in [19] ist an einigen Punkten umständlicher als sie heute möglich ist, indem man mit Hilfe der Ergebnisse von §§ 1,2 genau dual zu § 14 vorgeht.)

Die §§ 15-17 bringen den Homotopie-Ausschneidungssatz von Blakers-Massey, Einhängungssätze und eine Verallgemeinerung des Satzes von James über den Schleifenraum einer Einhängung. Dieser Satz wird mit rein homotopietheoretischen Mitteln bewiesen, und man erhält eine echte Homotopieäquivalenz, wo die sonst verwendeten Methoden nur eine schwache Homotopieäquivalenz liefern. Nach Fertigstellung dieses Manuskripts habe ich gemerkt, daß man den in § 17 gegebenen Beweis unter Beibehaltung der Grundideen noch etwas vereinfachen kann [28].

Ursprünglich habe ich den Satz von James zum Beweis der Einhängungssätze herangezogen. Erst später habe ich den hier in § 15 ausgeführten elementaren Beweis des Homotopie-Ausschneidungssatzes gefunden. (Eine wichtige Idee dazu erhielt ich durch eine mündliche Mitteilung von J.M. Boardman.) Er eröffnet einen einfacheren Zugang zu den Einhängungssätzen und damit zu den ersten interessanten Aussagen über die Homotopiegruppen von Sphären (vgl. 16.3) als der Satz von James und als alle anderen uns bekannten Methoden. Daher haben wir entsprechend umgestellt. Geblieben ist von dem früheren Aufbau, daß die Homotopiegruppen erst verhältnismäßig spät erscheinen, obwohl das jetzt nicht mehr nötig wäre. Von den vorhergehenden §§ 1-12 wird für sie nur ein kleiner Teil gebraucht. Für den Satz von James wird die Theorie der §§ 1-12 dagegen entscheidend verwendet (s. insbesondere 17.8 Hilfssatz 14).

Ich danke meinen beiden Mitautoren für die Zusammenarbeit. Herrn Ulrich Mayr danke ich für eine kritische Durchsicht und Frau Marianne Karl für das Schreiben des Manuskripts.

Heidelberg, den 10.5.1970 D. Puppe

Inhalt

§ 0. Kategorientheoretische Grundlagen. Grundlagen der Homotopietheorie.

0.1 Kategorientheoretische Grundlagen.

(0.1) Wir stellen uns auf den Standpunkt von Brinkmann-Puppe [4] und bauen die Theorie der Kategorien auf einer Mengenlehre mit Universen auf (Brinkmann-Puppe [4], 1.15, 1.16). Wir setzen die Grundbegriffe der Kategorientheorie (Kategorie, Funktor, natürliche Transformation, duale Kategorie, Diagramm usw.), wie sie etwa in Brinkmann-Puppe [4], 0., 2. definiert sind, als bekannt voraus.
Ist $\mathfrak{C}$ eine Kategorie, dann bezeichne $|\mathfrak{C}|$ die Menge der Objekte von $\mathfrak{C}$, $\mathfrak{C}(X,Y)$ die Menge der Morphismen von X nach Y $(X,Y \in |\mathfrak{C}|)$, id_X die Einheit von $\mathfrak{C}(X,X)$ $(X \in |\mathfrak{C}|)$.
$f : X \longrightarrow Y$ steht für $f \in \mathfrak{C}(X,Y)$. Für die Komposition zweier Morphismen $f : X \longrightarrow Y$ und $g : Y \longrightarrow Z$ schreiben wir gf oder $g \circ f$.

(0.2) Wir werden uns im folgenden hauptsächlich mit der Kategorie Top der topologischen Räume und stetigen Abbildungen befassen.
Die Grundlagen der mengentheoretischen Topologie setzen wir dabei als bekannt voraus.
Wir verwenden die folgenden Bezeichnungen.
$\mathbb{N}$ bezeichne die Menge der natürlichen Zahlen, $\mathbb{N} = \{0, 1, 2, \ldots\}$.
$\mathbb{R}$ sei der topologische Raum der reellen Zahlen. Die folgenden beiden Teilräume von $\mathbb{R}$ werden uns häufig begegnen: das abgeschlossene Einheitsintervall $[0,1]$ der reellen Zahlen - wir bezeichnen es mit I - und der Teilraum der

nicht negativen reellen Zahlen $\{x \in \mathbb{R} | x \geq 0\}$ - wir bezeichnen ihn mit $\mathbb{R}^+$.

$\mathbb{R}^n$ sei der n-dimensionale euklidische Raum ($n \in \mathbb{N}, n \geq 1$),

E^n die n-dimensionale Vollkugel vom Radius 1 ($n \in \mathbb{N}, n \geq 1$),

S^n die n-Sphäre ($n \in \mathbb{N}$).

Sind X,Y topologische Räume, dann sei $pr_1 : X \times Y \longrightarrow X$ die Projektion des topologischen Produktes $X \times Y$ auf den ersten, $pr_2 : X \times Y \longrightarrow Y$ die Projektion auf den zweiten Faktor.

Ist X ein topologischer Raum, A ein Teilraum von X, dann sei X/A der topologische Raum, der aus X entsteht, wenn A zu einem Punkt identifiziert wird. *)

(0.3) $\mathfrak{C}$ sei eine Kategorie. Sind $f : X \longrightarrow Y$, $g : Y \longrightarrow X$ Morphismen von $\mathfrak{C}$ mit $gf = id_X$, so heißt g <u>linksinvers</u> zu f, f <u>rechtsinvers</u> zu g.

Ein Morphismus von $\mathfrak{C}$ heißt <u>Schnitt</u>, wenn er ein Linksinverses hat, ein Morphismus heißt <u>Retraktion</u>, wenn er ein Rechtsinverses hat.

Ein Morphismus f von $\mathfrak{C}$ heißt <u>Isomorphismus</u>, wenn ein Morphismus g existiert, der <u>invers</u> (d.h. linksinvers und rechtsinvers) zu f ist.

Ein solches g ist durch f eindeutig bestimmt.

Wir schreiben $g =: f^{-1}$.

(0.4) <u>Bemerkung</u>. Sei $\mathfrak{C}$ die Kategorie Top der topologischen Räume. Ist X ein topologischer Raum, A ein Teilraum von X, $i : A \subset X$ die Inklusion, dann interessieren vor allem diejenigen Retraktionen $r : X \longrightarrow A$, für die $ri = id_A$ gilt.

Eine solche Retraktion nennen wir <u>Retraktion von X auf A</u>.

---

*) Ist A leer, dann ist X/A die topologische Summe von X und einem Raum, der genau einen Punkt hat.

Der Teilraum A heißt <u>Retrakt</u> von X, wenn eine Retraktion von X auf A existiert.

(0.5) Eine <u>natürliche Äquivalenzrelation</u> "$\sim$" in einer Kategorie $\mathfrak{C}$ besteht aus je einer Äquivalenzrelation "$\sim_{(X,Y)}$" =: "$\sim$" in jeder Morphismenmenge $\mathfrak{C}(X,Y)$ $(X,Y \in |\mathfrak{C}|)$, so daß für alle $f,g : X \longrightarrow Y$, $f',g' : Y \longrightarrow Z$ gilt: $(f \sim g$ und $f' \sim g') \Rightarrow (f'f \sim g'g)$.
Ist "$\sim$" eine natürliche Äquivalenzrelation in $\mathfrak{C}$, so kann man die <u>Quotientkategorie</u> $\mathfrak{C}/(\sim)$ bilden (Mitchell [17], I.3). $\mathfrak{C}/(\sim)$ hat dieselben Objekte wie $\mathfrak{C}$. Die Morphismen von $\mathfrak{C}/(\sim)$ sind die Äquivalenzklassen $[f]$ bezüglich "$\sim$" der Morphismen f von $\mathfrak{C}$. Die Komposition in $\mathfrak{C}/(\sim)$ ist durch die Gleichung $[g][f] = [gf]$ gegeben. Die Einheiten von $\mathfrak{C}/(\sim)$ sind die Äquivalenzklassen bezüglich "$\sim$" der Einheiten von $\mathfrak{C}$.

(0.6) Sei $\mathfrak{C}$ eine Kategorie.
Ein Diagramm in $\mathfrak{C}$

(0.7)

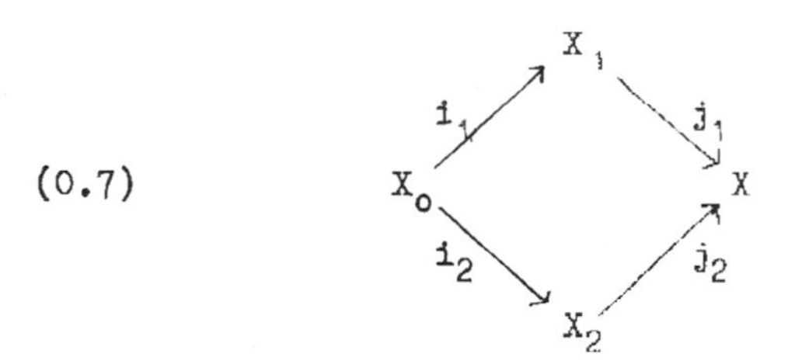

heißt <u>cokartesisches Quadrat</u>, wenn die Bedingungen (1) und (2) erfüllt sind:

(1) $j_1 i_1 = j_2 i_2$ (d.h. das Diagramm ist kommutativ),

(2) Zu je zwei Morphismen $f_1 : X_1 \longrightarrow Y$, $f_2 : X_2 \longrightarrow Y$ von $\mathfrak{C}$ mit $f_1 i_1 = f_2 i_2$ gibt es genau einen Morphismus $f : X \longrightarrow Y$ von $\mathfrak{C}$ mit $f j_\nu = f_\nu$ $(\nu = 1,2)$.

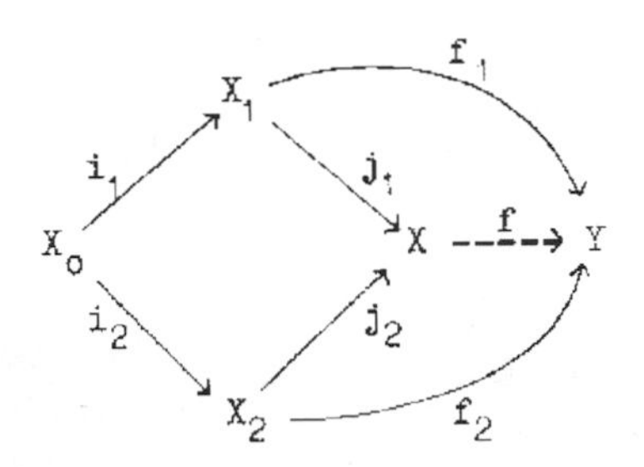

Verzichtet man in (2) auf die Forderung der Eindeutigkeit von f, erhält man den Begriff
" <u>schwach cokartesisches Quadrat</u> "(Freyd).

<u>Bemerkung</u>. In einem cokartesischen Quadrat (0.7) ist

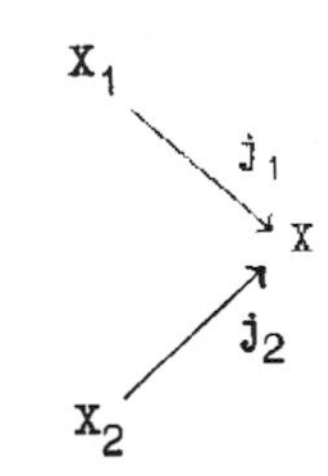

durch

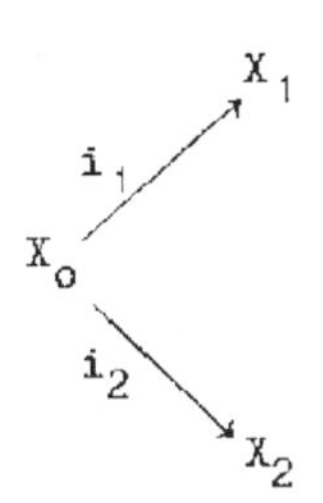

bis auf Isomorphie eindeutig bestimmt.

(0.8) Dual *) zum Begriff " cokartesisches Quadrat " ist der Begriff " kartesisches Quadrat ".

Sei $\mathfrak{C}$ eine Kategorie.

---

*) Genau: $({}^*\mathfrak{C} \mid \mathfrak{C})$-dual im Sinn von Brinkmann-Puppe [4], 2.2 (Übergang von $\mathfrak{C}$ zur dualen Kategorie ${}^*\mathfrak{C}$).

Ein Diagramm in $\mathfrak{C}$

(0.9)

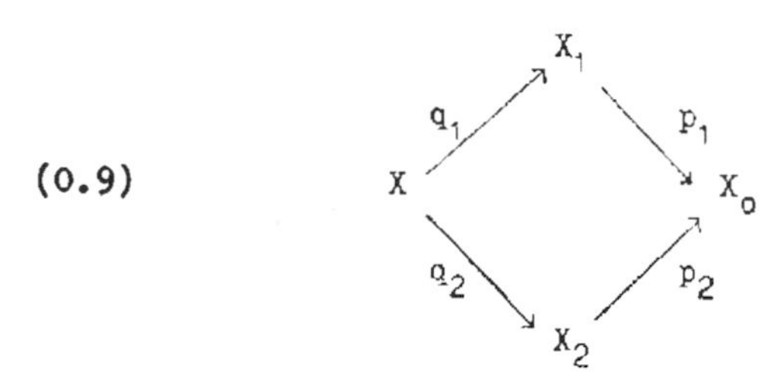

heißt <u>kartesisches Quadrat</u>, wenn (1) und (2) erfüllt sind:

(1) $p_1 q_1 = p_2 q_2$

(2) Zu je zwei Morphismen $f_1 : Y \longrightarrow X_1$, $f_2 : Y \longrightarrow X_2$ von $\mathfrak{C}$ mit $p_1 f_1 = p_2 f_2$ gibt es genau einen Morphismus $f : Y \longrightarrow X$ von $\mathfrak{C}$ mit $q_\nu f = f_\nu$ $(\nu = 1,2)$.

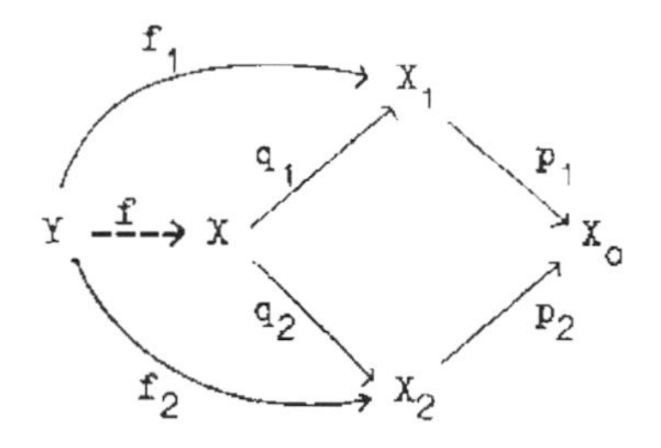

Verzichtet man in (2) auf die Forderung der Eindeutigkeit von f, erhält man den Begriff
" <u>schwach kartesisches Quadrat</u> ".

<u>Bemerkung</u>. In einem kartesischen Quadrat (0.9) ist

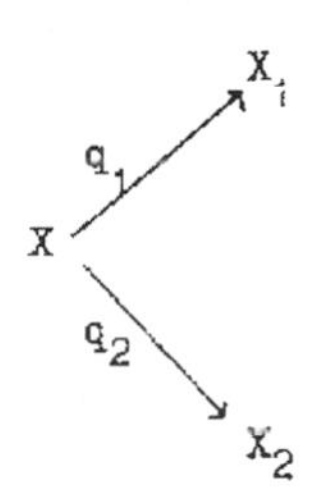

durch

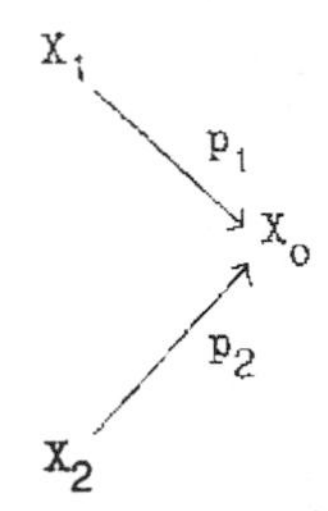

bis auf Isomorphie eindeutig bestimmt.

(0.10) Satz. Sei $\mathfrak{C}$ eine Kategorie. Gegeben seien die Diagramme (D1), (D2), (D3) in $\mathfrak{C}$:

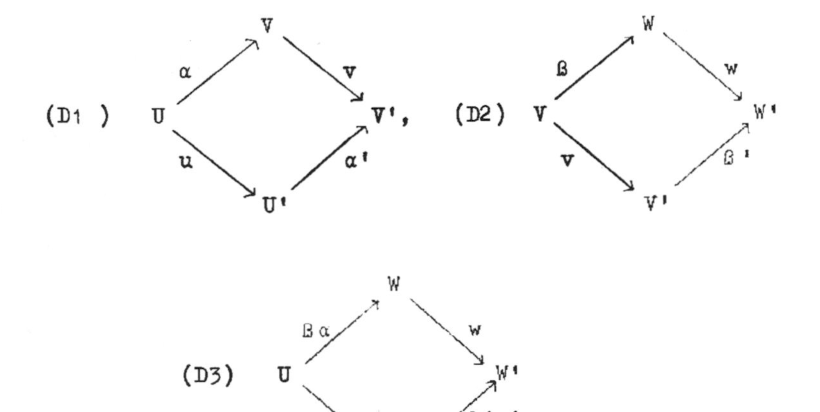

$$\begin{array}{ccccc} & & W & & \\ & \nearrow^{\beta\alpha} & & \searrow^{w} & \\ U & & & & W' \\ & \searrow_{u} & & \nearrow_{\beta'\alpha'} & \\ & & U' & & \end{array} \qquad (D3)$$

Behauptung. (a) Sind (D1) und (D2) schwach cokartesische Quadrate, so ist (D3) ein schwach cokartesisches Quadrat.

(b) Sind (D1) und (D2) cokartesische Quadrate, so ist (D3) ein cokartesisches Quadrat.

(c) Sind (D1) und (D2) schwach kartesische Quadrate, so ist (D3) ein schwach kartesisches Quadrat.

(d) Sind (D1) und (D2) kartesische Quadrate,so ist

(D3) ein kartesisches Quadrat.

Der Beweis des Satzes ist einfach und sei dem Leser überlassen (vgl. Brown [5], 6.6.5, Kamps [15],0.10).

Man beachte: (c) ist dual zu (a), (d) ist dual zu (b).

(0.11) Neben der Kategorie der topologischen Räume werden wir uns mit einigen anderen Kategorien beschäftigen, die aus der Kategorie Top abgeleitet sind.

Dazu führen wir die folgenden allgemeinen kategorientheoretischen Konstruktionen ein.

Sei $\mathfrak{C}$ eine Kategorie und seien K,L Objekte von $\mathfrak{C}$.

Wir definieren Kategorien $\mathfrak{C}^K$, $\mathfrak{C}_L$, $\mathfrak{C}^K_L$.

Die <u>Objekte</u> von $\mathfrak{C}^K$ seien die Morphismen von $\mathfrak{C}$, die K als Quelle haben, die Objekte von $\mathfrak{C}_L$ seien die Morphismen von $\mathfrak{C}$, die L als Ziel haben, die Objekte von $\mathfrak{C}^K_L$ seien die Diagramme ξ in $\mathfrak{C}$ der Form

$$K \xrightarrow{i} X \xrightarrow{p} L.$$

Seien i,i' (p,p' ; ξ, ξ') Objekte von $\mathfrak{C}^K$ ($\mathfrak{C}_L$, $\mathfrak{C}^K_L$).

Die <u>Morphismen</u> i $\longrightarrow$ i' (p $\longrightarrow$ p', $\xi \longrightarrow \xi$') von $\mathfrak{C}^K$ ($\mathfrak{C}_L$, $\mathfrak{C}^K_L$) seien die kommutativen Diagramme in $\mathfrak{C}$ der Form

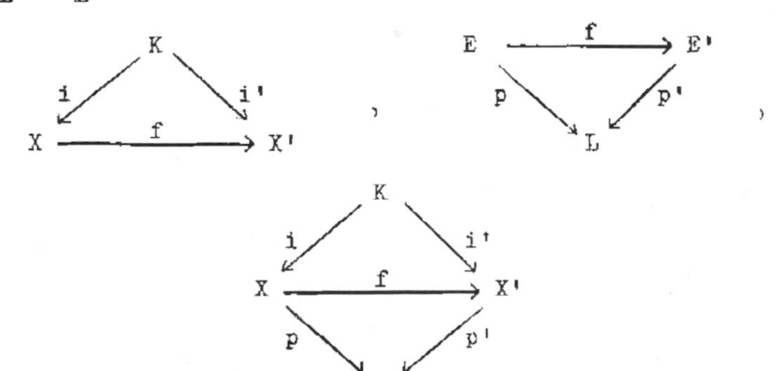

Wir schreiben dann (abus de langage):

$f: i \longrightarrow i'$, $f: p \longrightarrow p'$, $f: \xi \longrightarrow \xi'$.

Die Komposition der Morphismen in den neuen Kategorien ist von der Komposition in $\mathfrak{C}$ induziert. Einheiten sind

$id_X : i \longrightarrow i$, $id_E : p \longrightarrow p$, $id_X : \xi \longrightarrow \xi$.

$\mathfrak{C}^K$ heißt Kategorie der Objekte unter K, $\mathfrak{C}_L$ Kategorie der Objekte über L, $\mathfrak{C}_L^K$ Kategorie der Objekte unter K und über L.

Wir vermerken: Ein Morphismus f von $\mathfrak{C}^K$ ($\mathfrak{C}_L$, $\mathfrak{C}_L^K$) ist genau dann ein Isomorphismus von $\mathfrak{C}^K$ ($\mathfrak{C}_L$, $\mathfrak{C}_L^K$), wenn f ein Isomorphismus von $\mathfrak{C}$ ist.

Bemerkungen. Ist K ein Copunkt der Kategorie $\mathfrak{C}$, d.h. hat $\mathfrak{C}(K,X)$ für alle $X \in |\mathfrak{C}|$ genau ein Element, so kann man $\mathfrak{C}^K$ in kanonischer Weise mit $\mathfrak{C}$ und $\mathfrak{C}_L^K$ mit $\mathfrak{C}_L$ identifizieren.

Ist L ein Punkt der Kategorie $\mathfrak{C}$, d.h. hat $\mathfrak{C}(X,L)$ für alle $X \in |\mathfrak{C}|$ genau ein Element, so kann man $\mathfrak{C}_L$ in kanonischer Weise mit $\mathfrak{C}$ und $\mathfrak{C}_L^K$ mit $\mathfrak{C}^K$ identifizieren.

(0.12) Im Fall $\mathfrak{C}$ = Top heißen die Objekte von $\mathfrak{C}^K$ Räume unter K, die Objekte von $\mathfrak{C}_L$ Räume über L, die Objekte von $\mathfrak{C}_L^K$ Räume unter K und über L, die Morphismen von $\mathfrak{C}^K$ ($\mathfrak{C}_L$, $\mathfrak{C}_L^K$) Abbildungen unter K (über L, unter K und über L).

Statt Abbildung über L sagt man auch fasernweise Abbildung, da eine Abbildung über L $f: p \longrightarrow p'$ für jedes $b \in L$ die Faser über b $p^{-1}b$ in die Faser über b $p'^{-1}b$ abbildet.

Der leere topologische Raum $\emptyset$ ist ein Copunkt in der Kategorie Top.

Daher gilt: $Top^{\emptyset} = Top$, $Top_L^{\emptyset} = Top_L$ $(L \in |Top|)$.
Jeder Punktraum P, d.h. jeder topologische Raum P, dessen unterliegende Menge genau ein Element hat, ist ein Punkt in der Kategorie Top.
Daher gilt: $Top_P = Top$, $Top_P^K = Top^K$ $(K \in |Top|)$.
Wir verwenden ferner die Bezeichnung $Top^o := Top^P$.
Top^o nennen wir auch Kategorie der punktierten topologischen Räume.
Die Objekte von Top^o können wir als Paare (X,o) auffassen, wo X ein topologischer Raum und $o \in X$ ist. o heißt Grundpunkt. Die Morphismen $(X,o) \longrightarrow (X',o')$ von Top^o sind die grundpunkterhaltenden (punktierten) stetigen Abbildungen, d.h. die stetigen Abbildungen $f: X \longrightarrow X'$ mit $f(o) = o'$.

(0.13) Ist $\mathfrak{C}$ eine Kategorie, so haben wir ferner die Kategorie der Paare $\mathfrak{C}(2)$.
Die Objekte von $\mathfrak{C}(2)$ sind die Morphismen von $\mathfrak{C}$. Seien u,u' Objekte von $\mathfrak{C}(2)$. Die Morphismen $u \longrightarrow u'$ von $\mathfrak{C}(2)$ sind die kommutativen Diagramme in $\mathfrak{C}$ der Form

$$\begin{array}{ccc} X & \xrightarrow{f} & X' \\ u \downarrow & & \downarrow u' \\ Y & \xrightarrow{g} & Y' \end{array}$$

Wir schreiben $(f,g): u \longrightarrow u'$.
Die Komposition in $\mathfrak{C}(2)$ ist von der Komposition in $\mathfrak{C}$ induziert. Einheit $u \longrightarrow u$ ist der Morphismus (id_X , id_Y).
Ein Morphismus (f,g) von $\mathfrak{C}(2)$ ist genau dann ein Isomorphismus von $\mathfrak{C}(2)$, wenn f und g Isomorphismen von $\mathfrak{C}$ sind.

Zum Abschluß von 0.1 bitten wir den Leser, sich mit dem

Begriff adjungierter Funktoren vertraut zu machen (vgl. Mitchell [17], V.).

0.2 Grundlagen der Homotopietheorie.

(0.14) Definition. Eine stetige Abbildung der Form $\varphi: X \times I \longrightarrow Y$, wo X und Y topologische Räume sind, heißt Homotopie.

Eine Homotopie $\varphi: X \times I \longrightarrow Y$ liefert durch $\varphi_t(x) := \varphi(x,t)$ für $x \in X$ eine Familie stetiger Abbildungen $\varphi_t: X \longrightarrow Y$, $t \in I$.

Ist $j_t: X \longrightarrow X \times I$ die stetige Abbildung $x \longmapsto (x,t)$, so gilt $\varphi_t = \varphi \circ j_t$.

Definition. X,Y seien topologische Räume, $f,g: X \longrightarrow Y$ stetige Abbildungen.

f heißt homotop zu g, wenn eine Homotopie $\varphi: X \times I \longrightarrow Y$ existiert mit $\varphi_0 = f$ und $\varphi_1 = g$, wenn es also eine stetige Abbildung $\varphi: X \times I \longrightarrow Y$ gibt, so daß für alle $x \in X$ $\varphi(x,0) = f(x)$, $\varphi(x,1) = g(x)$.

Ein solches φ heißt Homotopie von f nach g.

Wir schreiben: $f \simeq g$, falls f homotop zu g ist, und $\varphi: f \simeq g$, falls φ eine Homotopie von f nach g ist.

(0.15) Satz. " $\simeq$ " ist eine natürliche Äquivalenzrelation in Top (vgl.(0.5)).

Beweis. 1. Reflexivität. $f : X \longrightarrow Y$ sei eine stetige Abbildung. Durch $\varphi(x,t) := f(x)$ für $(x,t) \in X \times I$ erhalten wir eine Homotopie $\varphi: X\times I \longrightarrow Y$ von f nach f.

2. Symmetrie. Sind $f,g \in \text{Top}(X,Y)$ und $\varphi: f \simeq g$, dann liefert

$$\varphi'(x,t) := \varphi(x,1-t) \text{ für } (x,t) \in X\times I$$

eine Homotopie von g nach f.

3. Transitivität. Sind $f,g,h \in \text{Top}(X,Y)$, $\varphi: f \simeq g$, $\psi: g \simeq h$, dann ist die stetige (!) Abbildung (!) $\chi: X\times I \longrightarrow Y$, die gegeben ist durch

$$\chi(x,t) := \begin{cases} \varphi(x,2t), & \text{wenn } 0 \leq t \leq \frac{1}{2}, \ x \in X \\ \psi(x,2t-1), & \text{wenn } \frac{1}{2} \leq t \leq 1, \ x \in X, \end{cases}$$

eine Homotopie von f nach h.

4. Natürlichkeit. Seien $f,g: X \longrightarrow Y$, $f'g': Y \longrightarrow Z$ stetige Abbildungen mit $f \simeq g$, $f' \simeq g'$.

Behauptung: $f'f \simeq g'g$.

Beweis. Sei $\varphi: f \simeq g$, $\varphi': f' \simeq g'$. Dann gilt $f'\circ\varphi: f'f \simeq f'g$, $\varphi'\circ(g\times \text{id}_I) : f'g \simeq g'g$, also $f'f \simeq g'g$, da " $\simeq$ ", wie schon gezeigt, transitiv ist. ∎

(0.16) Da " $\simeq$ " eine natürliche Äquivalenzrelation in Top ist, können wir die Quotientkategorie $\text{Top}/(\simeq)$ bilden (vgl.(0.5)). Wir bezeichnen sie mit Toph und nennen sie die zu Top zugehörige Homotopiekategorie. Für $X,Y \in |\text{Top}|$ $(=|\text{Toph}|)$ besteht Toph(X,Y) also aus den Homotopieklassen der stetigen Abbildungen von X nach Y.
Wir kürzen ab: $\text{Toph}(X,Y) =: [X,Y]$.
Ist f eine stetige Abbildung, dann bezeichne [f] die Homotopieklasse von f.

(0.17) Definition. Eine stetige Abbildung $f : X \longrightarrow Y$ heißt Homotopieäquivalenz (kurz: h-Äquivalenz), wenn $[f]$ ein Isomorphismus in Toph ist, wenn also eine stetige Abbildung $g : Y \longrightarrow X$ mit $gf \simeq id_X$ und $fg \simeq id_Y$ existiert.
Ein solches g heißt homotopieinvers (kurz: h-invers) zu f.
Sind $f : X \longrightarrow Y$, $g : Y \longrightarrow X$ stetige Abbildungen mit $gf \simeq id_X$, so heißt g homotopielinksinvers (h-linksinvers) zu f, f homotopierechtsinvers (h-rechtsinvers) zu g.

(0.18) Aus dem Homotopiebegriff leiten sich die Begriffe "nullhomotop " und "zusammenziehbar " ab.

Definition. (1) Eine stetige Abbildung $\varkappa : X \longrightarrow Y$ heißt konstant, wenn $y_0 \in Y$ existiert mit $\varkappa(X) = \{y_0\}$.

(2) Eine stetige Abbildung $f : X \longrightarrow Y$ heißt nullhomotop, wenn sie zu einer konstanten Abbildung homotop ist.

(3) Ein topologischer Raum X heißt zusammenziehbar, wenn id_X nullhomotop ist.

(0.19) Bemerkung. a,b seien reelle Zahlen mit $a < b$. Ersetzt man in der Definition des Begriffes " homotop " das Intervall $[0,1]$ durch das Intervall $[a,b]$, so erhält man, wie man sich leicht überlegt, einen äquivalenten Begriff.
Eine entsprechende Bemerkung ist im folgenden immer dann zu machen, wenn eine Definition auf dem Homotopiebegriff aufbaut, so zum Beispiel bei der Definition der Homotopieerweiterungseigenschaft (vgl.(1.4)), der Deckhomotopieeigenschaft (vgl.(5.3),(5.5)) und der Definition der Begriffe " Cofaserung " und " Faserung " (vgl.(1.5) und (5.7)).

In Konsistenz mit (0.14) nennen wir stetige Abbildungen $\varphi\colon X\times[a,b] \longrightarrow Y$ $(X,Y \in |Top|)$ <u>Homotopien</u> und definieren für $t \in [a,b]$ eine stetige Abbildung $j_t\colon X \longrightarrow X\times[a,b]$ durch $j_t(x) := (x,t)$ für $x \in X$.

Ist $\varphi\colon X\times[a,b] \longrightarrow Y$ eine Homotopie, setzen wir für $t \in [a,b]$ $\quad \varphi_t := \varphi\circ j_t : X \longrightarrow Y$.

Wir haben also $\varphi_t(x) = \varphi(x,t)$ für $x \in X$, $t \in [a,b]$.

K und L seien topologische Räume.

Wir definieren Homotopiebegriffe in der Kategorie Top^K der topologischen Räume unter K, in der Kategorie Top_L der topologischen Räume über L, in der Kategorie Top_L^K und in der Kategorie der Paare Top(2)(vgl.(0.11)-(0.13)).

(0.20) <u>Definition</u>. Seien $f,g : i \longrightarrow i'$ Morphismen von Top^K:

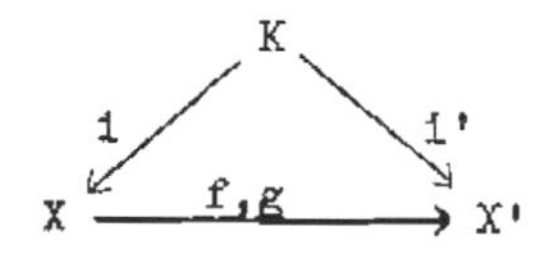

f heißt <u>homotop unter K zu</u> g, wenn eine Homotopie $\varphi\colon X\times I \longrightarrow X'$ existiert mit $\varphi\colon f \simeq g$ und $\varphi(i\times id_I) = i'\circ pr_1$.

$$\begin{array}{ccc} X\times I & \xrightarrow{\ \varphi\ } & X' \\ {\scriptstyle i\times id_I}\uparrow & & \uparrow{\scriptstyle i'} \\ K\times I & \xrightarrow{\ pr_1\ } & K \end{array}$$

Dabei heißt φ eine <u>Homotopie unter K von</u> f <u>nach</u> g. Wir schreiben $f \overset{K}{\simeq} g$, falls f homotop unter K zu g ist, und $\varphi\colon f \overset{K}{\simeq} g$, falls φ eine Homotopie unter K von f nach g ist.

Die Bedingung $\varphi(i\times id_I) = i'\circ pr_1$ besagt: für alle $t \in I$ gilt $\varphi_t\circ i = i'$, d.h. für alle $t \in I$ ist $\varphi_t\colon X \longrightarrow X'$ ein Morphismus von Top^K, $\varphi_t: i \longrightarrow i'$.

Spezialfälle.

(1) K ist Teilraum von X, i ist die Inklusion $K \subset X$. Neben " homotop unter K " und " Homotopie unter K " sind dann auch die Bezeichnungen " homotop relativ K " und " Homotopie relativ K " üblich.

Man schreibt dann auch

$$\text{" } f \simeq g \text{ rel } K \text{ " statt " } f \overset{K}{\simeq} g \text{ " und}$$

$$\text{" } \varphi: f \simeq g \text{ rel } K \text{ " statt " } \varphi: f \overset{K}{\simeq} g \text{ " .}$$

Eine Homotopie φ relativ K hat die Eigenschaft: für jedes $a \in K$ ist $\varphi(a,t)$ unabhängig von $t \in I$.

(2) Ist K ein Punktraum, also $Top^K = Top^o$ (vgl.(0.12)), so sind auch die Bezeichnungen " punktiert homotop " und " punktierte Homotopie " üblich.

(0.21) Homotopien unter K lassen sich als Morphismen von Top^K deuten. Wir betrachten zunächst die Situation in der Kategorie Top.

Ist X ein topologischer Raum, so haben wir den Zylinder über X $IX := X \times I$. Homotopien in Top sind nun Morphismen von Top der Form $IX \longrightarrow Y$, wo Y ein weiterer topologischer Raum ist. Wir übertragen jetzt die Zylinderkonstruktion von Top auf Top^K .

Ist $i: K \longrightarrow X$ ein Raum unter K, dann sei $I^K X$ der topologische Raum, der aus $X \times I$ entsteht, wenn $(ia,t) \in X \times I$ für jedes $(a,t) \in K \times I$ mit $(ia,0) \in X \times I$ identifiziert wird.

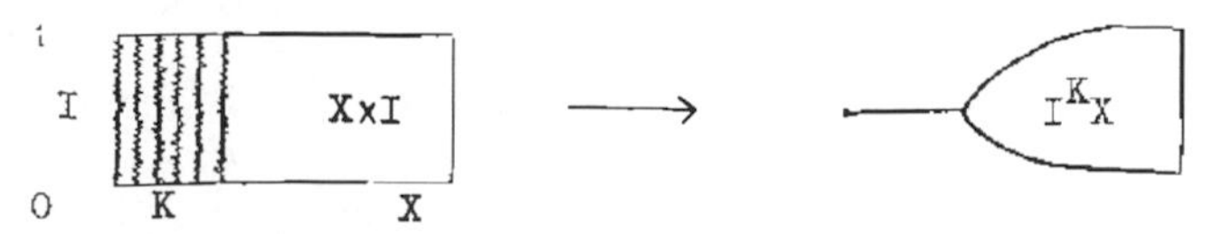

Schließen wir an $K \xrightarrow{i} X \xrightarrow{j_o} X \times I$ die natürliche Projektion $X \times I \longrightarrow I^K X$ an, erhalten wir einen Raum unter K
$I^K i : K \longrightarrow I^K X$.

Ist $\bar{\varphi} : I^K i \longrightarrow i'$ ein Morphismus von Top^K , wobei $i' : K \longrightarrow X'$ ein weiterer Raum unter K ist, dann erhält man eine Homotopie unter K $\varphi: X \times I \longrightarrow X'$, indem man die natürliche Projektion von $X \times I$ auf $I^K X$ mit $\bar{\varphi}$ zusammensetzt. Die Zuordnung $\bar{\varphi} \longmapsto \varphi$ liefert eine Bijektion zwischen den Morphismen von Top^K der Form $I^K i \longrightarrow i'$ und den Homotopien unter K.

(0.22) Definition. Seien $f,g : p \longrightarrow p'$ Morphismen von Top_L:

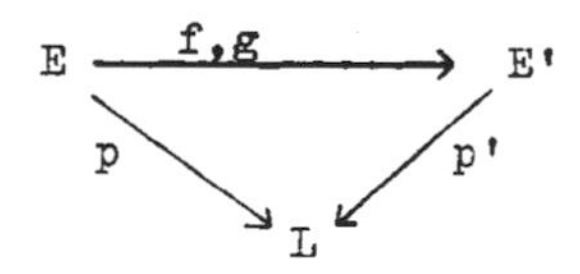

f heißt homotop über L zu g ($f \underset{L}{\simeq} g$), wenn eine Homotopie $\varphi: E \times I \longrightarrow E'$ existiert mit $\varphi: f \simeq g$ und $p' \circ \varphi = p \circ pr_1$.

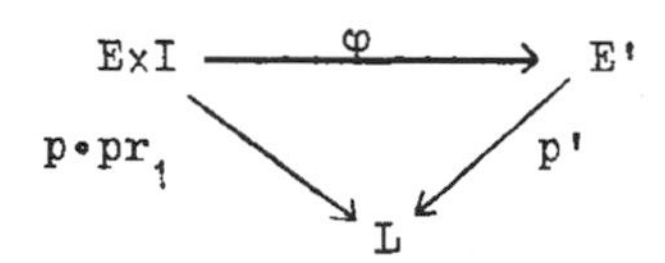

Dabei heißt φ eine Homotopie über L von f nach g($\varphi: f \underset{L}{\simeq} g$). Die Bedingung $p'\varphi = p \circ pr_1$ besagt: für alle $t \in I$ gilt $p' \circ \varphi_t = p$, d.h. für alle $t \in I$ ist $\varphi_t : E \longrightarrow E'$ ein Morphismus von Top_L , $\varphi_t : p \longrightarrow p'$.
Ferner bedeutet die Gleichung $p'\varphi = p \circ pr_1$:
die Homotopien φ über L sind genau die Morphismen $\varphi: p \circ pr_1 \longrightarrow p'$ von Top_L . Der Zylinderkonstruktion in Top

entspricht also in Top_L der Übergang von einem Raum

$p : E \longrightarrow L$ über L zum Raum $I_L p := p \circ pr_1 : E \times I \longrightarrow L$ über L.
Ist φ eine Homotopie über L, so gilt für alle $t \in I$ und $b \in L$

$$\varphi_t(p^{-1}b) \subset p'^{-1}b,$$

d.h. die Faser $p^{-1}b$ über b wird während der gesamten Homotopie φ in der Faser $p'^{-1}b$ über b abgebildet. Daher sind neben " homotop über L " und " Homotopie über L " auch die Bezeichnungen " vertikal homotop ", " fasernweise homotop ", " vertikale Homotopie ", " fasernweise Homotopie " gebräuchlich.

Mit Hilfe derselben Formeln wie im Beweis von Satz (0.15) zeigt man:

(0.23) Satz. " $\overset{K}{\simeq}$ " und " $\underset{L}{\simeq}$ " sind natürliche Äquivalenzrelationen in Top^K bzw. Top_L .

(0.24) Man hat also Quotientkategorien

$$Top^K/(\overset{K}{\simeq}) =: Top^K h$$

und

$$Top_L/(\underset{L}{\simeq}) =: Top_L h .$$

Sind $i : K \longrightarrow X$, $i' : K \longrightarrow X'$ Räume unter K, $p: E \longrightarrow L$, $p' : E' \longrightarrow L$ Räume über L, so schreiben wir statt $Top^K h(i,i')$ auch (ungenau) $[X,X']^K$, statt $Top_L h(p,p')$ auch (ungenau) $[E,E']_L$.
Ist K ein Punktraum, verwenden wir die Bezeichnung $[X,X']^0$.
Ist f ein Morphismus von Top^K bzw. Top_L , so bezeichne $[f]^K$ bzw. $[f]_L$ die Äquivalenzklasse von f bezüglich " $\overset{K}{\simeq}$ " bzw. " $\underset{L}{\simeq}$ " .

Ist K ein Punktraum, verwenden wir die Bezeichnung $[f]^{o}$.

Ein Morphismus f von Top^{K} bzw. Top_{L} heißt Homotopieäquivalenz (h-Äquivalenz) unter K bzw. Homotopieäquivalenz über L, wenn $[f]^{K}$ bzw. $[f]_{L}$ ein Isomorphismus in $Top^{K}h$ bzw. $Top_{L}h$ ist.

Bemerkung. Ist ein Morphismus f von Top^{K}(bzw. Top_{L}) eine h-Äquivalenz unter K (über L), so ist f, aufgefaßt als Morphismus von Top, eine h-Äquivalenz.

(0.25) Definition. (1) p und p' seien Räume über L. p heißt h-äquivalent über L zu p', wenn p und p' isomorphe Objekte von $Top_{L}h$ sind, wenn also eine h-Äquivalenz über L $p \longrightarrow p'$ existiert.

(2) i und i' seien Räume unter K.
i heißt h-äquivalent unter K zu i', wenn i und i' isomorphe Objekte von $Top^{K}h$ sind.

Die Definition eines Homotopiebegriffes in Top^{K}_{L} ist nun klar.

(0.26) Definition. Seien $f,g : \xi \longrightarrow \xi'$ Morphismen von Top^{K}_{L} :

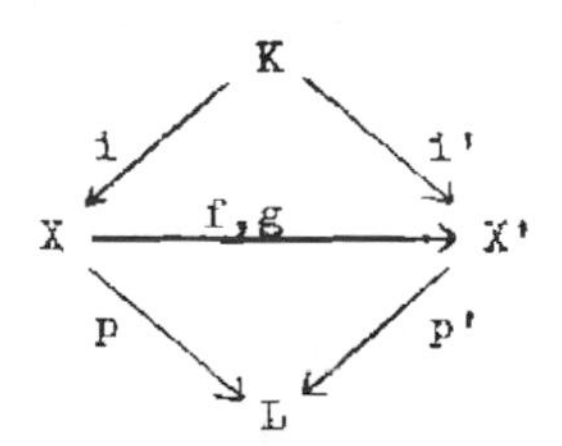

Eine Homotopie unter K und über L von f nach g ist eine Homotopie $\varphi: X \times I \longrightarrow X'$, so daß $\varphi: f \simeq g$ und φ_{t} für alle $t \in I$ ein Morphismus von Top^{K}_{L} $\xi \longrightarrow \xi'$ ist.

Die so definierte Homotopierelation ist eine natürliche Äquivalenzrelation in Top_L^K. Man hat daher eine Quotientkategorie $Top_L^K h$.

<u>Bemerkung</u>. Im Spezialfall $K = \emptyset$ (bzw. L = Punktraum) stimmt der Homotopiebegriff von (0.26) mit dem Homotopiebegriff von (0.22)(bzw.(0.20)) in Top_L (bzw. Top^K) überein.

(0.27) Homotopien unter K und über L kann man als Morphismen von Top_L^K auffassen.

Ist $\xi = (K \xrightarrow{i} X \xrightarrow{p} L)$ ein Raum unter K und über L, so erhalten wir zunächst durch die Definition in (0.21) einen Raum unter K $I^K i : K \longrightarrow I^K X$. Dabei entsteht $I^K X$ aus $X \times I$, indem man $(ia,t) \in X \times I$ für jedes $(a,t) \in K \times I$ mit $(ia,0) \in X \times I$ identifiziert. Die stetige Abbildung $p \circ pr_1 : X \times I \longrightarrow L$ ist mit den in $X \times I$ vorgenommenen Identifizierungen verträglich, induziert also eine stetige Abbildung $I^K X \longrightarrow L$. Wir erhalten damit einen Raum unter K und über L

$$I_L^K \xi = (K \longrightarrow I^K X \longrightarrow L).$$

Ist $\bar{\varphi} : I_L^K \xi \longrightarrow \xi'$ ein Morphismus von Top_L^K, wobei $\xi' = (K \xrightarrow{i'} X' \xrightarrow{p'} L)$ ein weiteres Objekt von Top_L^K ist, dann erhält man eine Homotopie unter K und über L $\varphi : X \times I \longrightarrow X'$, indem man die natürliche Projektion von $X \times I$ auf $I^K X$ mit $\bar{\varphi}$ zusammensetzt. Die Zuordnung $\bar{\varphi} \longmapsto \varphi$ liefert eine Bijektion zwischen den Morphismen von Top_L^K der Form $I_L^K \xi \longrightarrow \xi'$ und den Homotopien unter K und über L.

Schließlich haben wir den folgenden Homotopiebegriff in Top(2).

(0.28) <u>Definition</u>. $(f,g),(f',g') : u \longrightarrow u'$ seien Morphismen von Top(2):

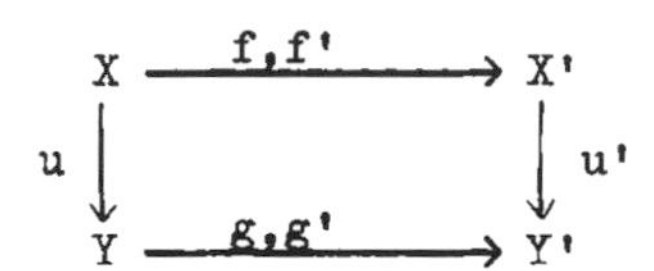

Eine <u>Homotopie von Paaren von</u> (f,g) <u>nach</u> (f',g') ist ein Paar (φ,ψ) von Homotopien $\varphi: X \times I \longrightarrow X'$, $\psi: Y \times I \longrightarrow Y'$, so daß $\varphi: f \simeq f'$, $\psi: g \simeq g'$ und $u' \circ \varphi = \psi \circ (u \times id_I)$.

Die letzte Bedingung besagt: Für alle $t \in I$ ist (φ_t, ψ_t) ein Morphismus von Top(2) $u \longrightarrow u'$.

Die so definierte Homotopierelation ist eine natürliche Äquivalenzrelation in Top(2). Wir haben daher eine Quotientkategorie Top(2)h.

Ist (f,g) ein Morphismus von Top(2), so bezeichne $[(f,g)]$ die Klasse von (f,g) in Top(2)h.

Ein Morphismus (f,g) von Top(2) heißt <u>h-Äquivalenz von Paaren</u>, wenn $[(f,g)]$ ein Isomorphismus in Top(2)h ist.

Kapitel I. Cofaserungen

§ 1. Erweiterung von Homotopien. Cofaserungen

1.1 Das Erweiterungsproblem.

$i : A \longrightarrow X$, $g : A \longrightarrow Y$ seien stetige Abbildungen. Wir fragen: Existiert eine stetige Abbildung $f : X \longrightarrow Y$ mit $fi = g$, d.h. läßt sich das Diagramm

$$\begin{array}{ccc} A & \xrightarrow{\ i\ } & X \\ {\scriptstyle g}\downarrow & & \\ Y & & \end{array} \tag{1.1}$$

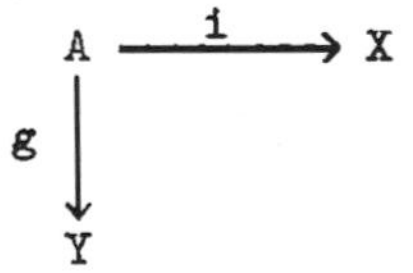

durch eine stetige Abbildung $f : X \longrightarrow Y$ zu einem kommutativen Dreieck

$$\begin{array}{ccc} A & \xrightarrow{\ i\ } & X \\ {\scriptstyle g}\downarrow & \swarrow{\scriptstyle f} & \\ Y & & \end{array} \tag{1.2}$$

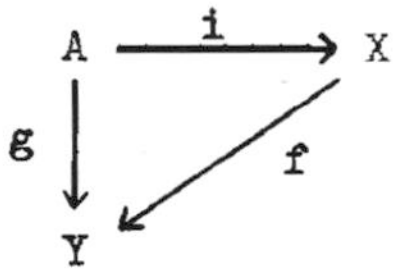

ergänzen?

Ist speziell i eine Inklusion $A \subset X$, liegt das Problem vor, eine auf dem Teilraum A von X definierte stetige Abbildung zu einer auf X definierten stetigen Abbildung zu erweitern.

Dieses Problem ist im allgemeinen nicht lösbar.

Beispiel. i sei die Inklusion der n-Sphäre S^n in die $(n + 1)$ - Vollkugel E^{n+1}. Da S^n nicht Retrakt von E^{n+1} ist (Eilenberg-Steenrod [9], XI. Theorem 3.2, Hurewicz-Wallman [13] , IV. 1. B)), läßt sich $g = id_{S^n}$ nicht auf

E^{n+1} erweitern.

Es gilt jedoch:

(1.3) <u>Satz</u>. Ist i die Inklusion $S^n \subset E^{n+1}$, dann läßt sich das Diagramm (1.1) immer dann zu einem kommutativen Dreieck (1.2) ergänzen, wenn eine stetige Abbildung

$f' : E^{n+1} \longrightarrow Y$ mit $f'i \simeq g$ existiert.

<u>Beweis</u>. Sei $\varphi : f'i \simeq g$, $\varphi: S^n \times I \longrightarrow Y$.

Wir definieren $\Phi' : (E^{n+1} \times \{0\}) \cup (S^n \times I) \longrightarrow Y$

durch
$$\begin{cases} (x,0) \longmapsto f'(x), & x \in E^{n+1} \\ (a,t) \longmapsto \varphi(a,t), & (a,t) \in S^n \times I. \end{cases}$$

Die Definition ist sinnvoll, da $\varphi_0 = f'i$, und liefert eine stetige Abbildung, da $E^{n+1} \times \{0\}$ und $S^n \times I$ abgeschlossen in $(E^{n+1} \times \{0\}) \cup (S^n \times I)$ sind. Durch Projektion vom Punkt $(0,\ldots,0,2) \in \mathbb{R}^{n+2}$ aus erhalten wir eine Retraktion

$$r: E^{n+1} \times I \longrightarrow (E^{n+1} \times \{0\}) \cup (S^n \times I). \text{ *)}$$

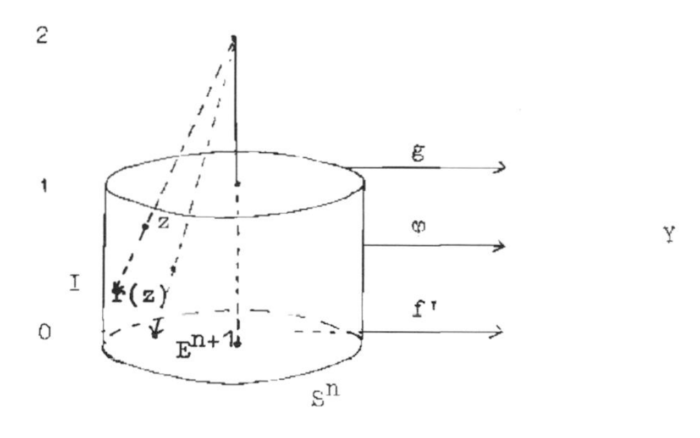

*) Eine explizite Formel für r findet man in Hilton [11], p.11.

Dann ist $\Phi := \Phi' r : E^{n+1} \times I \longrightarrow Y$ eine Erweiterung von Φ' und für die stetige Abbildung $f := \Phi_1 : E^{n+1} \longrightarrow Y$ (d.h. $f(x) = \Phi(x,1)$ für $x \in E^{n+1}$) gilt $fi = g$. ■

1.2 Die Homotopieerweiterungseigenschaft (HEE). Cofaserungen.

Der wesentliche Schritt im Beweis von Satz (1.3) war die Erweiterung der Homotopie $\varphi: S^n \times I \longrightarrow Y$ zur Homotopie $\Phi: E^{n+1} \times I \longrightarrow Y$, so daß Φ_0 eine gegebene Erweiterung (f') von φ_0 ist. Das führt uns zu der folgenden Definition .

(1.4) Definition. $i : A \longrightarrow X$ sei eine stetige Abbildung, Y ein topologischer Raum.

i hat die Homotopieerweiterungseigenschaft (kurz: HEE) für Y, genau wenn für alle stetigen Abbildungen $f : X \longrightarrow Y$ und $\varphi: A \times I \longrightarrow Y$, so daß $\varphi(a,0) = fia$ für alle $a \in A$ (d.h. $\varphi_0 = fi$) , eine stetige Abbildung $\Phi: X \times I \longrightarrow Y$ existiert, so daß $\Phi(i \times id_I) = \varphi$ *) und $\Phi(x,0) = fx$ für alle $x \in X$ (d.h. $\Phi_0 = f$).

i hat also die HEE für Y genau dann, wenn sich jedes kommutative Diagramm in Top der Form

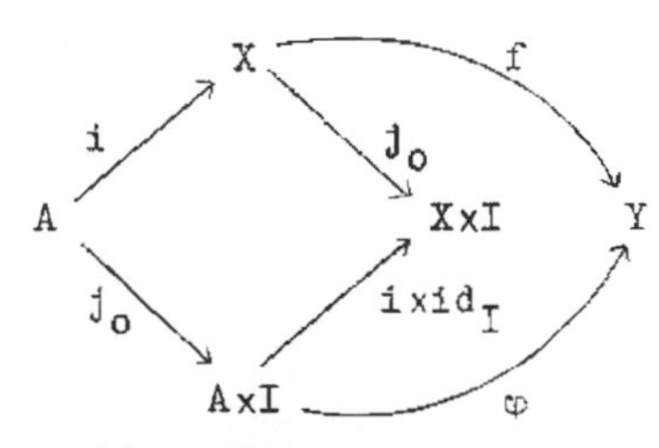

*) Wir sagen dann, auch wenn i keine Inklusion ist, Φ ist eine Erweiterung von φ .

durch eine stetige Abbildung Φ: $X \times I \longrightarrow Y$ zu einem kommutativen Diagramm

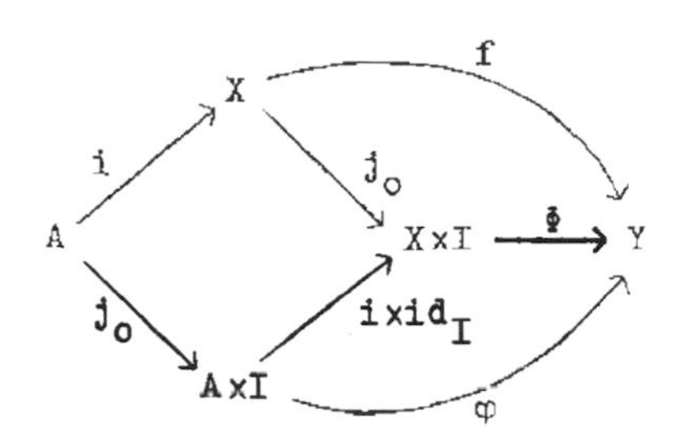

ergänzen läßt.

Wir veranschaulichen die Definition für den Spezialfall einer Inklusion $i : A \subset X$ durch eine Skizze.

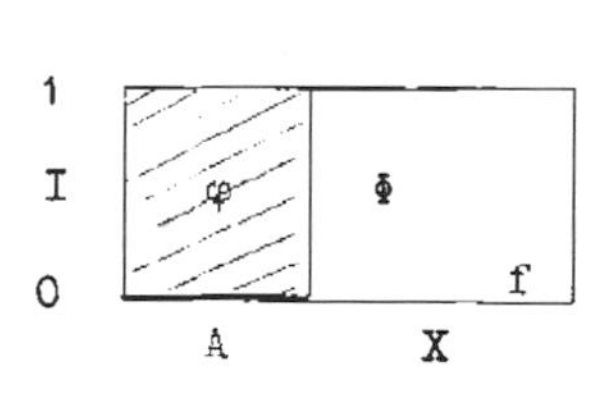

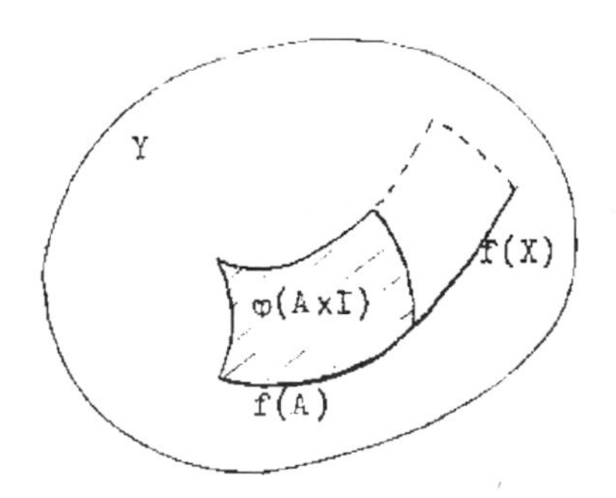

(1.5) <u>Definition</u>. Eine stetige Abbildung $i : A \longrightarrow X$ heißt <u>Cofaserung</u>, genau wenn i die HEE für alle topologischen Räume hat.

i ist also genau dann eine Cofaserung, wenn das Diagramm in Top

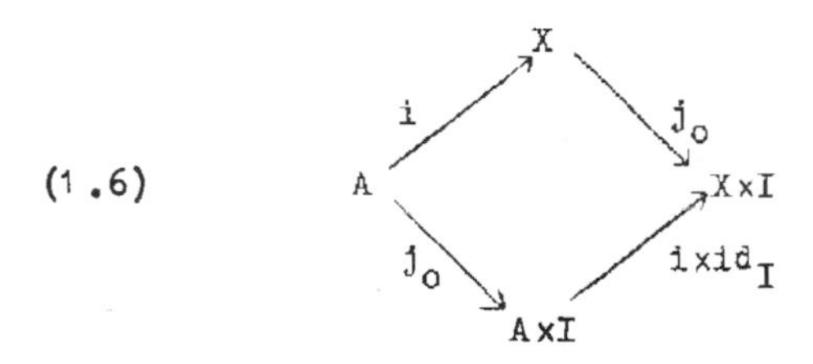

ein schwach cokartesisches Quadrat ist (vgl. (0.6)).

Dem Beweis von Satz (1.3) entnehmen wir:

(1.7) Beispiel. $i : S^n \subset E^{n+1}$ ist eine Cofaserung.

(1.8) Aufgabe. Jeder Homöomorphismus ist eine Cofaserung.

(1.9) Aufgabe. $i : A \longrightarrow B$, $j : B \longrightarrow C$ seien stetige Abbildungen, Y ein topologischer Raum. Haben i und j die HEE für Y, so hat auch ji die HEE für Y.

Aus (1.9) ergibt sich (vgl. auch Satz (0.10)(a)):

(1.10) Folgerung. Die Zusammensetzung zweier Cofaserungen ist eine Cofaserung.

1.3 Der Abbildungszylinder einer stetigen Abbildung.

$f : A \longrightarrow X$ sei eine stetige Abbildung.

(1.11) Definition. Der Abbildungszylinder Z_f von f ist der Quotientraum, der aus der topologischen Summe $X + (A\times I)$ entsteht, wenn $(a,0) \in A\times I$ für jedes $a \in A$ mit $fa \in X$ identifiziert wird.

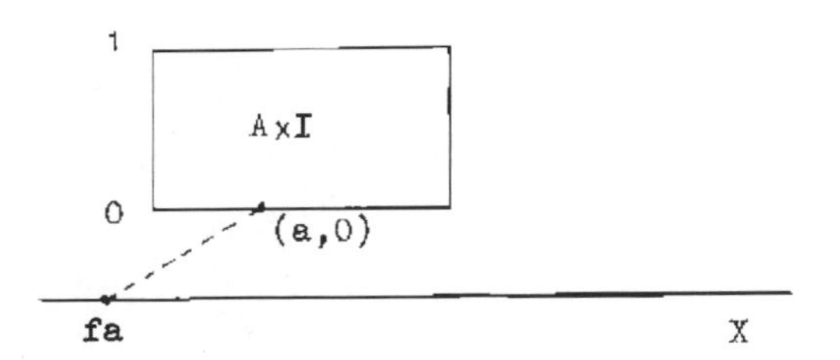

p sei die Projektion von $X + (A\times I)$ auf den Quotientraum Z_f. $j : X \longrightarrow Z_f$, $k: A\times I \longrightarrow Z_f$ seien die stetigen Abbildungen, die man erhält, wenn man die Injektionen von X bzw. $A\times I$ in die topologische Summe $X + (A\times I)$ mit p zusammensetzt.

Wir verwenden die folgenden (ungenauen) Abkürzungen:

$j(x) = p(x) =: x$ für $x \in X$,

$k(a,t) = p(a,t) =: (a,t)$ für $(a,t) \in A\times I$.

$k_1 : A \longrightarrow Z_f$ sei die stetige Abbildung

$a \in A \longmapsto k(a,1) = (a,1) \in Z_f$, d.h. $k_1 = k \cdot j_1$ (vgl.(0.14)).

(1.12) <u>Satz</u>. $j : X \longrightarrow Z_f$ und $k_1 : A \longrightarrow Z_f$ sind abgeschlossene Einbettungen.

<u>Beweis</u>. k_1 ist eine abgeschlossene Einbettung, da k_1 die Zusammensetzung des Homöomorphismus'

$a \in A \longmapsto (a,1) \in A\times\{1\}$ mit der abgeschlossenen Einbettung(!) $k|A\times\{1\}: A\times\{1\} \longrightarrow Z_f$ ist. j ist injektiv.
j ist abgeschlossen: ist nämlich F eine abgeschlossene Teilmenge von X, dann folgt aus der Stetigkeit von f:

$p^{-1} j(F) = F + (f^{-1} F\times\{0\})$ ist abgeschlossen in $X + (A\times I)$,
d.h. $j(F)$ ist abgeschlossen in Z_f, denn p ist eine Identifizierung.∎

(1.13) <u>Satz</u>. Das Diagramm in Top

(1.14) 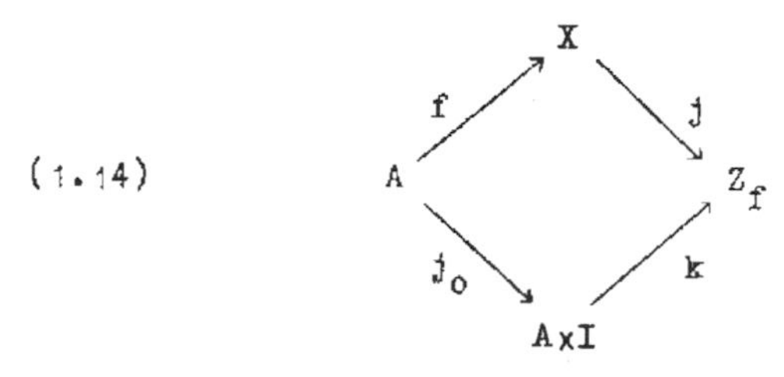

ist ein cokartesisches Quadrat (vgl.(0.6)).

<u>Beweis</u>. Das Diagramm (1.14) ist kommutativ nach Definition von Z_f, j und k.
Gegeben seien stetige Abbildungen

$g_1 : X \longrightarrow Y$, $g_2 : A\times I \longrightarrow Y$ mit $g_1 f = g_2 j_o$.

Zu zeigen ist: es existiert genau eine stetige Abbildung
$g : Z_f \longrightarrow Y$ mit $gj = g_1$ und $gk = g_2$.

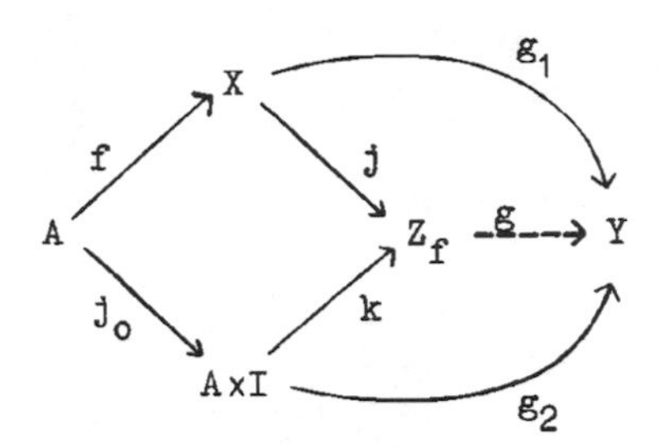

<u>Eindeutigkeit</u>: g ist durch g_1 und g_2 eindeutig bestimmt, da $Z_f = j(X) \cup k(A\times I)$.

<u>Existenz</u>: g_1 und g_2 zusammen definieren eine stetige Abbildung $g' : X + (A\times I) \longrightarrow Y$.

Da $g_1 f = g_2 j_o$, ist g' mit den Identifizierungen verträglich, die wir in $X + (A\times I)$ bei der Konstruktion des Abbildungszylinders von f vorgenommen haben:

$$g'(a,0) = g_2(a,0) = g_2 j_o a = g_1 fa = g'(fa)$$

für alle $a \in A$.

g' induziert daher eine stetige Abbildung $g\colon Z_f \longrightarrow Y$, die das Diagramm

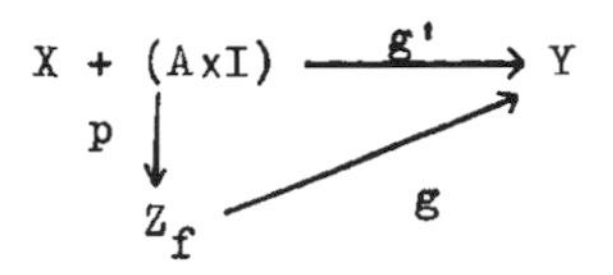

kommutativ macht. g ist die gesuchte stetige Abbildung.∎

<u>1.4 Verschiedene Charakterisierungen des Cofaserungsbegriffes.</u>

Der folgende Satz charakterisiert Cofaserungen mit Hilfe des Abbildungszylinders und zeigt, daß eine stetige Abbildung i schon dann eine Cofaserung ist, wenn sie die HEE für den Abbildungszylinder Z_i hat.

(1.15) $i : A \longrightarrow X$ sei eine stetige Abbildung. Da $j_o i = (i\times id_I) j_o$

und da (1.14) ein cokartesisches Quadrat ist, existiert genau eine stetige Abbildung $i' : Z_i \longrightarrow X \times I$ mit $i'j = j_o$ und $i'k = i \times id_I$.

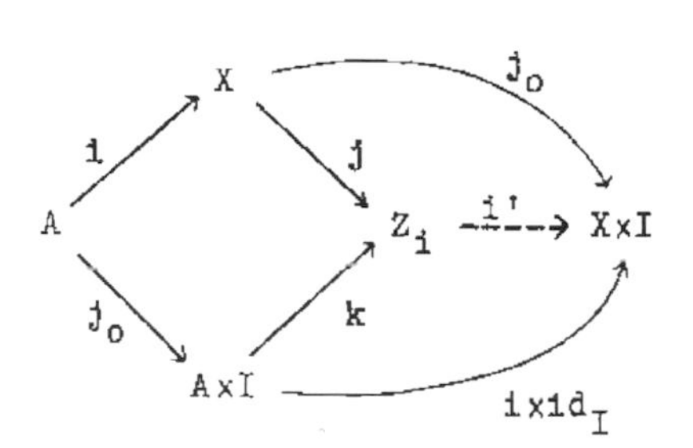

(1.16) <u>Satz</u>. Für eine stetige Abbildung $i : A \longrightarrow X$ sind die folgenden Aussagen äquivalent:

(a) i ist eine Cofaserung.

(b) i hat die HEE für den Abbildungszylinder Z_i.

(c) $i' : Z_i \longrightarrow X \times I$ ist ein Schnitt in der Kategorie der topologischen Räume (d.h. es existiert eine stetige Abbildung $r: X \times I \longrightarrow Z_i$ mit $ri' = id_{Z_i}$).

<u>Beweis</u>. <u>(a) ⇒ (b)</u> ist trivial.

<u>(b) ⇒ (c)</u>. i habe die HEE für Z_i. Da $ji = kj_o$, existiert dann eine stetige Abbildung

$r: X \times I \longrightarrow Z_i$ mit $rj_o = j$ und $r(i \times id_I) = k$.

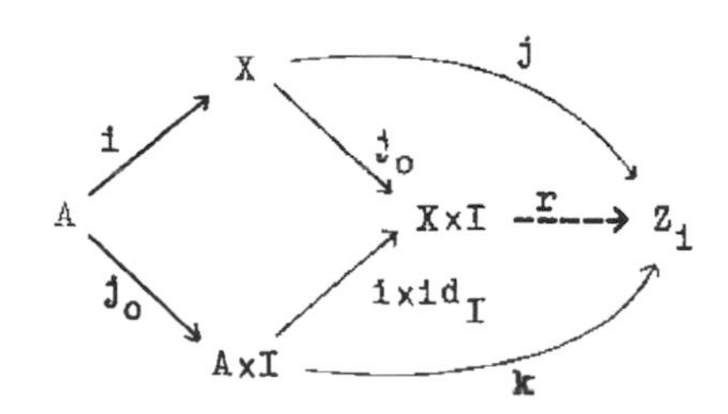

Wir behaupten: $ri' = id_{Z_i}$. Da (1.14) ein cokartesisches Quadrat ist, folgt dies aber aus den Gleichungen

$$(ri')j = rj_o = j = id_{Z_i} \circ j$$

und $$(ri')k = r(i \times id_I) = k = id_{Z_i} \circ k.$$

<u>(c) ⟹ (a)</u>. Sei $r : X \times I \longrightarrow Z_i$ eine stetige Abbildung mit $ri' = id_{Z_i}$.

<u>Behauptung</u>: i ist eine Cofaserung.

<u>Beweis</u>. Gegeben seien stetige Abbildungen $g : X \longrightarrow Y$ und $\varphi : A \times I \longrightarrow Y$ mit $gi = \varphi j_o$. Da (1.14) ein cokartesisches Quadrat ist, existiert (genau) ein stetiges $\Phi' : Z_i \longrightarrow Y$ mit $\Phi' j = g$ und $\Phi' k = \varphi$.

Setze $\Phi := \Phi' r : X \times I \longrightarrow Y$.

Dann gilt

$$\Phi j_o = \Phi' r j_o = \Phi' r i' j = \Phi' j = g \quad \text{und}$$

$$\Phi(i \times id_I) = \Phi' r(i \times id_I) = \Phi' r i' k = \Phi' k = \varphi. \blacksquare$$

(1.17) <u>Korollar</u>. Ist eine stetige Abbildung $i : A \longrightarrow X$ eine Cofaserung, so ist i eine Einbettung.

Ist außerdem X Hausdorffsch, so ist $i(A)$ abgeschlossen in X.

<u>Beweis</u>. Da $i : A \longrightarrow X$ eine Cofaserung ist, können wir nach Satz (1.16) eine stetige Abbildung $r : X \times I \longrightarrow Z_i$ mit $ri' = id_{Z_i}$ wählen.

Für $a \in A$ gilt dann $r(ia,1) = ri'k(a,1) = k(a,1) = (a,1) \in A \times 1 \subset Z_i$.

i ist also injektiv und induziert eine bijektive stetige Abbildung $\bar{I} : A \longrightarrow i(A)$.

Die Umkehrabbildung $\bar{I}^{-1} : i(A) \longrightarrow A$ ist stetig, da in dem kommutativen Diagramm

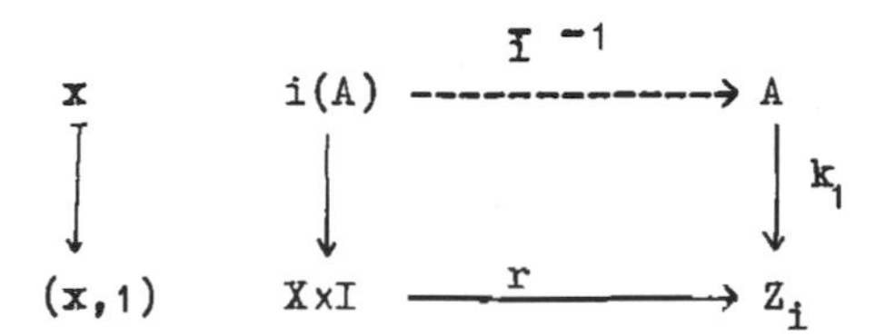

die ausgezogenen Pfeile stetige Abbildungen sind und da k_1 nach (1.12) eine Einbettung ist.

i ist also eine Einbettung.

Setzen wir $r' := i'r : X\times I \longrightarrow X\times I$, so gilt

$i(A) = \{x \in X | r'(x,1) = (x,1)\}$.

Ist X Hausdorffsch, so ist $X\times I$ Hausdorffsch und die Diagonale von $(X\times I)\times(X\times I)$ daher eine abgeschlossene Teilmenge des Produktes. Da $i(A)$ das Urbild dieser Diagonale bei der stetigen Abbildung $X \longrightarrow (X\times I)\times(X\times I)$, $x \longmapsto (r'(x,1),(x,1))$, ist, folgt dann:

$i(A)$ ist abgeschlossen in X.

Bemerkung: Korollar (1.17) zeigt insbesondere, daß man sich bei der Definition des Begriffes " Cofaserung " auf Inklusionen $i : A \subset X$ beschränken kann.

(1.18) Sei $i : A \subset X$ eine Inklusion. Wir vergleichen den Abbildungszylinder von i mit dem Teilraum $(X\times 0) \cup (A\times I)$ des Produktes $X\times I$.

Betrachte

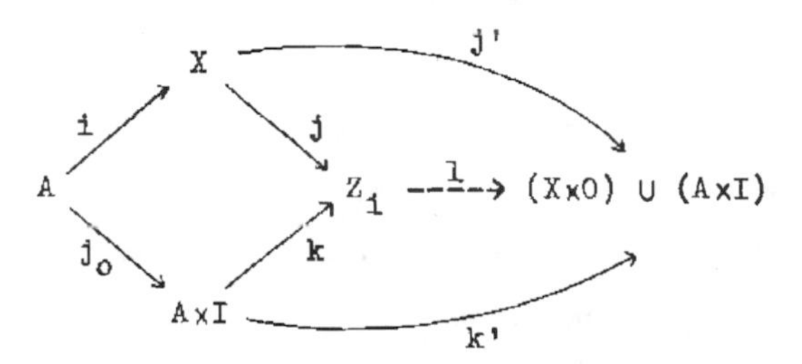

j' sei die Abbildung $x \in X \longmapsto (x,0) \in (X\times 0) \cup (A\times I)$,
k' die Inklusion.

Da $j'i = k'j_o$ und da (1.14) ein cokartesisches Quadrat ist, wird genau eine stetige Abbildung
$l : Z_i \longrightarrow (X\times 0) \cup (A\times I)$ induziert mit $lj = j'$ und $lk = k'$. l ist bijektiv.

(1.19) **Satz.** l ist ein Homöomorphismus, falls eine der folgenden Bedingungen erfüllt ist:

(a) A ist abgeschlossen in X.

(b) $(X\times 0) \cup (A\times I)$ ist Retrakt von $X\times I$.

Beweis. Den Beweis unter Voraussetzung von (b) führen wir im Anhang p.255 .
An dieser Stelle beweisen wir den Satz unter der Voraussetzung (a).
Wir zeigen: das Diagramm

(1.20)

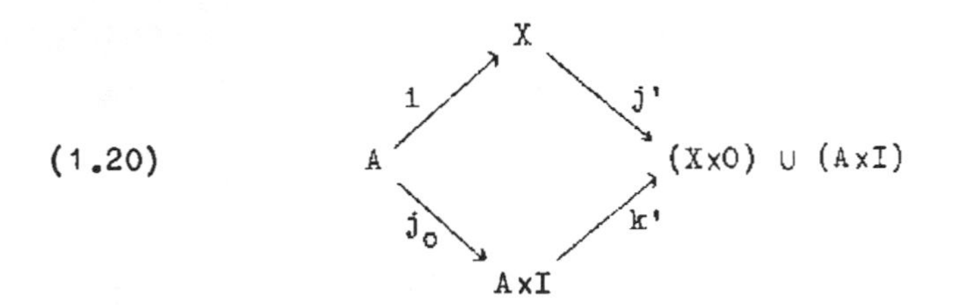

ist ein cokartesisches Quadrat.
Die Behauptung folgt dann aus Satz (1.13), da i und j_o ein cokartesisches Quadrat bis auf Isomorphie eindeutig bestimmen (vgl.(0.6)).
Wir haben bereits festgestellt, daß (1.20) kommutativ ist.
Gegeben seien stetige Abbildungen $g_1 : X \longrightarrow Y$,
$g_2 : A\times I \longrightarrow Y$ mit $g_1 i = g_2 j_o$. Dann gibt es eine eindeutig bestimmte Abbildung von Mengen
$g : (X\times 0) \cup (A\times I) \longrightarrow Y$ mit $gj' = g_1$ und $gk' = g_2$.

Die Einschränkungen von g auf $X\times 0$ und $A\times I$ sind stetig, da g_1 und g_2 stetig sind.
$X\times 0$ und, da A abgeschlossen in X ist, $A\times I$ sind abgeschlossen in $X\times I$, also in $(X\times 0) \cup (A\times I)$. Daher ist g stetig.
(1.20) ist damit ein cokartesisches Quadrat.∎

(1.21) Ist $i : A \subset X$ eine Inklusion, können wir die Menge, die dem Abbildungszylinder von i zugrunde liegt, unter der bijektiven Abbildung l von (1.18) mit $(X\times 0) \cup (A\times I)$ identifizieren. Die stetige Abbildung $l: Z_i \longrightarrow (X\times 0) \cup (A\times I)$ ist dann auf den zugrunde liegenden Mengen die Identität.
Die Topologie des Abbildungszylinders von i auf der Menge $(X\times 0) \cup (A\times I)$ ist also feiner als die durch das Produkt $X\times I$ induzierte Teilraumtopologie. Nach Satz (1.19) stimmen die Topologien überein, wenn A abgeschlossen in X oder $(X\times 0) \cup (A\times I)$ Retrakt von $X\times I$ ist.
Im allgemeinen sind die Topologien jedoch verschieden.

<u>Beispiel</u>: $X := [0,1] = I$, $A :=]0,1]$.
In $(X\times 0) \cup (A\times I)$ betrachte man die Folge
$a_n := (\frac{1}{n}, \frac{1}{n})$ $(n = 1,2,3....)$. Diese Folge konvergiert gegen $(0,0)$, wenn man $(X\times 0) \cup (A\times I)$ die durch das Produkt $X\times I$ induzierte Teilraumtopologie gibt.
Trägt $(X\times 0) \cup (A\times I)$ jedoch die Topologie des Abbildungszylinders von i, konvergiert die Folge a_n nicht gegen $(0,0)$, da der Punkt $(0,0)$ Umgebungen bezüglich der Topologie des Abbildungszylinders hat, die keinen Punkt der Diagonale von $A\times I$ treffen.

(1.22) <u>Satz</u> (vgl.Strøm [27], 2.Theorem 2).
Eine Inklusion $i : A \subset X$ ist genau dann eine Cofaserung,

wenn der Teilraum $(X\times 0) \cup (A\times I)$ von $X\times I$ Retrakt von $X\times I$ ist.

<u>Beweis</u>. Wir benutzen die Charakterisierung des Begriffes " Cofaserung " von Satz (1.16)(c).
Ist $i : A \subset X$ eine Cofaserung, so existiert eine stetige Abbildung $r: X\times I \longrightarrow Z_i$ mit $ri' = id_{Z_i}$, wo $i': Z_i \longrightarrow X\times I$ die in (1.15) definierte stetige Abbildung ist. Setzt man r mit der stetigen Abbildung $l: Z_i \longrightarrow (X\times 0) \cup (A\times I)$ von (1.18) zusammen, erhält man eine Retraktion von $X\times I$ auf $(X\times 0) \cup (A\times I)$.
Ist umgekehrt r' eine Retraktion von $X\times I$ auf $(X\times 0) \cup (A\times I)$, dann ist $r := l^{-1} r': X\times I \longrightarrow Z_i$ eine Abbildung mit $ri' = id_{Z_i}$. r ist stetig, da l^{-1} nach Satz (1.19)(b) stetig ist. ∎

(1.23) <u>Bemerkung</u>. Der Beweis von Satz (1.22) beruht darauf, daß die in (1.18) definierte stetige Abbildung $l: Z_i \longrightarrow (X\times 0) \cup (A\times I)$ unter gewissen Voraussetzungen ein Homöomorphismus ist. Dazu haben wir Satz (1.19)(b) benutzt, den wir erst im Anhang beweisen. Setzt man jedoch in Satz (1.22) voraus, daß A <u>abgeschlossen</u> in X ist, kann man sich auf den bereits bewiesenen Satz (1.19)(a) berufen.

(1.24) <u>Beispiele</u>: Wir geben ein Beispiel einer abgeschlossenen Inklusion $i : A \subset X$ an, die keine Cofaserung ist, und ein Beispiel einer Cofaserung $i : A \subset X$, bei der A nicht abgeschlossen in X ist.
<u>Beispiel 1</u>: Sei $X := \{0\} \cup \{\frac{1}{n} | n = 1,2,3,\dots\} \subset \mathbb{R}$, $A := \{0\}$.
A ist ein abgeschlossener Teilraum von X.

<u>Behauptung</u>: Die Inklusion $i : A \subset X$ ist keine Cofaserung.

<u>Beweis</u>: Wäre $i : A \subset X$ eine Cofaserung, so würde nach (1.22) eine Retraktion $r: X \times I \longrightarrow (X \times 0) \cup (A \times I)$ von $X \times I$ auf $(X \times 0) \cup (A \times I)$ existieren.

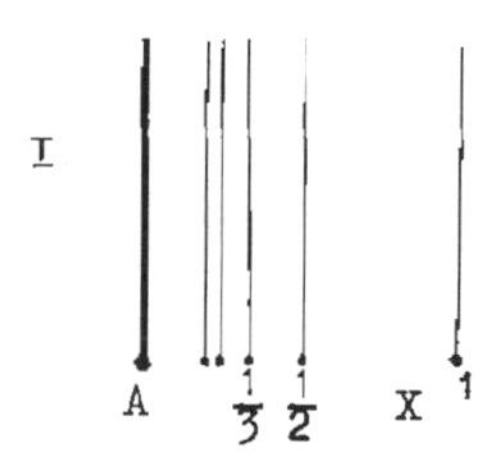

Für $n = 1,2,3,...$ besteht die Wegekomponente des Punktes $(\frac{1}{n},0)$ in $(X \times 0) \cup (A \times I)$ nur aus diesem Punkt.

Da r stetig ist und den Punkt $(\frac{1}{n},0)$ festläßt, muß r daher die Strecke $\{\frac{1}{n}\} \times I$ in den Punkt $(\frac{1}{n},0)$ abbilden $(n = 1,2,3,...)$. Andererseits läßt r die Strecke $\{0\} \times I$ punktweise fest. Das ist aber ein Widerspruch zur Stetigkeit von r im Punkt $(0,1)$. ∎

<u>Beispiel 2</u>: Sei $X := \{a,b\}$, wobei $a \neq b$.
Wir geben X die Topologie, deren offene Mengen $\emptyset, \{a\}, X$ sind. A sei der Teilraum $\{a\}$ von X. A ist nicht abgeschlossen in X.

<u>Behauptung</u>: Die Inklusion $i: A \subset X$ ist eine Cofaserung.

<u>Beweis</u>: Wir verwenden die Charakterisierung von Satz (1.16)(c). Wir definieren $r: X \times I \longrightarrow Z_i$ durch

$$(x,t) \longmapsto \begin{cases} (x,t), & \text{falls } x = a \text{ oder } t = 0 \\ (a,t), & \text{falls } t > 0 \end{cases}$$

Der Leser überlege sich: r ist stetig.
Da $ri' = id_{Z_i}$ (i' wie in (1.15)), folgt die Behauptung.

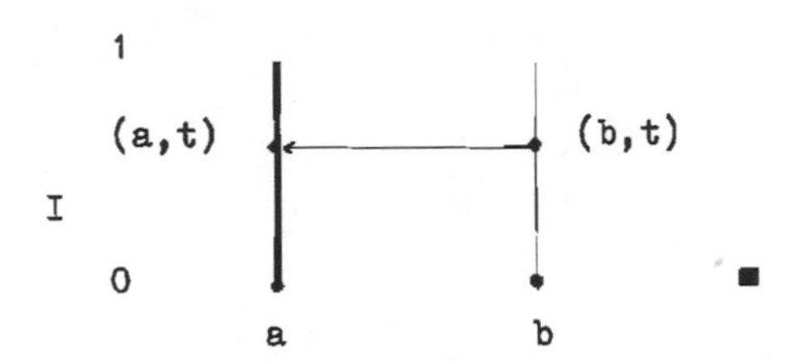

1.5 Zerlegung einer stetigen Abbildung in eine Cofaserung und eine Homotopieäquivalenz.

Mit Hilfe des Abbildungszylinders zeigen wir, daß man jede stetige Abbildung bis auf Homotopieäquivalenz durch eine (abgeschlossene) Cofaserung ersetzen kann.

(1.25) $f : A \longrightarrow X$ sei eine stetige Abbildung.

Z_f sei der Abbildungszylinder von f.

Die stetigen Abbildungen $j : X \longrightarrow Z_f$, $k: A \times I \longrightarrow Z_f$,

$k_1 : A \longrightarrow Z_f$ seien wie in (1.11) definiert.

Da $f = f \circ pr_1 \circ j_o : A \longrightarrow X$ und da (1.14) ein cokartesisches Quadrat ist, existiert genau eine stetige Abbildung

$q: Z_f \longrightarrow X$ mit $qj = id_X$ und $qk = f \circ pr_1$.

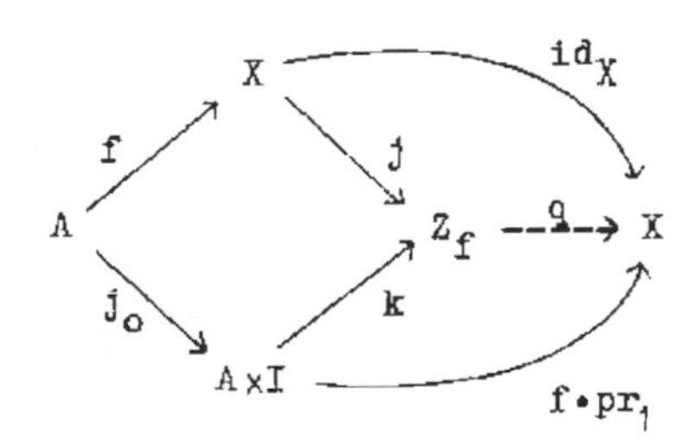

q wird beschrieben durch die Formeln

$qx = x$ für $x \in X$,

$q(a,t) = fa$ für $(a,t) \in A \times I$.

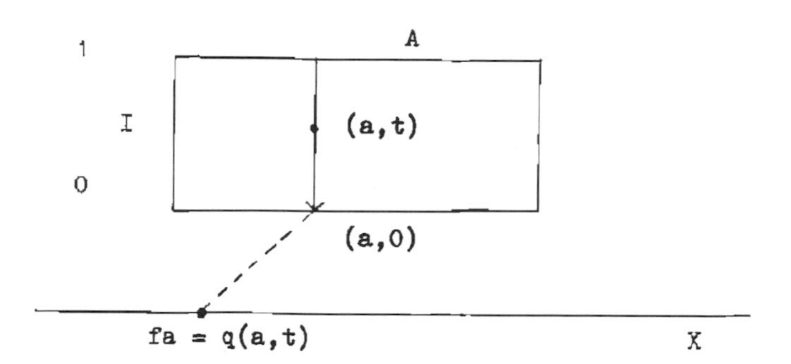

(1.26) Satz: (a) Das Diagramm

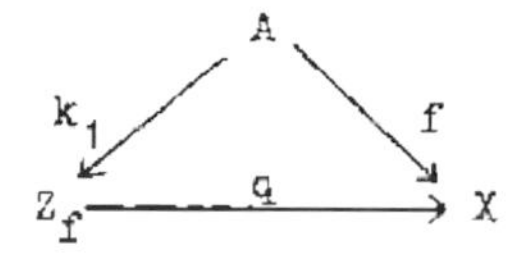

ist kommutativ.

(b) k_1 und j sind Cofaserungen.

(c) $qj = id_X$

$jq \simeq id_{Z_f}$ rel $j(X)$.

Aus (1.26) folgt, da k_1 nach (1.12) eine abgeschlossene Einbettung ist:

(1.27) Korollar. Jede stetige Abbildung f läßt sich in der Form $f = u \circ v$ faktorisieren, wobei v eine (abgeschlossene) Cofaserung und u eine Homotopieäquivalenz ist.

Beweis von (1.26). (a) $qk_1 = qkj_1 = f \circ pr_1 \circ j_1 = f$.

Zum Beweis der Teile (b) und (c) von Satz (1.26) benötigen wir:

(1.28) Satz. $f : A \longrightarrow B$ sei eine stetige Abbildung, C ein topologischer Raum. Ist f eine Identifizierung und ist C lokalkompakt, so ist auch

$$f \times id_C \; : A \times C \longrightarrow B \times C$$

eine Identifizierung.

Wir beweisen (1.28) in (4.14) mit Hilfe von Abbildungsräumen (vgl. auch Schubert [23], I, 7.9, Satz 5). *)

<u>Beweis von (1.26)(b)</u>. Wir identifizieren zunächst (vgl.(1.12))

$$A = k_1(A) = A \times 1,$$

$$X = j(X).$$

k_1 und j sind dann die Inklusionen

$$A \times 1 \subset Z_f \;, \; X \subset Z_f.$$

Um nachzuweisen, daß diese Inklusionen Cofaserungen sind, wenden wir (1.22) an. Dabei beachte man Bemerkung (1.23) ($A \times 1$ und X sind nach (1.12) abgeschlossen in Z_f). Wir haben also zu zeigen:

(1) $(Z_f \times 0) \cup (A \times 1 \times I)$ ist Retrakt von $Z_f \times I$,

(2) $(Z_f \times 0) \cup (X \times I)$ ist Retrakt von $Z_f \times I$.

<u>Zu (1)</u>:

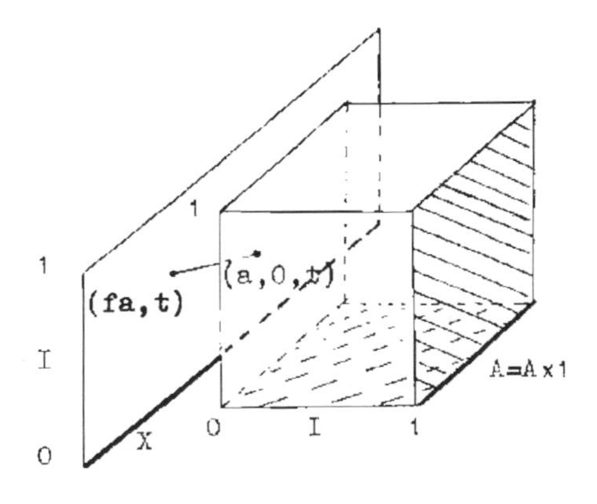

*) Ein direkter Beweis für C = I findet sich in Hilton [11], VII, Lemma 3.4.

Die Projektion vom Punkt $(0,2) \in \mathbb{R}\times\mathbb{R}$ liefert eine stetige Abbildung

$$\lambda\colon I\times I \longrightarrow (I\times 0) \cup (1\times I)$$

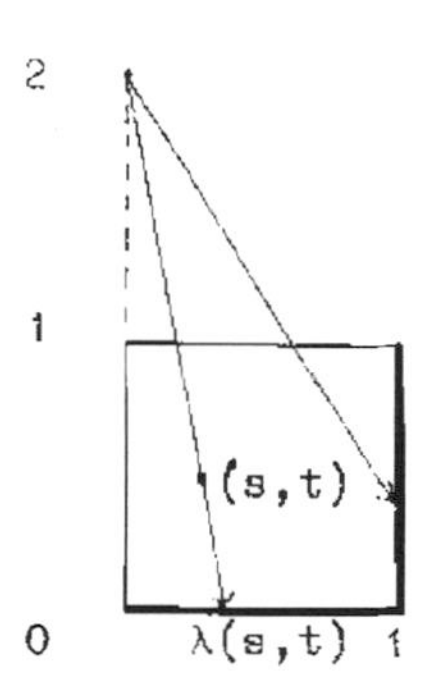

Durch $(x,t) \longmapsto (x,0)$ für $x \in X$,

$(a,s,t) \longmapsto (a,\lambda(s,t))$ für $a \in A$, $s,t \in I$

erhält man eine stetige Abbildung

$$\bar{r} : (X + (A\times I))\times I \longrightarrow (Z_f\times 0) \cup (A\times 1\times I) .$$

Da $\lambda(0,t) = (0,0)$ für alle $t \in I$, gilt für $a \in A$ und $t \in I$

$$\bar{r}\,(a,0,t) = (a,\lambda(0,t)) = (a,0,0) = (fa,0) = \bar{r}(fa,0).$$

Es existiert daher genau eine Abbildung

$$r\colon Z_f\times I \longrightarrow (Z_f\times 0) \cup (A\times 1\times I)$$

mit $r(p\times id_I) = \bar{r}$.

$$\begin{array}{ccc} (X+(A\times I))\times I & \xrightarrow{\ \bar{r}\ } & (Z_f\times 0)\cup(A\times 1\times I) \\ \downarrow{\scriptstyle p\times id_I} & \nearrow{\scriptstyle r} & \\ Z_f\times I & & \end{array}$$

r ist stetig, da $\bar{r}$ stetig ist und da $p\times id_I$ nach Satz (1.28) eine Identifizierung ist (I ist lokalkompakt.).

Da $\lambda|(I\times 0) \cup (1\times I) = id_{(I\times 0) \cup (1\times I)}$,

folgt $r|(Z_f\times 0) \cup (A\times 1\times I) = id_{(Z_f\times 0) \cup (A\times 1\times I)}$.

Damit ist (1) bewiesen.

Zu (2):

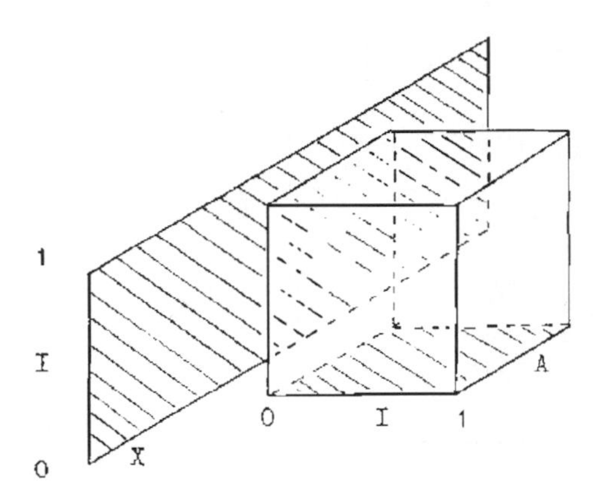

Die Projektion vom Punkt (1,2) $\in \mathbb{R}\times\mathbb{R}$ liefert eine stetige Abbildung

$$\lambda': I\times I \longrightarrow (I\times 0) \cup (0\times I).$$

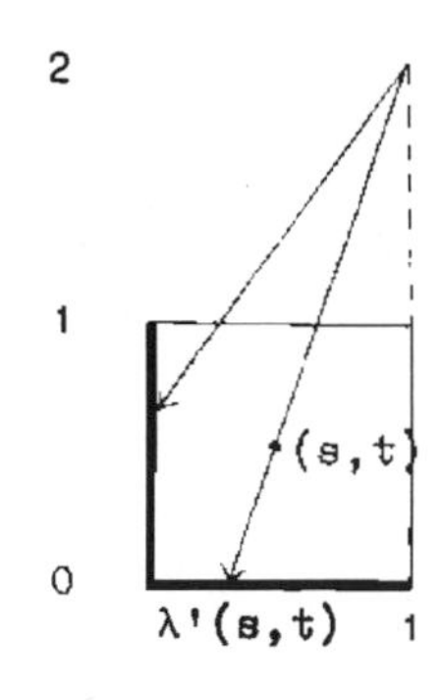

Durch $(x,t) \longmapsto (x,t)$ für $x \in X$,

$(a,s,t) \longmapsto (a,\lambda'(s,t))$ für $a \in A$, $s,t \in I$

erhält man eine stetige Abbildung

$$\bar{F}': (X + (A\times I))\times I \longrightarrow (Z_f\times 0) \cup (X\times I).$$

Da $\lambda'(0,t) = (0,t)$ für alle $t \in I$, gilt für $a \in A$ und $t \in I$

$\bar{F}'(a,0,t) = (a,\lambda'(0,t)) = (a,0,t) = (fa,t) = \bar{F}'(fa,t)$.

Es existiert daher genau eine Abbildung

$$r' : Z_f \times I \longrightarrow (Z_f \times 0) \cup (X \times I)$$

mit $r'(p \times id_I) = \bar{r}'$. r' ist stetig, da $\bar{r}'$ stetig ist und da $p \times id_I$ eine Identifizierung ist ((1.28)).

Da $\lambda'(s,0) = (s,0)$ für alle $s \in I$, folgt

$$r' | (Z_f \times 0) \cup (X \times I) = id_{(Z_f \times 0) \cup (X \times I)} .$$

Damit ist (2) bewiesen.

Beweis von (1.26)(c).

$qj = id_X$ ergibt sich aus der Definition von q.

Wir definieren $\varphi : Z_f \times I \longrightarrow Z_f$ durch

$$\varphi(x,t) := x \quad \text{für} \quad x \in X,\ t \in I ,$$

$$\varphi(a,s,t) := (a, s \cdot t) \quad \text{für} \quad a \in A,\ s,t \in I.$$

φ ist wohldefiniert, da

$\varphi(a,0,t) = (a,0) = fa = \varphi(fa,t)$ für $a \in A$.

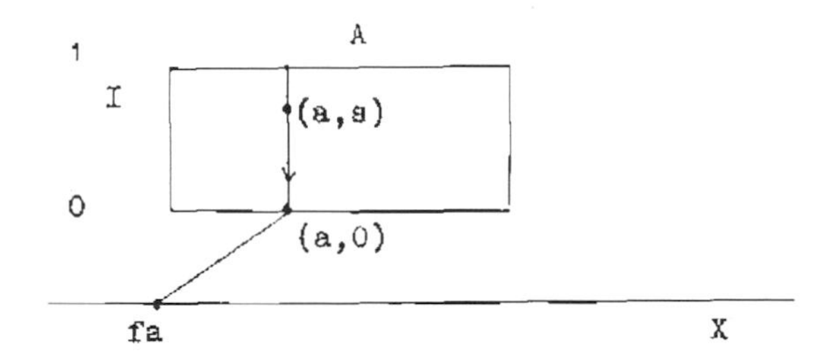

Mit Hilfe von (1.28) überlegt man sich leicht: φ ist stetig.

Es gilt $\quad \varphi(x,0) = x = jq(x) \quad$ für $x \in X$,

$\qquad \varphi(a,s,0) = (a,0) = fa = jq(a,s)$

für $a \in A$, $s \in I$, also $\varphi_0 = jq$. $\varphi_1 = id_{Z_f}$.

Da $\varphi(x,t) = x$ für alle $x \in X$, $t \in I$, ist φ eine Homotopie rel X $(= j(X))$, also

$$\varphi : jq \simeq id_{Z_f} \quad \text{rel } X . \blacksquare$$

(1.29) Abbildungszylinder eines Paares (Doppelter Abbildungszylinder)

Wir verallgemeinern den Begriff des Abbildungszylinders einer stetigen Abbildung.

Definition: $f : A \longrightarrow X$, $g : A \longrightarrow Y$ seien stetige Abbildungen.

Der Abbildungszylinder $Z_{(f,g)}$ des Paares (f,g) ist der Quotientraum, der aus der topologischen Summe $X + (A \times I) + Y$ entsteht, wenn $(a,0) \in A \times I$ für jedes $a \in A$ mit $fa \in X$ und $(a,1) \in A \times I$ für jedes $a \in A$ mit $ga \in Y$ identifiziert wird.

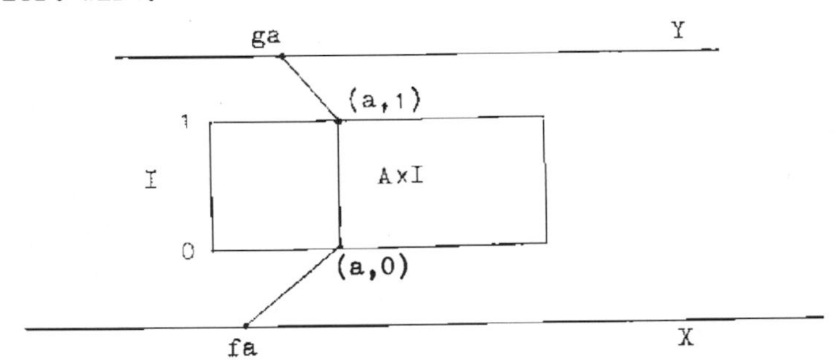

Durch Zusammensetzung der Injektion von X bzw. Y in die topologische Summe $X + (A \times I) + Y$ mit der Projektion auf $Z_{(f,g)}$ erhält man injektive stetige Abbildungen

$$j_X : X \longrightarrow Z_{(f,g)} \text{ , } j_Y : Y \longrightarrow Z_{(f,g)} .$$

(1.30) Satz: j_X, j_Y sind abgeschlossene Einbettungen und Cofaserungen.

Beweis: Der Beweis ist analog zu dem Beweis der entsprechenden Teile von Satz (1.12) und Satz (1.26).

Die genaue Durchführung überlassen wir dem Leser.

Beim Nachweis, daß j_X eine Cofaserung ist, nutzt

man aus, daß für die im Beweis von (1.26) eingeführte Abbildung

$\lambda' : I \times I \longrightarrow (I \times 0) \cup (0 \times I)$ gilt:

$\lambda'(1,t) = (1,0)$ für alle $t \in I$. ■

Satz (1.30) erlaubt es insbesondere, X und Y als (abgeschlossene) Teilräume von $Z_{(f,g)}$ aufzufassen:

$$X \subset Z_{(f,g)}, \; Y \subset Z_{(f,g)}.$$

(1.31) <u>Beispiele</u>:

<u>1.</u> Ist $g = id_A$, dann ist $Z_{(f,g)}$ (im wesentlichen) der Abbildungszylinder Z_f von f.

<u>2.</u> Hat Y genau einen Punkt, ist also g die einzige Abbildung $A \longrightarrow Y$, so heißt $Z_{(f,g)}$ <u>Abbildungskegel von f</u>.

Wir verwenden dann die Bezeichnung $C_f := Z_{(f,g)}$.

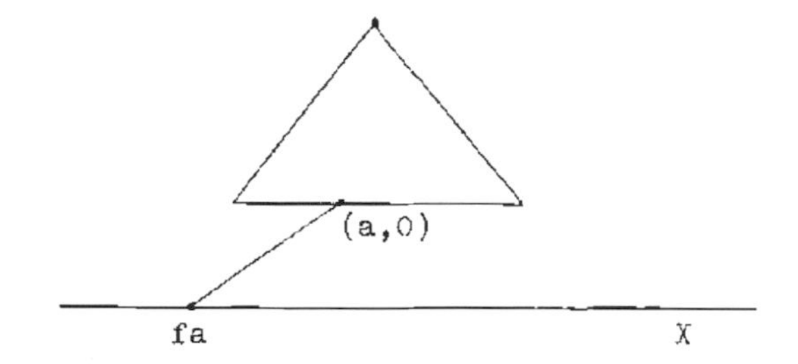

<u>Bemerkung</u>: C_f entsteht aus dem Abbildungszylinder Z_f von f, indem man $A \times 1 \subset Z_f$ zu einem Punkt identifiziert.

Aus Satz (1.30) folgt:

(1.32) <u>Satz</u>: Ist $f : A \longrightarrow X$ eine stetige Abbildung, dann ist die Inklusion $X \subset C_f$ eine (abgeschlossene) Cofaserung.

1.6 Übergang zu anderen Kategorien.

Seien K, L topologische Räume.

Mit Hilfe des in (0.26) definierten Homotopiebegriffs in der Kategorie Top_L^K läßt sich die Definition des Begriffes Cofaserung von Top auf Top_L^K übertragen.

(1.33) Definition. Seien $\alpha = (K \longrightarrow A \longrightarrow L)$,
$\xi = (K \longrightarrow X \longrightarrow L)$ Räume unter K und über L, sei $g : \alpha \longrightarrow \xi$ eine Abbildung unter K und über L.

g heißt Cofaserung in Top_L^K, genau wenn für alle Räume unter K und über L $\eta = (K \longrightarrow Y \longrightarrow L)$, für alle Abbildungen unter K und über L $f : \xi \longrightarrow \eta$ und alle Homotopien unter K und über L $\varphi: A \times I \longrightarrow Y$ mit $\varphi_0 = fg$ eine Homotopie unter K und über L $\Phi: X \times I \longrightarrow Y$ existiert mit $\Phi(g \times id_I) = \varphi$ und $\Phi_0 = f$.

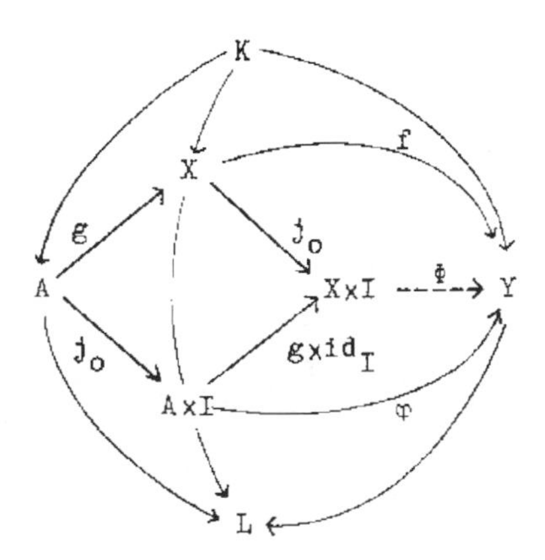

Die Sätze dieses Paragraphen über Cofaserungen lassen sich von Top auf Top_L^K übertragen. Die genaue Ausführung überlassen wir dem Leser. Man beachte insbesondere die Spezialfälle $K = \emptyset$, $L =$ Punktraum und mache sich den Begriff der

Cofaserung in Top^o (<u>punktierte Cofaserung</u>) klar.
Es sei an dieser Stelle nur die Konstruktion in der Kategorie Top_L^K erwähnt, die der Konstruktion des Abbildungszylinders in Top entspricht.

(1.34) Seien $\xi = (K \xrightarrow{i} X \xrightarrow{p} L)$ und $\xi' = (K \xrightarrow{i'} X' \xrightarrow{p'} L)$ Objekte von Top_L^K und $f \in Top_L^K(\xi,\xi')$. Wir haben dann zunächst den topologischen Raum $I^K X$ (vgl.(0.21)).
Z_f^K sei der topologische Raum, der aus der topologischen Summe $X' + I^K X$ entsteht, wenn für jedes $x \in X$ $fx \in X'$ mit dem Bild von $(x,0) \in X \times I$ unter der natürlichen Projektion $X \times I \longrightarrow I^K X$ identifiziert wird. Wir setzen $i' : K \longrightarrow X'$ mit der Injektion von X' in die topologische Summe $X' + I^K X$ und der natürlichen Projektion $X' + I^K X \longrightarrow Z_f^K$ zusammen und erhalten eine stetige Abbildung $K \longrightarrow Z_f^K$.
$p' : X' \longrightarrow L$ und $p \circ pr_1 : X \times I \longrightarrow L$ induzieren eine stetige Abbildung $Z_f^K \longrightarrow L$ (!). Wir erhalten damit ein Objekt $K \longrightarrow Z_f^K \longrightarrow L$ von Top_L^K, den <u>Abbildungszylinder von f in Top_L^K</u>.
Als Aufgabe beweise der Leser:

(1.35) <u>Satz</u>. Sei

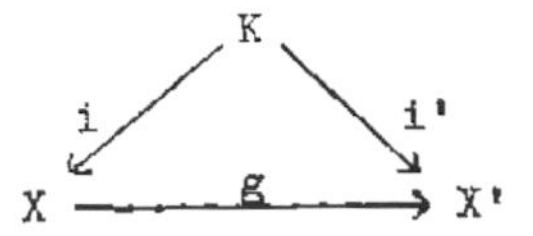

ein kommutatives Diagramm in Top. Dann ist $g: i \longrightarrow i'$ eine Cofaserung in Top^K, falls $g: X \longrightarrow X'$ eine Cofaserung in Top ist.

§ 2. Homotopie-Cofaserungen

2.1 Die Homotopieerweiterungseigenschaft bis auf Homotopie. h-Cofaserungen.

Wir verallgemeinern den Begriff der Cofaserung.

(2.1) Definition. $i : A \longrightarrow X$ sei eine stetige Abbildung, Y ein topologischer Raum.
i hat die Homotopieerweiterungseigenschaft (HEE) bis auf Homotopie für Y, wenn für alle stetigen Abbildungen $f : X \longrightarrow Y$ und alle Homotopien $\varphi : A \times I \longrightarrow Y$ mit $\varphi_0 = fi$ eine Homotopie $\Phi : X \times I \longrightarrow Y$ existiert mit (1) $\Phi(i \times id_I) = \varphi$ und (2) $\Phi_0 \overset{A}{\simeq} f$. (Wir fassen dabei Φ_0 und f als Morphismen von Top^A auf, $\Phi_0, f \in Top^A(i, fi)$; wegen (1) gilt nämlich $\Phi_0 i = \varphi_0 = fi$.)

(2.2) Definition. Eine stetige Abbildung $i : A \longrightarrow X$ heißt Homotopie-Cofaserung (kurz: h-Cofaserung), wenn i die HEE bis auf Homotopie für alle topologischen Räume Y hat. Neben der Bezeichnung " Homotopie-Cofaserung " ist auch die Bezeichnung " schwache Cofaserung " gebräuchlich.

(2.3) Bemerkung. Jede Cofaserung ist eine h-Cofaserung. Insbesondere ist jeder Homöomorphismus eine h-Cofaserung (vgl. (1.8)).

(2.4) Satz. Die Zusammensetzung zweier h-Cofaserungen ist eine h-Cofaserung.

Der Beweis des Satzes sei dem Leser als Aufgabe überlassen.

(2.5) Definition. $i : A \longrightarrow X$, $i' : A \longrightarrow X'$ seien Räume unter A. i wird dominiert von i' in Top^A, wenn eine der folgenden äquivalenten (!) Aussagen erfüllt ist:

(a) es existieren Morphismen von Top^A $g : i \longrightarrow i'$, $g' : i' \longrightarrow i$ mit $g'g \overset{A}{\simeq} id_X$,

(b) es existiert ein Schnitt in Top^Ah $g : i \longrightarrow i'$,

(c) es existiert eine Retraktion in Top^Ah $g' : i' \longrightarrow i$.

<u>Bemerkung</u>. Dieser Begriff geht im Fall $A = \emptyset$ zurück auf J.H.C. Whitehead.

(2.6) <u>Satz</u>. <u>Voraussetzung</u>: $i : A \longrightarrow X$, $i' : A \longrightarrow X'$ seien Räume unter A. i werde dominiert von i' in Top^A.

<u>Behauptung</u>. (a) Ist Y ein topologischer Raum und hat i' die HEE bis auf Homotopie für Y, so auch i.

(b) Ist i' eine h-Cofaserung, so auch i.

<u>Beweis</u>. (b) folgt unmittelbar aus (a).

<u>Zu (a)</u>. Nach Voraussetzung gibt es $g \in Top^A(i,i')$, $g' \in Top^A(i',i)$ mit $g'g \overset{A}{\simeq} id_X$.

Gegeben seien stetige Abbildungen $f : X \longrightarrow Y$, $\varphi : A\times I \longrightarrow Y$ mit $\varphi_o = fi$.

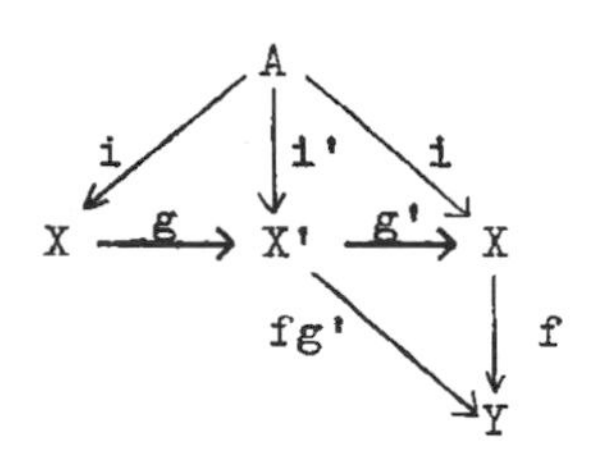

Da $g'i' = i$, folgt $\varphi_o = fg'i'$. Da i' die HEE bis auf Homotopie für Y hat, existiert eine Homotopie $\Phi' : X'\times I \longrightarrow Y$ mit $\Phi'(i'\times id_I) = \varphi$ und $\Phi'_o \overset{A}{\simeq} fg'$. Setze $\Phi := \Phi'(g\times id_I) : X\times I \longrightarrow Y$. Dann gilt

$\Phi(i\times id_I) = \Phi'(gi\times id_I) = \Phi'(i'\times id_I) = \varphi$

und $\Phi_0 = \Phi_0' g \overset{A}{\simeq} fg'g \overset{A}{\simeq} f$, denn $g'g \overset{A}{\simeq} id_X$.
i hat also die HEE bis auf Homotopie für Y. ∎

Satz (2.6) liefert speziell:

(2.7) Korollar: " HEE bis auf Homotopie " und " h-Cofaserung " sind invariant unter Isomorphie in $Top^A h$, d.h. unter Homotopieäquivalenz unter A.

(2.8) Bemerkung.
Satz (2.6) wird falsch, wenn man in (a) "HEE bis auf Homotopie " durch " HEE " oder in (b) " h-Cofaserung " durch " Cofaserung " ersetzt.
Ein Beispiel hierzu geben wir in (3.17) an (vgl.(3.19)).

(2.9) Satz.
Das Diagramm in Top

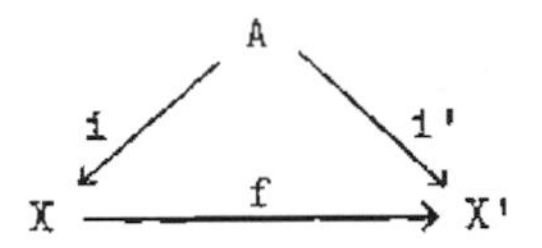

sei bis auf Homotopie kommutativ, d.h. $fi \simeq i'$.
Ist i eine h-Cofaserung oder hat i wenigstens die HEE bis auf Homotopie für X', so gibt es eine stetige Abbildung $g : X \longrightarrow X'$ mit $g \simeq f$ und $gi = i'$.
(Man vergleiche hierzu die Problemstellung in (1.1), (1.2) und Satz (1.3).)

Beweis. Sei $\varphi : fi \simeq i'$, $\varphi: A \times I \longrightarrow X'$.
Da $\varphi_0 = fi$ und da i die HEE bis auf Homotopie für X' hat, existiert eine Homotopie $\Phi: X \times I \longrightarrow X'$ mit
$\Phi(i \times id_I) = \varphi$ und $\Phi_0 \overset{A}{\simeq} f$.
Setze $g := \Phi_1 : X \longrightarrow X'$.

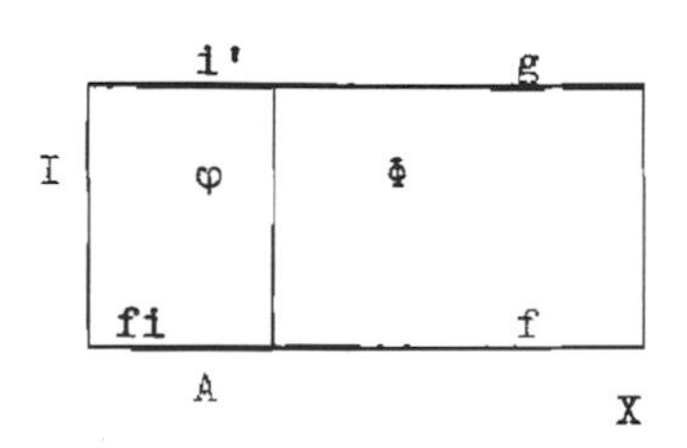

Dann gilt $gi(a) = \Phi(ia,1) = \varphi(a,1) = i'(a)$ für alle $a \in A$, d.h. $gi = i'$.
Ferner haben wir $g = \Phi_1 \simeq \Phi_o \simeq f$. ∎

2.2 Verschiedene Charakterisierungen des Begriffes " h-Cofaserung ".

(2.10) Satz. Sei ε eine reelle Zahl mit $0 < \varepsilon < 1$, Y ein topologischer Raum, $i : A \longrightarrow X$ eine stetige Abbildung. Dann sind äquivalent:

(a) i hat die HEE bis auf Homotopie für Y.

(b) Für alle stetigen Abbildungen $f : X \longrightarrow Y$ und alle Homotopien $\varphi: A\times I \longrightarrow Y$, so daß $\varphi(a,t) = fi(a)$ für alle $a \in A$ und alle $t \in [0,1]$ mit $t \leq \varepsilon$ *), existiert eine Homotopie $\Phi: X\times I \longrightarrow Y$ mit $\Phi(i\times id_I) = \varphi$ und $\Phi_o = f$.

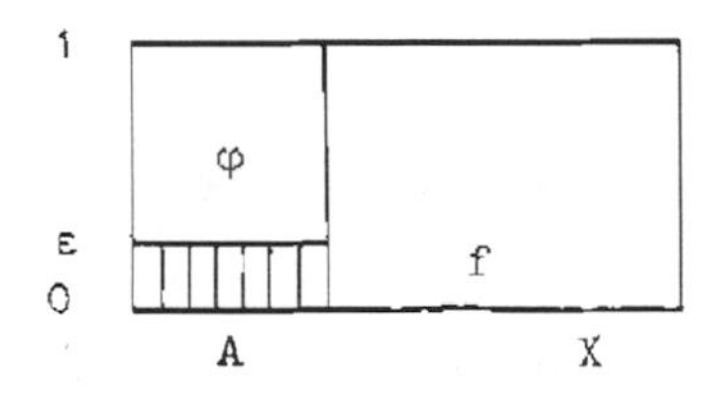

Als Korollar liefert Satz (2.10) eine Charakterisierung des Begriffes " h-Cofaserung ".

---

*) Wir sagen: " φ ist ein Stück weit konstant ".

<u>Beweis von (2.10)</u>. <u>(a) $\Rightarrow$ (b)</u>. Gegeben seien $f : X \longrightarrow Y$ und $\varphi: A\times I \longrightarrow Y$ mit $\varphi(a,t) = fi(a)$ für alle $a \in A$ und $t \in [0,1]$ mit $t \leq \varepsilon$.

Da $\varphi_\varepsilon = fi$ (Wir erinnern: $\varphi_\varepsilon = \varphi j_\varepsilon$ (0.19).), und da i die HEE bis auf Homotopie für Y hat, existiert $\Phi': X\times[\varepsilon,1] \longrightarrow Y$ mit $\Phi'(i\times id_{[\varepsilon,1]}) = \varphi|A\times[\varepsilon,1]$ und $\Phi'_\varepsilon \overset{A}{\simeq} f$ (vgl.(0.19).

Sei $\Phi'' : X\times[0,\varepsilon] \longrightarrow Y$ eine Homotopie unter A mit $\Phi''_0 = f$ und $\Phi''_\varepsilon = \Phi'_\varepsilon$. Φ' und Φ'' zusammen definieren die gesuchte Homotopie $\Phi: X\times I \longrightarrow Y$.

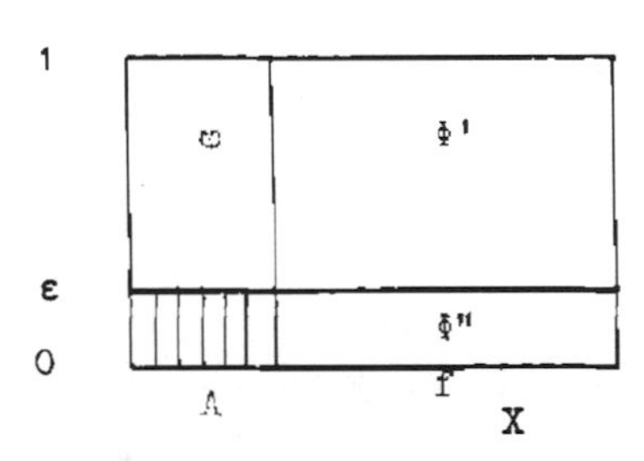

<u>(b) $\Rightarrow$ (a)</u>. Gegeben seien stetige Abbildungen $f : X \longrightarrow Y$, $\varphi: A\times I \longrightarrow Y$ mit $\varphi_0 = fi$.

Wir setzen φ fort zu $\varphi': A\times[-1,+1] \longrightarrow Y$ durch $\varphi'(a,t) := \varphi(a,\mathrm{Max}(t,0))$. Dann gilt $\varphi'(a,t) = fi(a)$ für $a \in A$, $-1 \leq t \leq 0$. Nach Voraussetzung ((0,ε,1) ersetzen wir durch (-1,0,1).) existiert eine stetige Abbildung $\Phi': X\times[-1,1] \longrightarrow Y$ mit $\Phi'(i\times id_{[-1,1]}) = \varphi'$ und $\Phi'_{-1} = f$.

Für $\Phi := \Phi'|X\times I : X\times I \longrightarrow Y$ gilt dann $\Phi(i\times id_I) = \varphi$ und $\Phi_0 = \Phi'_0 \overset{A}{\simeq} \Phi'_{-1} = f$.

1 | φ | Φ | Φ' | 0 | φ' | -1 | A | X

■

(2.11) Satz. Sei ε eine reelle Zahl mit $0 < \varepsilon < 1$, $i : A \longrightarrow X$ eine stetige Abbildung.

Dann sind äquivalent:

(a) i ist eine h-Cofaserung.

(b) Es existiert eine stetige Abbildung $r: X \times I \longrightarrow Z_i$ mit der folgenden Eigenschaft $(E(i,\varepsilon))$:

$$(E(i,\varepsilon)) \begin{cases} r(x,0) = x & \text{für } x \in X \\ r(ia,t) = \begin{cases} (a,0), \; a \in A, \; 0 \leq t \leq \varepsilon \\ (a, \frac{t-\varepsilon}{1-\varepsilon}), \; a \in A, \; \varepsilon \leq t \leq 1 . \end{cases} \end{cases}$$

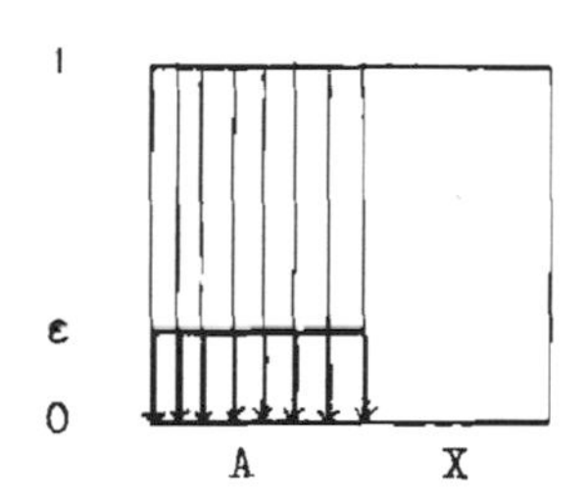

Beweis. Wir führen den Beweis mit Hilfe von Satz (2.10).

Wir können uns offensichtlich auf den Fall $\varepsilon = \frac{1}{2}$ beschränken.

(a) ⇒ (b). Wir setzen voraus: i ist eine h-Cofaserung. Wir betrachten die Einbettung $j : X \longrightarrow Z_i$ (vgl.(1.11), (1.12)) und die Homotopie $\varphi: A \times I \longrightarrow Z_i$, die gegeben ist durch

$$(a,t) \longmapsto \begin{cases} (a,0), & 0 \leq t \leq \frac{1}{2} \\ (a,2t-1), & \frac{1}{2} \leq t \leq 1 . \end{cases}$$

Dann gilt für $0 \leq t \leq \frac{1}{2}$ $\varphi(a,t) = (a,0) = ia = jia$.

Da i die HEE bis auf Homotopie für Z_i hat, existiert nach (2.10) eine Homotopie $\Phi: X \times I \longrightarrow Z_i$ mit $\Phi(i \times id_I) = \varphi$

und $\Phi_o = j$. $r := \Phi$ ist die gesuchte stetige Abbildung.

(2.12) <u>Bemerkung</u>. In "(a) $\Rightarrow$ (b)" haben wir nur benutzt, daß i die HEE bis auf Homotopie für den Abbildungszylinder Z_i hat.

"(b) $\Rightarrow$ (a)": Wir setzen jetzt die Existenz von $r\colon X\times I \longrightarrow Z_i$ mit $r(x,0) = x$ $(x \in X)$ und

$$r(ia,t) = \begin{cases} (a,0)\ , & a \in A\ ,\ 0 \leq t \leq \frac{1}{2} \\ (a,2t-1), & a \in A\ ,\ \frac{1}{2} \leq t \leq 1 \end{cases}$$

voraus.

Gegeben seien stetige Abbildungen $f : X \longrightarrow Y$, $\varphi\colon A\times I \longrightarrow Y$ mit $\varphi(a,t) = fia$ für $0 \leq t \leq \frac{1}{2}$, $a \in A$.

Wir definieren $\Phi' : Z_i \longrightarrow Y$ durch

$$x \longmapsto f(x) \quad \text{für } x \in X\ ,$$

$$(a,t) \longmapsto \varphi(a,\tfrac{1+t}{2}) \quad \text{für } (a,t) \in A\times I\ .$$

Da $(a,0) \longmapsto \varphi(a,\frac{1}{2}) = fia$, ist Φ' eine wohldefinierte stetige Abbildung.

Setze $\Phi := \Phi' r\colon X\times I \longrightarrow Y$. Dann gilt

$$\Phi(ia,t) = \begin{cases} \Phi'(a,0) = \varphi(a,\frac{1}{2}) = \varphi(a,t), & a \in A,\ 0 \leq t \leq \frac{1}{2} \\ \Phi'(a,2t-1) = \varphi(a,t), & a \in A,\ \frac{1}{2} \leq t \leq 1\ , \end{cases}$$

$\Phi(x,0) = \Phi'(x) = f(x)$ für $x \in X$, d.h. $\Phi(i\times id_I) = \varphi$ und $\Phi_o = f$.

i ist also nach Satz (2.10) eine h-Cofaserung. ∎

<u>Zusatz zu Satz (2.11)</u>.

Aus Satz (2.11) und Bemerkung (2.12) folgt:

(2.13) <u>Satz</u>. Eine stetige Abbildung i ist genau dann eine h-Cofaserung, wenn sie die HEE bis auf Homotopie für den Abbildungszylinder Z_i hat.

(2.14) Korollar. Ist eine stetige Abbildung $i : A \longrightarrow X$ eine h-Cofaserung, so ist i eine Einbettung. Ist außerdem X Hausdorffsch, so ist $i(A)$ abgeschlossen in X.

Beweis. Korollar (2.14) folgt aus Satz (2.11) ähnlich wie Korollar (1.17) aus Satz (1.16). Den Beweis von (1.17) kann man fast wörtlich übernehmen.∎

Bemerkung. Korollar (2.14) zeigt, daß man sich bei der Definition des Begriffes " h-Cofaserung " auf Inklusionen $i : A \subset X$ beschränken kann.

Wir beweisen nun, daß man in der Charakterisierung des Begriffes " h-Cofaserung " von Satz (2.11) den Abbildungszylinder Z_i durch $(X\times 0) \cup (A\times I) \subset X\times I$ ersetzen kann, falls $i : A \subset X$ eine Inklusion ist.

(2.15) Satz. Sei ε eine reelle Zahl mit $0 < \varepsilon < 1$. Eine Inklusion $i : A \subset X$ ist genau dann eine h-Cofaserung, wenn eine stetige Abbildung $r'\colon X\times I \longrightarrow (X\times 0) \cup (A\times I)$ existiert mit der folgenden Eigenschaft $(E'(i,\varepsilon))$:

$$(E'(i,\varepsilon)) \quad \begin{cases} r'(x,0) = (x,0) & \text{für } x \in X \\ r'(a,t) = \begin{cases} (a,0), & a \in A, \ 0 \leq t \leq \varepsilon \\ (a,\frac{t-\varepsilon}{1-\varepsilon}), & a \in A, \ \varepsilon \leq t \leq 1. \end{cases} \end{cases}$$

Beweis.

" $\Rightarrow$ " Wir setzen voraus: i ist eine h-Cofaserung. Nach Satz (2.11) existiert dann eine stetige Abbildung $r\colon X\times I \longrightarrow Z_i$ mit der Eigenschaft $(E(i,\varepsilon))$.

Setzen wir $r' := lr\colon X\times I \longrightarrow (X\times 0) \cup (A\times I)$, wo l die in (1.18) definierte stetige Abbildung ist, erhalten wir eine stetige Abbildung mit der Eigenschaft $(E'(i,\varepsilon))$.

" $\Leftarrow$ " Wir setzen die Existenz einer stetigen Abbildung $r'\colon X\times I \longrightarrow (X\times 0) \cup (A\times I)$ mit der Eigenschaft $(E'(i,\varepsilon))$

voraus.

Wir wählen eine reelle Zahl δ mit $0 < \delta < 1$ und definieren eine Abbildung $s: (X\times 0) \cup (A\times I) \longrightarrow Z_i$ durch

$$(x,0) \longmapsto x \quad \text{für} \quad x \in X ,$$

$$(a,t) \longmapsto \begin{cases} (a,0), & a \in A , \ 0 \leq t \leq \delta \\ (a,\frac{t-\delta}{1-\delta}), & a \in A , \ \delta \leq t \leq 1 . \end{cases}$$

Lemma: s ist stetig.

Beweis. $(X\times 0) \cup (A\times[0,\delta])$ und, da $\delta > 0$, $A\times[\delta,1]$ sind abgeschlossene Teilmengen von $(X\times 0) \cup (A\times I)$.
Es genügt daher zu zeigen, daß die Einschränkungen von s auf diese Teilmengen stetig sind. Die Einschränkung $s|A\times[\delta,1]$ ist stetig, da sie die Zusammensetzung der stetigen Abbildung
$A\times[\delta,1] \longrightarrow A\times I$, $(a,t) \longmapsto (a,\frac{t-\delta}{1-\delta})$, mit der Injektion von $A\times I$ in die direkte Summe $X + (A\times I)$ und der Projektion auf Z_i ist. Setzt man die Projektion auf den ersten Faktor $pr_1: X\times I \longrightarrow X$ mit der Injektion von X in die direkte Summe $X + (A\times I)$ und der Projektion auf Z_i zusammen, erhält man eine stetige Abbildung $X\times I \longrightarrow Z_i$.
$s|(X\times 0) \cup (A\times[0,\delta])$ ist stetig als Einschränkung dieser stetigen Abbildung auf $(X\times 0) \cup (A\times[0,\delta])$.
Damit ist das Lemma bewiesen.

Nach dem eben bewiesenen Lemma erhalten wir durch $r := sr'$ eine stetige Abbildung $X\times I \longrightarrow Z_i$. Wir setzen $\varepsilon' := \varepsilon +(1-\varepsilon)\delta$. Dann gilt $0 < \varepsilon' < 1$. Eine einfache Rechnung zeigt:
r' erfüllt die Eigenschaft $(E(i,\varepsilon'))$. Nach Satz (2.11) ist i daher eine Cofaserung. Damit ist Satz (2.15) bewiesen.■

Bemerkung. Ist A abgeschlossen in X , so folgt Satz (2.15) wegen Satz (1.19)(a) unmittelbar aus (2.11).

(2.16) Satz. Ist $i : A \longrightarrow X$ eine h-Cofaserung und Y ein beliebiger topologischer Raum, so ist auch $id_Y \times i : Y \times A \longrightarrow Y \times X$ eine h-Cofaserung.

Beweis. Wir können nach (2.14) ohne wesentliche Einschränkung annehmen, daß i eine Inklusion ist, $i : A \subset X$.
ε sei eine reelle Zahl mit $0 < \varepsilon < 1$.
Nach Satz (2.15) existiert eine stetige Abbildung
$r' : X \times I \longrightarrow (X \times 0) \cup (A \times I)$ mit der Eigenschaft $(E'(i,\varepsilon))$.
Die stetige Abbildung $id_Y \times r' : Y \times X \times I \longrightarrow (Y \times X \times 0) \cup (Y \times A \times I)$ hat dann die Eigenschaft $(E'(id_Y \times i,\varepsilon))$.
$id_Y \times i$ ist also nach (2.15) eine h-Cofaserung. ∎

Bemerkung. Ist Y lokalkompakt, so folgt Satz (2.16) unter Verwendung eines ähnlichen Schlusses wie im eben geführten Beweis bereits aus Satz (2.11).
Ist Y lokalkompakt, so ist nämlich der Abbildungszylinder $Z_{id_Y \times i}$ wegen Satz (1.28) homöomorph zu $Y \times Z_i$.

(2.17) Korollar. Ist $i : A \longrightarrow X$ eine h-Cofaserung und Y ein beliebiger topologischer Raum, so ist auch $i \times id_Y : A \times Y \longrightarrow X \times Y$ eine h-Cofaserung.

Beweis. $\tau : A \times Y \longrightarrow Y \times A$ und $\tau' : X \times Y \longrightarrow Y \times X$ seien die Vertauschung der Faktoren. τ und τ' sind Homöomorphismen, die das Diagramm

$$\begin{array}{ccc} A \times Y & \xrightarrow{\tau} & Y \times A \\ {\scriptstyle i \times id_Y}\downarrow & & \downarrow{\scriptstyle id_Y \times i} \\ X \times Y & \xrightarrow{\tau'} & Y \times X \end{array}$$

kommutativ machen. Das bedeutet aber: (τ,τ') ist ein Isomorphismus von Top(2) $i \times id_Y \longrightarrow id_Y \times i$.
Man überlegt sich leicht, daß die Eigenschaft, eine h-Cofaserung zu sein, invariant ist bei Isomorphie in Top(2). $id_Y \times i$ ist nach Satz (2.16) eine h-Cofaserung, also auch $i \times id_Y$. ■

2.3 h-Äquivalenzen und h-Äquivalenzen unter A.

Der folgende Satz spielt im Aufbau der Homotopietheorie eine zentrale Rolle.

(2.18) Satz (vgl. Dold [7], 3.6).
Sei

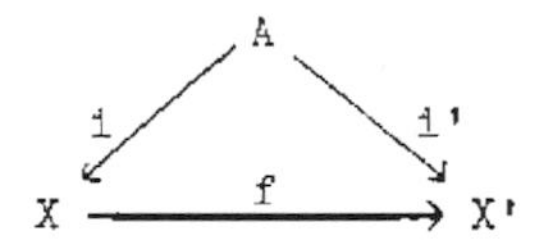

ein kommutatives Diagramm in Top. i und i' seien h-Cofaserungen, f eine Homotopieäquivalenz.
Behauptung: f, aufgefaßt als Morphismus von Top^A , $f : i \longrightarrow i'$, ist eine Homotopieäquivalenz unter A.

Satz (2.18) ergibt sich als Folgerung aus

(2.19) Satz. Sei

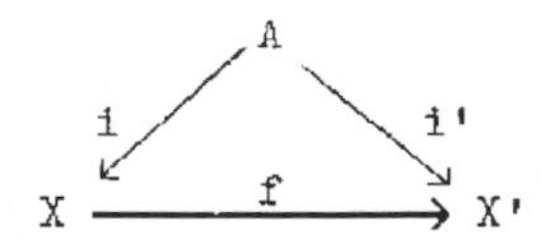

ein kommutatives Diagramm in Top. i und i' seien h-Cofaserungen.
Behauptung: Hat $[f]$ ein Linksinverses in Toph, so hat $[f]^A$ ein Linksinverses in $Top^A h$.
(Im ersten Fall fassen wir dabei f als Morphismus von

Top auf ($f \in Top(X,X')$), im zweiten als Morphismus von Top^A ($f \in Top^A(i,i')$)).

(2.19) $\Rightarrow$ (2.18).

f ist nach Voraussetzung eine h-Äquivalenz, d.h. [f] ist ein Isomorphismus in Toph. Insbesondere hat [f] ein Linksinverses in Toph. Nach Satz (2.19) existiert daher $f_1 \in Top^A(i',i)$ mit

(2.20) $$[f_1]^A[f]^A = [id_X]^A .$$

Insbesondere gilt in Toph $[f_1][f] = [id_X]$.

Da [f] ein Isomorphismus in Toph ist, impliziert die letzte Gleichung: $[f_1]$ ist ein Isomorphismus in Toph. Also hat $[f_1]$ ein Linksinverses in Toph. Wendet man Satz (2.19) an auf das kommutative Diagramm in Top

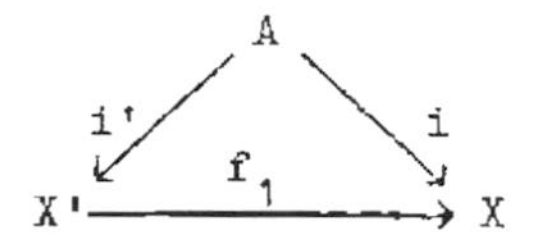

so folgt: $[f_1]^A$ hat ein Linksinverses in Top^Ah.

Da ferner $[f_1]^A$ nach (2.20) ein Rechtsinverses hat, ist $[f_1]^A$ ein Isomorphismus in Top^Ah. Nach (2.20) ist daher $[f]^A$ ein Isomorphismus in Top^Ah, d.h. f ist eine h-Äquivalenz unter A. ∎

Beweis von Satz (2.19).

Sei $f' : X' \longrightarrow X$ homotopielinksinvers zu f, d.h. $f'f \simeq id_X$. Dann gilt $f'i' = f'fi \simeq i$, das Diagramm

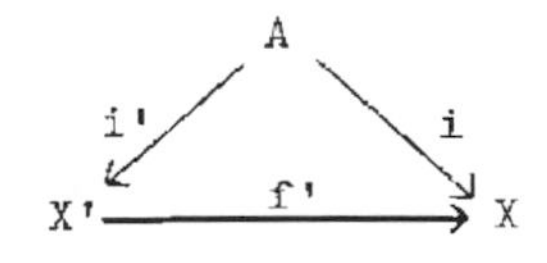

ist also bis auf Homotopie kommutativ. Da i' eine h-Cofaserung ist, können wir wegen Satz (2.9) annehmen, daß dieses Diagramm sogar kommutativ ist. Setzen wir $g := f'f$, so sind die Voraussetzungen des folgenden Hilfssatzes erfüllt.

(2.21) Hilfssatz. Ist

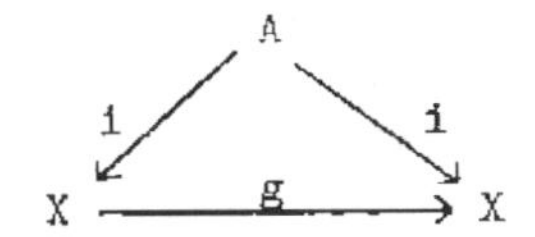

ein kommutatives Diagramm in Top, i eine h-Cofaserung und ist $g \simeq id_X$, so gibt es einen Morphismus $g' : i \longrightarrow i$ von Top^A mit $g'g \overset{A}{\simeq} id_X$.

Es existiert also ein Morphismus $g : i \longrightarrow i$ von Top^A mit $g'g \overset{A}{\simeq} id_X$, d.h. $g'f'f \overset{A}{\simeq} id_X$.

Das bedeutet aber: $g'f' : i' \longrightarrow i$ ist ein Morphismus von Top^A, so daß $[g'f']^A$ linksinvers zu $[f]^A$ ist.

Zu beweisen bleibt also Hilfssatz (2.21).

Beweis von (2.21). Sei $\varphi : g \simeq id_X$, $\varphi : X\times I \longrightarrow X$. Wir können die Homotopie φ so wählen, daß sie ein Stück weit konstant ist, etwa $\varphi(x,t) = g(x)$ für $x \in X$ und $0 \leq t \leq \frac{1}{2}$. *)

---

*) (2.22) Bemerkung. Sind $\alpha, \alpha' : U \longrightarrow V$ homotope stetige Abbildungen und ist $\chi: U\times I \longrightarrow V$ eine Homotopie $\alpha \simeq \alpha'$, dann erhält man durch

(2.23) $(u,t) \longmapsto \chi(u, Max(2t-1,0))$ für $(u,t) \in U\times I$ eine Homotopie $\alpha \simeq \alpha'$, die ein Stück weit konstant ist.

Für $\varphi' := \varphi(i \times id_I) : A \times I \longrightarrow X$ gilt dann $\varphi' : i \simeq i$ (denn $gi = i$) und $\varphi'(a,t) = ia$ für $a \in A$ und $0 \leq t \leq \frac{1}{2}$. Da i eine h-Cofaserung ist, existiert nach Satz (2.10) eine Homotopie $\psi: X \times I \longrightarrow X$ mit $\psi_o = id_X$ und $\psi(i \times id_I) = \varphi' = \varphi(i \times id_I)$.
Setze $g' := \psi_1 : X \longrightarrow X$. Dann gilt $g'i = i$.

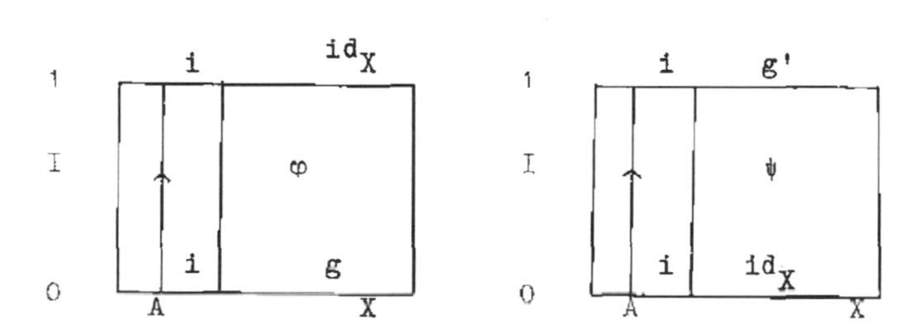

Wir definieren $F : X \times I \longrightarrow X$ durch

$$(x,s) \longmapsto \begin{cases} \psi(gx, 1-2s), & x \in X,\ 0 \leq s \leq \frac{1}{2} \\ \varphi(x, 2s-1), & x \in X,\ \frac{1}{2} \leq s \leq 1 \end{cases}$$

Die Definition ist sinnvoll, da

$$\psi(gx,0) = gx = \varphi(x,0) \quad \text{für } x \in X,$$

und liefert eine Homotopie $F : g'g \simeq id_X$.

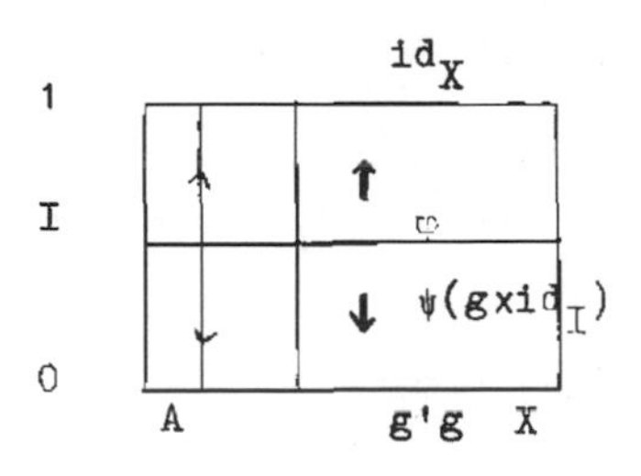

Für $a \in A$ und $0 \leq s \leq \frac{1}{2}$ gilt

$$\psi(gia,1-2s) = \psi(ia,1-2s) = \varphi(ia,1-2s).$$

Wir haben also erreicht, daß die Punkte aus A unter F nullhomotope Wege in X durchlaufen.

Wir nutzen dies aus und definieren $\Phi: A \times I \times I \longrightarrow X$ durch

$$(a,s,t) \longmapsto \begin{cases} \varphi(ia,1-2s(1-t)), & a \in A, \; t \in I, \; 0 \leq s \leq \frac{1}{2} \\ \varphi(ia,1-2(1-s)(1-t)), & a \in A, \; t \in I, \; \frac{1}{2} \leq s \leq 1. \end{cases}$$

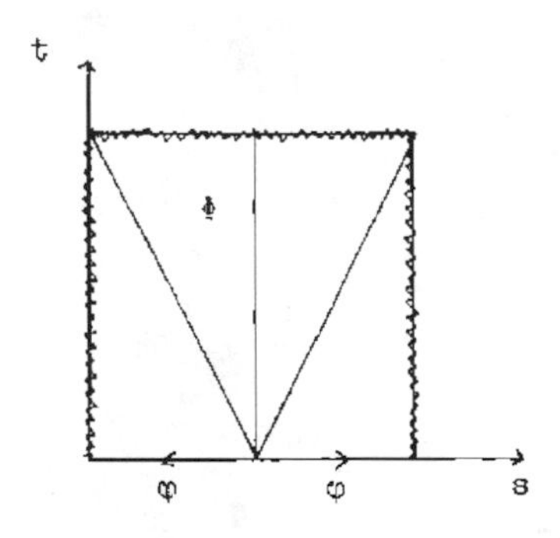

Φ ist eine wohldefinierte stetige Abbildung mit den Eigenschaften

$\Phi(a,s,0) = F(ia,s)$ $(a \in A, \; s \in I)$

$\Phi(a,0,t) = \Phi(a,s,1) = \Phi(a,1,t) = ia (a \in A, t,s \in I)$.

Diese Eigenschaften bleiben erhalten, wenn man Φ wie in (2.23) so zu $\Phi': A \times I \times I \longrightarrow X$ abändert, daß $\Phi'(a,s,t)$ für $0 \leq t \leq \frac{1}{2}$ unabhängig von t ist.

Da i eine h-Cofaserung ist, ist $i \times id_I$ nach Korollar (2.17) eine h-Cofaserung.

Daher existiert eine stetige Abbildung $\tilde{\Phi}: X \times I \times I \longrightarrow X$ mit

$\tilde{\Phi}(i \times id_I \times id_I) = \Phi'$ und $\tilde{\Phi}(x,s,0) = F(x,s)$ für $x \in X$, $s \in I$.

Damit sind wir fertig, denn definieren wir $\tilde{\Phi}_{(s,t)}: X \longrightarrow X$

für $s,t \in I$ durch $\tilde{\Phi}_{(s,t)}(x) := \tilde{\Phi}(x,s,t)(x \in X)$, so gilt

$$g'g = F_0 = \tilde{\Phi}_{(0,0)} \overset{A}{\simeq} \tilde{\Phi}_{(0,1)} \overset{A}{\simeq} \tilde{\Phi}_{(1,1)} \overset{A}{\simeq} \tilde{\Phi}_{(1,0)} = F_1 = id_X.$$

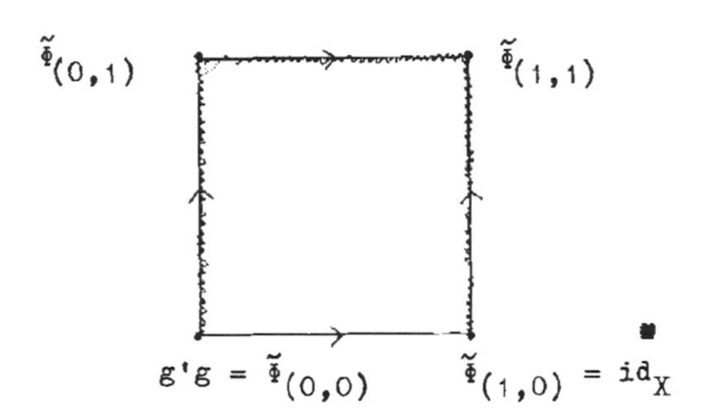

(2.24) <u>Bemerkung</u>. Satz (2.18) ist im Grunde ein formaler Satz und gilt auch, wenn man die Kategorie Top durch die Kategorie Top_L^K ersetzt (K und L topologische Räume), wenn man also von einem kommutativen Dreieck in Top_L^K ausgeht (vgl. Kamps[15], <u>6.2</u>).

<u>2.4</u> <u>Anwendungen</u>.

Die folgenden Sätze enthalten Anwendungen von Satz (2.9) und Satz (2.18).

X sei ein topologischer Raum, A ein Teilraum von X, $i : A \subset X$ die Inklusion.

Wir haben die folgenden Begriffe.

(2.25) (a) A ist <u>schwacher Retrakt</u> von X, genau wenn (eine stetige Abbildung) $r : X \longrightarrow A$ mit $ri \simeq id_A$ existiert.

(b) A ist <u>Retrakt</u> von X, genau wenn ein $r: X \longrightarrow A$ mit $ri = id_A$ existiert.

(c) A ist <u>schwacher Deformationsretrakt</u> von X, genau wenn $r : X \longrightarrow A$ mit $ri \simeq id_A$ und $ir \simeq id_X$ existiert, d.h. wenn i eine Homotopieäquivalenz ist.

(d) A ist <u>Deformationsretrakt</u> von X, genau wenn $r : X \longrightarrow A$ mit $ri = id_A$ und $ir \simeq id_X$ existiert.

(e) A ist <u>starker Deformationsretrakt</u> von X, genau wenn $r : X \longrightarrow A$ mit $ri = id_A$ und $ir \overset{A}{\simeq} id_X$ existiert. *)

Dann gilt trivialerweise:

(2.26) Ist A Retrakt von X, so ist A schwacher Retrakt von X.
Ist A starker Deformationsretrakt von X, so ist A Deformationsretrakt von X.
Ist A Deformationsretrakt von X, so ist A schwacher Deformationsretrakt von X.

Die Umkehrungen dieser Aussagen sind in allen drei Fällen falsch (vgl. Spanier [24], 1.4.1, 1.4.8, 1.4.7).
Wir haben jedoch den folgenden Satz (vgl. Spanier [24], 1.4.10, 1.4.11):

(2.27) <u>Satz</u>. Ist i eine h-Cofaserung, so gilt:

(1) Ist A schwacher Retrakt von X, so ist A Retrakt von X.

(2) Ist A schwacher Deformationsretrakt von X, so ist A Deformationsretrakt von X.

(3) Ist A Deformationsretrakt von X, so ist A

---

*) Wir fassen dabei i, id_X, r als Morphismen von Top^A auf, $i : id_A \longrightarrow i$, $id_X : i \longrightarrow i$, $r : i \longrightarrow id_A$. Das ist möglich, da $ri = id_A$.

starker Deformationsretrakt von X.

Beweis. (1) und (2) sind Folgerungen aus Satz (2.9).
(3) ist eine Folgerung aus Satz (2.18).

Zu (1). Nach Voraussetzung existiert eine stetige Abbildung $r : X \longrightarrow A$ mit $ri \simeq id_A$. Satz (2.9), angewandt auf das Diagramm

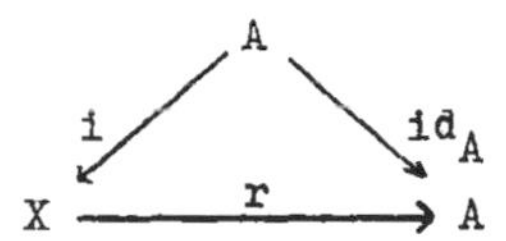

liefert eine stetige Abbildung $r' : X \longrightarrow A$ mit $r'i = id_A$.

Zu (2). Nach Voraussetzung existiert $r : X \longrightarrow A$ mit $ri \simeq id_A$ und $ir \simeq id_X$. Da $ri \simeq id_A$, ist das Diagramm

$$
\begin{array}{ccc}
 & A & \\
{\scriptstyle i} \swarrow & & \searrow {\scriptstyle id_A} \\
X & \xrightarrow{\quad r \quad} & A
\end{array}
\qquad (2.28)
$$

bis auf Homotopie kommutativ. Da i eine h-Cofaserung ist, existiert nach Satz (2.9) eine stetige Abbildung $r' : X \longrightarrow A$ mit $r' \simeq r$ und $r'i = id_A$. Da $ir \simeq id_X$ und $r' \simeq r$, haben wir $ir' \simeq id_X$. Also ist A Deformationsretrakt von X.

Zu (3). Wir beweisen die schärfere Aussage:
Ist $r : X \longrightarrow A$ eine stetige Abbildung mit $ri = id_A$ und $ir \simeq id_X$, so gilt $ir \overset{A}{\simeq} id_X$.

Beweis. Das Diagramm (2.28) ist in unserer Situation kommutativ, r ist eine Homotopieäquivalenz. Da i eine h-Cofaserung ist, ist r nach Satz (2.18) eine Homotopieäquivalenz unter A. Es gibt also einen Morphismus von Top^A $id_A \longrightarrow i$, der homotopieinvers unter A zu r ist.

Da $i : A \longrightarrow X$ die einzige stetige Abbildung ist, die das Diagramm

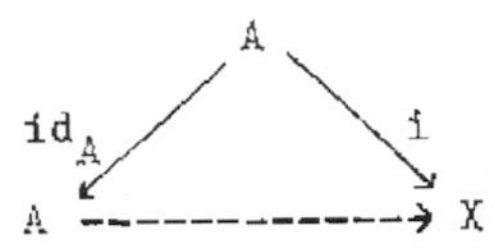

kommutativ macht, ist i der einzige Morphismus von Top^A $id_A \longrightarrow i$. Also ist i homotopieinvers unter A zu r. Also $ir \overset{A}{\simeq} id_X$. ∎

(2.29) <u>Satz</u>. Eine Inklusion $i : A \subset X$ ist genau dann eine h-Cofaserung und eine h-Äquivalenz, wenn A starker Deformationsretrakt von X ist.

<u>Beweis</u>. " $\Longrightarrow$ " ergibt sich als Folgerung aus Satz (2.27) (2), (3) oder direkt aus Satz (2.18), angewandt auf das Diagramm

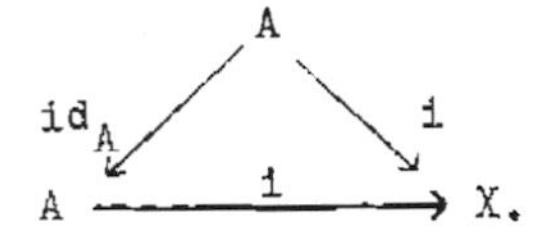

<u>" $\Longleftarrow$ "</u>. Sei A starker Deformationsretrakt von X. Wie man sich sofort überlegt, ist dies gleichbedeutend damit, daß die Inklusion $i : A \subset X$ h-äquivalent unter A zu id_A ist (vgl.(0.25)). Da id_A eine h-Cofaserung ist, folgt aus Satz (2.6): i ist eine h-Cofaserung. Ferner ist i eine h-Äquivalenz, da jeder starke Deformationsretrakt schwacher Deformationsretrakt ist (vgl.(2.26)). ∎

(2.30) Sei $f : A \longrightarrow X$ eine stetige Abbildung.
Wir betrachten das kommutative Diagramm

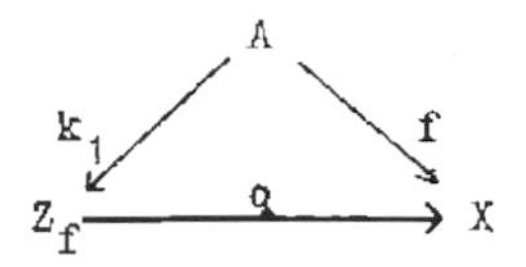

von Satz (1.26)(a).

Satz. Die folgenden Aussagen sind äquivalent:

(a) f ist eine h-Cofaserung.

(b) $[q]^A$ ist ein Isomorphismus in $\mathrm{Top}^A h$

(d.h. q ist eine Homotopieäquivalenz unter A , $q \in \mathrm{Top}^A(k_1, f)$)

(c) $[q]^A$ ist eine Retraktion in $\mathrm{Top}^A h$.

Beweis. " (a) ⟹ (b) " folgt aus Satz (2.18), da q nach Satz (1.26)(c) eine Homotopieäquivalenz und k_1 nach Satz (1.26)(b) eine Cofaserung ist.

" (b) ⟹ (c) " ist trivial.

" (c) ⟹ (a) ". Nach Voraussetzung ist $[q]^A$ eine Retraktion in $\mathrm{Top}^A h$. f wird also in Top^A von k_1 dominiert. Da k_1 nach Satz (1.26)(b) eine Cofaserung, also eine h-Cofaserung ist, folgt (a) aus Satz (2.6). ∎

Da k_1 eine abgeschlossene Cofaserung ist (vgl.(1.12)), erhalten wir:

(2.31) Korollar.(vgl. Puppe [21], 7. Korollar 2).
Zu jeder h-Cofaserung $i:A \longrightarrow X$ existiert eine abgeschlossene Cofaserung $i' : A \longrightarrow X'$, die h-äquivalent unter A zu i ist (vgl.(0.25)).

2.5 h-Äquivalenzen und h-Äquivalenzen von Paaren.

Aus Satz (2.18) läßt sich ein entsprechender Satz für die Kategorie der Paare Top(2) an Stelle von Top^A herleiten.

(2.32) <u>Satz</u>. Sei

$$\begin{array}{ccc} A & \xrightarrow{f} & B \\ {\scriptstyle i}\downarrow & & \downarrow{\scriptstyle j} \\ X & \xrightarrow{g} & Y \end{array}$$

ein kommutatives Diagramm in Top.

i und j seien h-Cofaserungen.

f und g seien h-Äquivalenzen.

<u>Behauptung</u>. Der Morphismus $(f,g) : i \longrightarrow j$ von Top(2) ist eine h-Äquivalenz von Paaren.

<u>Beweis</u>. Wir beweisen:

(2.33) <u>Behauptung</u>. Der Morphismus $[(f,g)]$ von Top(2)h hat ein Linksinverses.

Durch zweimalige Anwendung von (2.33) folgt: $[(f,g)]$ ist ein Isomorphismus von Top(2)h, d.h. (f,g) ist eine h-Äquivalenz von Paaren.

<u>Beweis von (2.33)</u>.

Seien $f' : B \longrightarrow A$, $g' : Y \longrightarrow X$ h-invers zu f bzw. g.

Betrachte

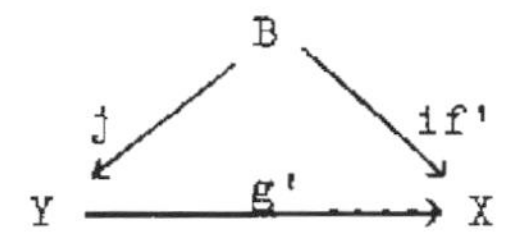

Es gilt $g'j \simeq if'$, denn $g'j \simeq g'jff'$ (da $ff' \simeq id_B$) $= g'gif'$ (da $jf = gi$) $\simeq if'$ (da $g'g \simeq id_X$).

Da j eine h-Cofaserung ist, existiert nach Satz (2.9) eine stetige Abbildung $g'' : Y \longrightarrow X$ mit $g' \simeq g''$ und $g''j = if'$. Wir vermerken: g'' ist h-invers zu g. Wir wählen eine Homotopie $\varphi : f'f \simeq id_A$, $\varphi: A \times I \longrightarrow A$, so daß φ ein Stück weit konstant ist (vgl. (2.22)). Da $i\varphi_0 = if'f = g''jf = g''gi$ und da i eine h-Cofaserung ist, existiert eine Homotopie $\bar{\varphi}: X\times I \longrightarrow X$ mit $\bar{\varphi}(i\times id_I) = i\varphi$ und $\bar{\varphi}_0 = g''g$. Setze $k := \bar{\varphi}_1 : X \longrightarrow X$. Dann ist das Diagramm

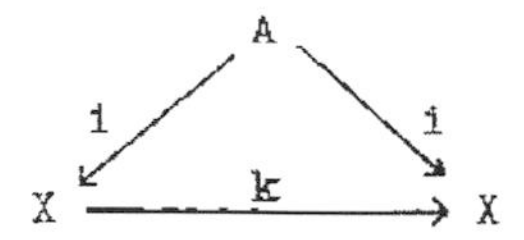

kommutativ, denn $ki = \bar{\varphi}_1 i = i\varphi_1 = i$. k ist eine h-Äquivalenz, da $k = \bar{\varphi}_1 \simeq \bar{\varphi}_0 = g''g \simeq id_X$. Nach Satz(2.18) existiert eine stetige Abbildung $k' : X \longrightarrow X$ mit $k'i = i$ und $k'k \overset{A}{\simeq} id_X$.

Setze $g''' := k'g''$.

Da $g'''j = k'g''j = k'if' = if'$, ist (f',g''') ein Morphismus von Top(2), $(f',g''') : j \longrightarrow i$.

$$\begin{array}{ccc} B & \xrightarrow{f'} & A \\ j\downarrow & & \downarrow i \\ Y & \xrightarrow{g'''} & X \end{array}$$

(2.34) <u>Behauptung</u>. $[(f',g''')]$ ist linksinvers zu $[(f,g)]$ in Top(2)h.

<u>Beweis</u>. Wir wählen zunächst eine Homotopie $\psi: k'k \overset{A}{\simeq} id_X$, $\psi: X\times I \longrightarrow X$, und definieren $\chi: X\times I \longrightarrow X$ durch

$$\chi(x,t) := \begin{cases} k'\bar{\varphi}(x,2t) & \text{für } 0 \leq t \leq \frac{1}{2} \\ \psi(x,2t-1) & \text{für } \frac{1}{2} \leq t \leq 1. \end{cases}$$

Die Definition ist sinnvoll und liefert eine Homotopie $\chi : g'''g \simeq id_X$.

Da ψ eine Homotopie unter A ist und da $k'\bar{\varphi}(i\times id_I) = i\varphi$, gilt für $(a,t) \in A\times I$

$$\chi(ia,t) = i\varphi(a,\text{Min}(2t,1)).$$

Definieren wir φ': $A \times I \longrightarrow A$ durch
$\varphi'(a,t) := \varphi(a, \mathrm{Min}(2t,1))$ für $(a,t) \in A \times I$,
so erhalten wir eine Homotopie $\varphi' : f'f \simeq id_A$ mit
$\chi(i \times id_I) = i\varphi'$.
Damit ist aber (2.34) und daher (2.33) bewiesen. ∎

(2.35) Bemerkung. Auch Satz (2.32) ist im Grunde ein formaler Satz und gilt auch, wenn man die Kategorie Top durch Top_L^K ersetzt, wo K und L topologische Räume sind (vgl. Kamps [15], 6.4).
Wir beschließen den Paragraphen mit einem Hilfssatz.

(2.36) Satz. Sei $i : A \subset X$ eine h-Cofaserung und sei A zusammenziehbar.*) Dann ist die natürliche Projektion $p : X \longrightarrow X/A$ eine h-Äquivalenz.

Beweis. Da A zusammenziehbar ist, können wir eine Homotopie $\varphi: A \times I \longrightarrow A$ zwischen id_A und einer konstanten Abbildung φ_1 wählen. Dabei können wir annehmen (vgl.(2.22)), daß $\varphi(a,t) = a$ für $a \in A$ und $0 \leq t \leq \frac{1}{2}$. Da i eine h-Cofaserung ist, existiert nach Satz (2.10) eine Erweiterung von $i\varphi: A \times I \longrightarrow X$ zu einer Homotopie $\Phi: X \times I \longrightarrow X$ mit $\Phi_0 = id_X$. Da $\Phi_1|A$ konstant ist, induziert Φ_1 eine eindeutig bestimmte stetige Abbildung $f : X/A \longrightarrow X$ mit $fp = \Phi_1$. Wir zeigen: f ist h-invers zu p. Zunächst gilt $id_X = \Phi_0 \simeq \Phi_1 = fp$. Da $\Phi(A \times I) \subset A$ und da deshalb $p\Phi|A \times I$ konstant ist, induziert Φ genau eine Abbildung $\overline{\Phi}: (X/A) \times I \longrightarrow X/A$, die das Diagramm

---

*) Dann gilt insbesondere $A \neq \emptyset$.

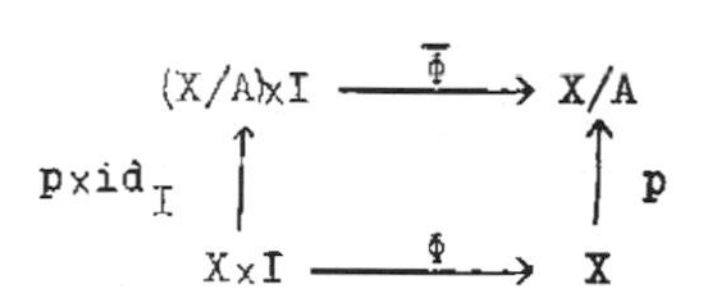

kommutativ macht. $\overline{\Phi}$ ist stetig, da $p \times id_I$ nach (1.28) eine Identifizierung ist. Es gilt jetzt $id_{X/A} = \overline{\Phi}_0 \simeq \overline{\Phi}_1$. Da $\overline{\Phi}_1 \circ p = p \circ \Phi_1 = pfp$ und da p surjektiv ist, haben wir $\overline{\Phi}_1 = pf$ und daher $id_{X/A} \simeq pf$. ∎

§ 3. Lokale Charakterisierungen von Cofaserungen und h-Cofaserungen.

Der folgende Paragraph, der Cofaserungen und h-Cofaserungen lokal charakterisiert, beruht auf Untersuchungen von D. Puppe (vgl. [21]) und A. Strøm (vgl. [27]).

3.1 Höfe.

(3.1) Definition. A, V seien Teilräume eines topologischen Raumes X mit $A \subset V \subset X$.

V heißt Hof (englisch: halo) von A in X, *) wenn es eine stetige Abbildung $v : X \longrightarrow I$ gibt, so daß

(3.2) $A \subset v^{-1}(0)$ und $X - V \subset v^{-1}(1)$.

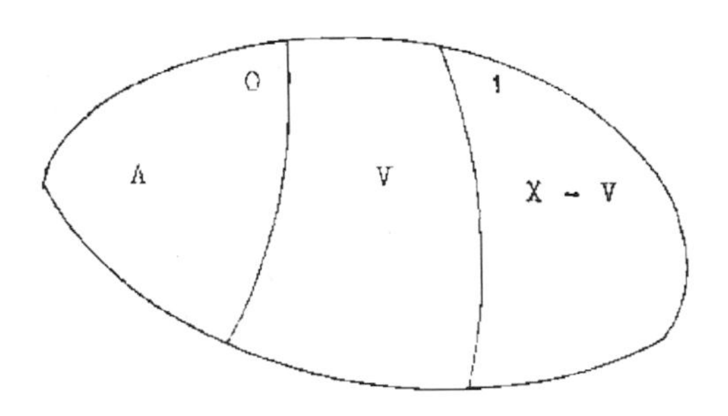

Bezeichnung. Ein stetiges v mit (3.2) heißt Hoffunktion von V.

(3.3) Bemerkung. Sei $A \subset X$. Dann ist X Hof von A in X, denn $v = 0 : X \longrightarrow I$ ist eine Hoffunktion von X.

(3.4) Lemma. Sei $A \subset V \subset X$.

(a) Ist V Hof von A in X, dann ist V Umgebung

---

*) Wir sagen kurz: V ist Hof von A, wenn aus dem Zusammenhang hervorgeht, welcher Raum X gemeint ist.

von $\bar{A}$ in X. *)

(b) Ist X normal und V Umgebung von $\bar{A}$, so ist V Hof von A.

(c) Sei $\mathbb{R}^+$ der Teilraum $\{x \in \mathbb{R} | x \geq 0\}$ von $\mathbb{R}$. Ist $u : X \longrightarrow \mathbb{R}^+$ eine stetige Abbildung, so daß $A \subset u^{-1}[0,\alpha_1]$ für eine reelle Zahl $\alpha_1 \geq 0$, dann sind $u^{-1}[0,\alpha_2[$ und $u^{-1}[0,\alpha_2]$ für jede reelle Zahl $\alpha_2 > \alpha_1$ Höfe von A und sogar von $u^{-1}[0,\alpha_1]$.

Beweis. (a) Sei v eine Hoffunktion von V. Dann gilt

$$A \subset v^{-1}(0) \subset v^{-1}[0,1[\subset V.$$

Da $v^{-1}(0)$ abgeschlossen in X ist, folgt $\bar{A} \subset v^{-1}(0)$.

Da $v^{-1}[0,1[$ offen in X ist, erhalten wir die Behauptung.

(b) ist eine unmittelbare Folgerung aus dem Satz von Urysohn (vgl. Schubert [23], I.8.4 Satz 1).

(c) $v : X \longrightarrow I$, definiert durch

$$v(x) := \mathrm{Min}(1,\mathrm{Max}(0,\frac{u(x)-\alpha_1}{\alpha_2-\alpha_1})) \quad \text{für} \quad x \in X,$$

ist eine Hoffunktion von $u^{-1}[0,\alpha_2[$ und $u^{-1}[0,\alpha_2]$. ∎

(3.5) Lemma. Sei $A \subset X$.

(a) Jede Obermenge eines Hofes von A ist ein Hof von A.

(b) Der Durchschnitt endlich vieler Höfe von A ist ein Hof von A.

Beweis. (a) Sei $A \subset V \subset V' \subset X$.

Ist V ein Hof von A und $v : X \longrightarrow I$ eine Hoffunktion von V, so ist v auch eine Hoffunktion von V'.

(b) Es genügt, den Durchschnitt zweier Höfe zu betrachten.

---

*) $\bar{A}$ bezeichnet die abgeschlossene Hülle von A in X.

Sind V und W Höfe von A, $v : X \longrightarrow I$ und $w : X \longrightarrow I$ Hoffunktionen von V bzw. W, dann ist $u : X \longrightarrow I$, definiert durch

$$u(x) := \operatorname{Max}(v(x), w(x)) \text{ für } x \in X,$$

eine Hoffunktion von $V \cap W$. ∎

(3.6) <u>Korollar</u>. Sei $A \subset V \subset X$.

Ist V ein Hof von A in X, dann existiert eine abgeschlossene Teilmenge U von X, $A \subset U \subset V$, so daß U ein Hof von A in X und V ein Hof von U in X ist.

Insbesondere enthält jeder Hof V von A einen abgeschlossenen Hof U von A.

<u>Beweis</u>. V sei ein Hof von A in X, $v : X \longrightarrow I$ eine Hoffunktion von V. Durch $U := v^{-1}[0,\frac{1}{2}]$ erhalten wir eine abgeschlossene Teilmenge von X mit $A \subset U \subset V$.

U ist ein Hof von A nach (3.4)(c), V ist ein Hof von U nach (3.4)(c) und (3.5)(a). ∎

(3.7) <u>Definition</u>. Sei $A \subset V \subset X$.

V <u>läßt sich in X auf A rel A zusammenziehen</u> *), genau wenn es eine stetige Abbildung $r : V \longrightarrow A$ gibt, so daß $r|A = \mathrm{id}_A$ und $(V \subset X) \overset{A}{\simeq} (V \xrightarrow{r} A \subset X)$.

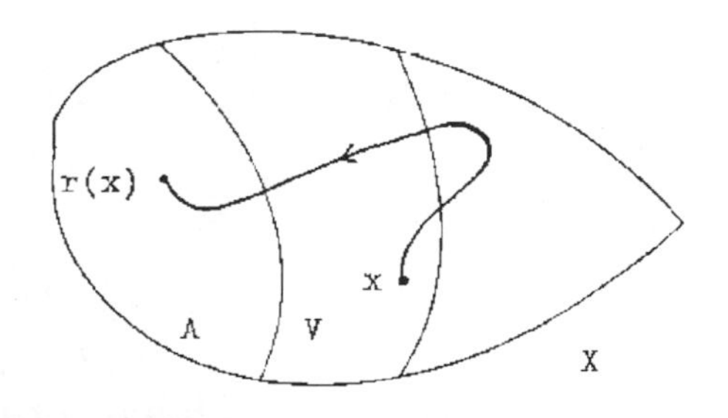

*) Wenn keine Mißverständnisse entstehen können, sagen wir kurz: V <u>läßt sich auf A zusammenziehen</u>.

Klar ist:

V läßt sich genau dann in X auf A zusammenziehen, wenn eine Homotopie $\varphi: V\times I \longrightarrow X$ existiert, so daß $\varphi_1(V) \subset A$ und $\varphi: (V \subset X) \overset{A}{\simeq} \varphi_1$.

Ein solches φ heißt <u>Zusammenziehung von V in X auf A</u>.

Klar ist ferner:

(3.8) <u>Bemerkung</u>. Ist $A \subset V' \subset V \subset X$ und läßt sich V in X auf A zusammenziehen, so auch V'.

(3.9) <u>Satz</u>. Sei $A \subset X$.

Dann sind folgende Aussagen äquivalent:

(a) A hat einen Hof V in X, der sich auf A zusammenziehen läßt.

(b) Zu jedem Hof U von A in X gibt es einen Hof W von A in X mit $W \subset U$, der sich in U auf A zusammenziehen läßt.

(c) Es gibt einen Hof V von A in X und eine Homotopie $\psi: X\times I \longrightarrow X$, so daß $\psi_1(V) \subset A$ und $\psi: \mathrm{id}_X \overset{A}{\simeq} \psi_1$.

<u>Beweis</u>. <u>(b) $\Rightarrow$ (a)</u> folgt aus Bemerkung (3.3).

<u>(a) $\Rightarrow$ (c)</u>. Sei V' ein auf A zusammenziehbarer Hof.

Nach (3.6) und (3.8) können wir o.w.E. annehmen:

V' ist abgeschlossen in X.

Sei $v' : X \longrightarrow I$ eine Hoffunktion von V' und $\varphi: V'\times I \longrightarrow X$ eine Zusammenziehung von V' in X auf A.

Wir setzen $V := v'^{-1}[0,\frac{1}{2}]$. V ist nach (3.4)(c) ein Hof von A.

$u : X \longrightarrow I$ sei gegeben durch $u(x) := \mathrm{Min}(2-2v'(x),1)$.

Wir definieren jetzt $\psi: X\times I \longrightarrow X$ durch

$$\psi(x,t) := \begin{cases} \varphi(x,t\cdot u(x)), & \text{falls } x \in V' \\ x, & \text{falls } x \in v'^{-1}(1). \end{cases}$$

ψ ist wohldefiniert. ψ ist stetig, da $v'^{-1}(1)$ und V' abgeschlossen in X sind. ψ ist eine Homotopie rel A, da φ eine Homotopie rel A ist.

$\psi_0 = id_X$, da $\varphi_0 = (V' \subset X)$. $\psi_1(V) \subset A$, da $V \subset V'$, da $u(x) = 1$ für $x \in V$ und da $\varphi_1(V') \subset A$.

<u>(c) ⟹ (b)</u>. Sei U ein Hof von A in X, $u : X \longrightarrow I$ eine Hoffunktion von U. Seien V, ψ wie in (c), $v : X \longrightarrow I$ eine Hoffunktion von V.

Wir definieren $w' : X \longrightarrow I$ durch

$w'(x) := \underset{t\in I}{\text{Max}}\, u(\psi(x,t))$, $w : X \longrightarrow I$ durch

$w(x) := \text{Max}(v(x), w'(x))$ und setzen $W := w^{-1}[0,1[$.

Dann gilt $W \subset U$. W ist ein Hof von A in X.

Eine Zusammenziehung von W in U auf A erhält man durch $W\times I \longrightarrow U$, wobei $(x,t) \longmapsto \psi(x,t)$. ∎

<u>Bemerkung</u>. Die Stetigkeit von w' ergibt sich aus dem folgenden Lemma, dessen Beweis wir dem Leser überlassen (vgl. Brown [5], 7.3.8).

(3.10) <u>Lemma</u>. X, C seien topologische Räume. C sei kompakt. Ist $\gamma : X\times C \longrightarrow \mathbb{R}$ eine stetige Abbildung, dann ist die durch

$$g(x) := \underset{c\in C}{\text{Max}}\, \gamma(x,c)$$

definierte Abbildung $g : X \longrightarrow \mathbb{R}$ stetig.

(3.11) Wir gehen jetzt auf den Zusammenhang zwischen den bisher in § 3 definierten Begriffen und einigen anderen Begriffen der mengentheoretischen Topologie ein.

<u>Definition 1</u>. Ein topologischer Raum X heißt <u>vollständig regulär</u>, wenn zu jedem Punkt $x \in X$ und jeder Umgebung

U von x eine stetige Abbildung $f : X \longrightarrow [0,1]$ existiert mit $f(x) = 0$ und $X - U \subset f^{-1}(1)$. *)

Definition 2. Ein topologischer Raum X heißt in $x_0 \in X$ lokal punktiert zusammenziehbar, wenn zu jeder Umgebung V von x_0 eine Umgebung U von x_0 und eine Homotopie $\varphi: U \times I \longrightarrow V$ existiert, so daß $U \subset V$, $\varphi_1(U) = \{x_0\}$ und $\varphi: (U \subset V) \overset{\{x_0\}}{\simeq} \varphi_1$.

In einem vollständig regulären Raum X fallen also für jedes $x_0 \in X$ die Begriffe " Umgebung von x_0 in X " und " Hof von $\{x_0\}$ in X " zusammen. Die Äquivalenz (a) $\Leftrightarrow$ (b) von Satz (3.9) liefert daher:

(3.12) Satz. Sei X vollständig regulär, $x_0 \in X$. Dann ist X genau dann in x_0 lokal punktiert zusammenziehbar, wenn $\{x_0\}$ einen auf $\{x_0\}$ zusammenziehbaren Hof hat.

3.2 Lokale Charakterisierung von h-Cofaserungen.

Wir können jetzt h-Cofaserungen lokal charakterisieren.

(3.13) Satz. Sei $i : A \subset X$ eine Inklusion.

Dann sind die folgenden Aussagen äquivalent:

(a) i ist eine h-Cofaserung.

(b) A hat einen auf A zusammenziehbaren Hof in X.

Beweis. (a) $\Rightarrow$ (b). Sei i eine h-Cofaserung. Dann existiert nach der Charakterisierung des Begriffes " h-Cofaserung " in Satz (2.15) ($\varepsilon = \frac{1}{2}$) eine stetige Abbildung $r: X \times I \longrightarrow (X \times 0) \cup (A \times I)$ mit $r(x,0) = x$ für $x \in X$ und

$$r(a,t) = \begin{cases} (a,0), & a \in A,\ 0 \leq t \leq \frac{1}{2} \\ (a,2t-1), & a \in A,\ \frac{1}{2} \leq t \leq 1. \end{cases}$$

Wir definieren $v: X \longrightarrow I$ durch $v(x) := 1 - pr_2 \circ r(x,1)$.

*) Im Gegensatz etwa zu Schubert [23], I.9.1 verlangen wir nicht, daß X hausdorffsch ist.

v ist stetig, $A \subset v^{-1}(0)$.

Durch $V := v^{-1}[0,1[$ erhalten wir daher einen Hof von A in X (vgl. (3.4)(c)).

$\psi: X\times I \longrightarrow X$ definieren wir durch

$$\psi(x,t) := pr_1 \circ r(x,t).$$

ψ ist stetig und es gilt $\psi(a,t) = a$ für $a \in A$, $t \in I$, $\psi(x,0) = x$ für $x \in X$,

also $$\psi : id_X \overset{A}{\simeq} \psi_1.$$

Weiter gilt $\psi_1(V) \subset A$: ist nämlich $v(x) < 1$, d.h. $pr_2 \circ r(x,1) > 0$, dann ist $r(x,1) \in A\times I$ und daher

$$\psi(x,1) \in A.$$

$\psi|V\times I$ liefert deshalb eine Zusammenziehung von V in X auf A. Damit ist (b) bewiesen.

<u>(b) $\Rightarrow$ (a)</u>. Wir setzen (b) voraus. Nach Satz (3.9)(c) existiert dann ein Hof V von A in X und eine Homotopie $\psi: X\times I \longrightarrow X$ mit $\psi_1(V) \subset A$ und $\psi : id_X \overset{A}{\simeq} \psi_1$. Da die Eigenschaft (3.9)(c) beim Übergang zu einem kleineren Hof erhalten bleibt, können wir wegen (3.6) annehmen, daß V abgeschlossen in X ist. v sei eine Hoffunktion für V. Wir wollen nachweisen, daß i eine h-Cofaserung ist. Seien $f : X \longrightarrow Y$, $\varphi: A\times I \longrightarrow Y$ stetige Abbildungen mit $\varphi(a,0) = f(a)$ für $a \in A$. Wir definieren $\Phi: X\times I \longrightarrow Y$ durch

$$\Phi(x,t) := \begin{cases} \varphi(\psi_1(x), t(1-v(x))), & x \in V \\ f\psi_1(x), & x \in v^{-1}(1). \end{cases}$$

Φ ist wohldefiniert. Φ ist stetig, da V abgeschlossen in X ist. $\Phi(a,t) = \varphi(a,t)$ für $a \in A$.

$$\Phi_0 = f\psi_1 \overset{A}{\simeq} f id_X = f.$$ Das beweist (a). ∎

(3.14) <u>Beispiele.</u>

<u>1.</u> $X := \{0\} \cup \{\frac{1}{n} | n = 1,2,3,\ldots\} \subset \mathbb{R}$. $A := \{0\}$.

In (1.24) haben wir gesehen, daß $i : A \subset X$ keine Cofaserung ist. Aus Satz(3.13) folgt, daß i auch keine h-Cofaserung ist: da man keinen der Punkte $\frac{1}{n}$ $(n = 1,2,\ldots)$ durch einen Weg mit 0 verbinden kann, hat nämlich $\{0\}$ keinen auf $\{0\}$ zusammenziehbaren Hof in X.

<u>2.</u> Sei $X_n := \{(x,y)) \in \mathbb{R}^2 | (x - \frac{1}{n})^2 + y^2 = \frac{1}{n^2}\} \subset \mathbb{R}^2$, $n = 1,2,3\ldots$

$X := \bigcup_{n=1}^{\infty} X_n \subset \mathbb{R}^2$, $A := \{(0,0)\}$.

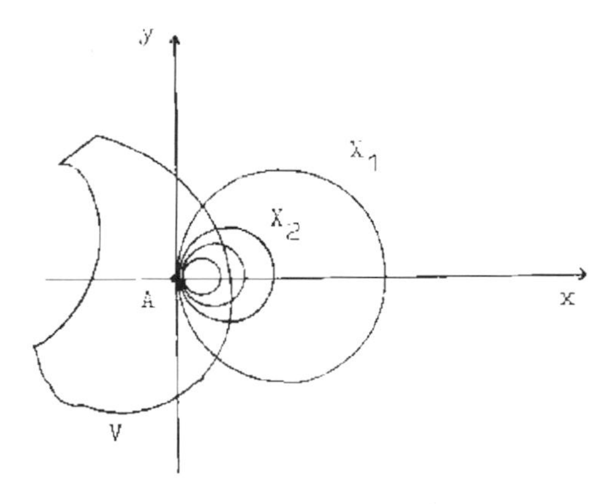

<u>Behauptung.</u> $i : A \subset X$ ist keine h-Cofaserung.

<u>Beweis.</u> Wir führen den Beweis indirekt und nehmen an, i ist eine h-Cofaserung.

Nach Satz (3.13) gibt es dann einen auf A zusammenziehbaren Hof V in X. Sei $\varphi : V \times I \longrightarrow X$ eine Zusammenziehung von V in X auf A. V ist Umgebung von $(0,0)$ in X. Also existiert eine natürliche Zahl n_o mit $X_{n_o} \subset V$.

Wir definieren eine Retraktion $r : X \longrightarrow X_{n_o}$

durch

$$r(x) := \begin{cases} x \ , & x \in X_{n_0} \\ (0,0) & \text{sonst.} \end{cases}$$

Die Zusammensetzung

$$X_{n_0} \times I \subset V \times I \xrightarrow{\varphi} X \xrightarrow{r} X_{n_0}$$

ist dann eine Zusammenziehung von X_{n_0} auf $\{(0,0)\}$. Da die 1-Sphäre S^1 nicht zusammenziehbar ist (Eilenberg-Steenrod [9], XI. Theorem 3.1), kann eine solche Zusammenziehung aber nicht existieren. ■

3. $X := \mathbb{R}^1$ (oder $X := I$), $A := \{0\} \cup \{\frac{1}{n} | n = 1,2,3,\ldots\}$.

Behauptung. $i : A \subset X$ ist keine h-Cofaserung.

Beweis. Wir nehmen an: i ist eine h-Cofaserung.
Dann existiert ein Hof V von A in X und eine Zusammenziehung φ: $V \times I \longrightarrow X$ von V in X auf A. V ist Umgebung von A in X, enthält also insbesondere ein Intervall der Form $[0,\frac{1}{n}] (n \geq 1)$.

Da $\{0,\frac{1}{n}\} \subset \varphi_1([0,\frac{1}{n}]) \subset A$, wäre $\varphi_1([0,\frac{1}{n}])$ nicht zusammenhängend. Das widerspricht aber der Stetigkeit von φ_1. ■

3.3 Lokale Charakterisierung von Cofaserungen.

Der nächste Satz charakterisiert Cofaserungen (vgl. Strøm [27], 2. Lemma 4).

(3.15) Satz. Sei $i : A \subset X$ eine Inklusion.
Dann sind folgende Aussagen äquivalent:

(a) i ist eine Cofaserung.

(b) Es gibt eine stetige Abbildung

$$u : X \longrightarrow \mathbb{R}^+$$

und eine Homotopie φ: $X \times I \longrightarrow X$, so daß

(1) $A \subset u^{-1}(0)$,

(2) $\varphi(x,0) = x$ für alle $x \in X$,

(3) $\varphi(a,t) = a$ für alle $(a,t) \in A\times I$,

(4) $\varphi(x,t) \in A$ für alle $(x,t) \in X\times I$ mit $t > u(x)$.

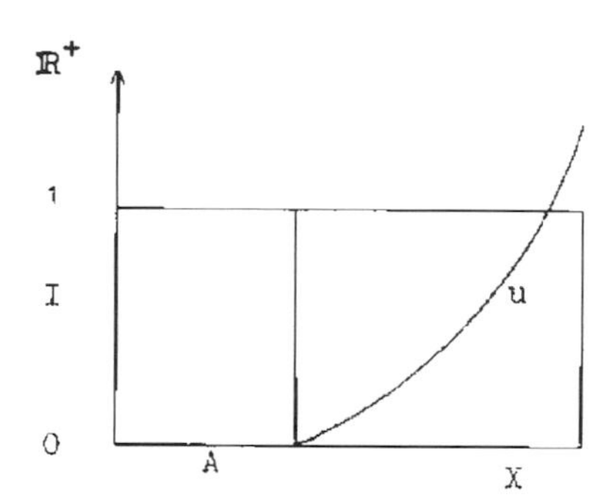

(3.16) <u>Bemerkung</u>. Ist A <u>abgeschlossen</u> in X, so folgt aus den Bedingungen, die in (b) an u und φ gestellt sind:

$$\varphi(x,u(x)) \in A \text{ , wenn } u(x) < 1.$$

(Man betrachte hierzu eine Folge $t_n \in I$ mit $u(x) < t_n$, die gegen $u(x)$ konvergiert.)

Ist insbesondere $u(x) = 0$, so ergibt sich

$x = \varphi(x,0) = \varphi(x,u(x)) \in A$ und daher $A = u^{-1}(0)$.

<u>Beweis von (3.15)</u>. Nach Satz (1.22) ist eine Inklusion $i : A \subset X$ genau dann eine Cofaserung, wenn $(X\times 0) \cup (A\times I)$ Retrakt von $X\times I$ ist.

<u>(a) ⟹ (b)</u>. Ist i eine Cofaserung, so existiert eine Retraktion $r: X\times I \longrightarrow (X\times 0) \cup (A\times I)$(von $X\times I$ auf $(X\times 0)\cup(A\times I)$).

Wir definieren $u : X \longrightarrow \mathbb{R}^+$ und $\varphi: X\times I \longrightarrow X$

durch $\qquad u(x) := \underset{t\in I}{\text{Max}}\ (t-pr_2 r(x,t))$

und $\qquad \varphi(x,t) := pr_1 r(x,t)$.

u ist stetig, da I kompakt ist (vgl.(3.10)).

u und φ erfüllen die Bedingungen von (b).

(Ist $t > u(x)$, so ist $pr_2 r(x,t) > 0$,
also $r(x,t) \in A \times I$ und daher $\varphi(x,t) = pr_1 r(x,t) \in A$.)

(b) $\Rightarrow$ (a). Sind stetige Abbildungen $u : X \longrightarrow \mathbb{R}^+$, $\varphi : X \times I \longrightarrow X$ mit den Eigenschaften von (b) gegeben, erhält man eine Retraktion $r' : X \times I \longrightarrow (X \times 0) \cup (A \times I)$ (von $X \times I$ auf $(X \times 0) \cup (A \times I)$) durch

$$r'(x,t) := \begin{cases} (\varphi(x,t), 0), & t \leq u(x) \\ (\varphi(x,t), t - u(x)), & t \geq u(x). \end{cases}$$ ■

Nicht jede h-Cofaserung ist eine Cofaserung:

(3.17) **Beispiel.** Sei M eine überabzählbare Menge.

Wir definieren $X := I^M$ (Produkttopologie), $A := \{0\}^M$.

Behauptung. $i : A \subset X$ ist eine h-Cofaserung, jedoch keine Cofaserung.

Beweis. In dem kommutativen Diagramm

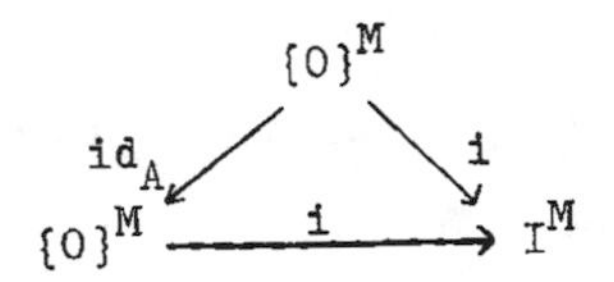

ist i eine Homotopieäquivalenz unter A, da $\{0\}$ starker Deformationsretrakt von I ist.

id_A ist eine h-Cofaserung. i ist daher nach Satz (2.6) eine h-Cofaserung.

Nehmen wir an, i sei eine Cofaserung, so existiert nach (3.15) und (3.16) (A ist abgeschlossen in X) eine stetige Abbildung

$$u : I^M \longrightarrow \mathbb{R}^+, \text{ so daß}$$

(3.18) $$u^{-1}(0) = \{0\}^M .$$

Da $\{0\} = \bigcap_{n=1}^{\infty} [0,\frac{1}{n}[$, folgt $u^{-1}(0) = \bigcap_{n=1}^{\infty} u^{-1}[0,\frac{1}{n}[$.

$[0,\frac{1}{n}[$ ist Umgebung von 0 in $\mathbb{R}^+$. Daher ist $u^{-1}[0,\frac{1}{n}[$ Umgebung von 0^M in I^M (u ist stetig). Nach Definition der Produkttopologie existiert dann eine endliche Menge $E_n \subset M$, so daß

$$u^{-1}[0,\tfrac{1}{n}[\supset \{0\}^{E_n} \times I^{M-E_n} .$$

(Wir identifizieren: $I^M = I^{E_n} \times I^{M-E_n}$.)

Also

$$\bigcap_{n=1}^{\infty} u^{-1}[0,\tfrac{1}{n}[\supset \{0\}^{M'} \times I^{M-M'} ,$$

wobei M' ($= \bigcup_{n=1}^{\infty} E_n$) eine abzählbare Menge ist. Das liefert aber einen Widerspruch zu (3.18), denn $M-M' \neq \emptyset$, da M überabzählbar ist. ■

(3.19) <u>Bemerkung</u> (vgl.(2.8)). Beispiel (3.17) zeigt zugleich, daß der Begriff " Cofaserung " nicht invariant ist unter Homotopieäquivalenz unter A :

id_A und i sind isomorphe Objekte von $Top^A h$,

id_A ist eine Cofaserung, i jedoch nicht.

3.4 Der Produktsatz für Cofaserungen.

(3.20) <u>Satz (Produktsatz für Cofaserungen)</u>

(vgl. Strøm [27], 2. Theorem 6).

Sind $i : A \subset X$, $j : B \subset Y$ Cofaserungen und ist A abgeschlossen in X , dann ist

$$(X \times B) \cup (A \times Y) \subset X \times Y$$

eine Cofaserung.

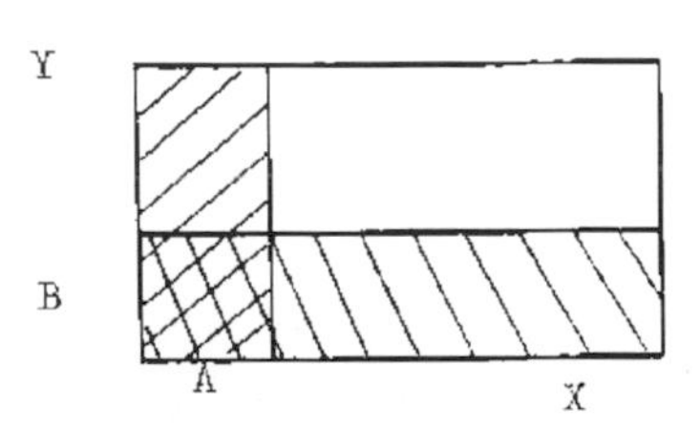

Da $\emptyset \subset X$ eine abgeschlossene Cofaserung ist (dies folgt etwa aus (1.22), da $X\times 0$ Retrakt von $X\times I$ ist), erhält man aus (3.20):

(3.21) <u>Folgerung 1</u>. Ist $j : B \subset Y$ eine Cofaserung und X ein beliebiger topologischer Raum, so ist auch $id_X \times j : X\times B \longrightarrow X\times Y$ eine Cofaserung.

(3.22) <u>Folgerung 2</u>. Sind $i : A \subset X$, $j : B \subset Y$ Cofaserungen, so ist $i\times j : A\times B \subset X\times Y$ eine Cofaserung.

<u>Beweis von (3.22)</u>. Die Behauptung folgt aus (3.21), da $i\times j = (i\times id_Y)(id_A\times j)$ und da die Zusammensetzung zweier Cofaserungen eine Cofaserung ist. ■

<u>Beweis von (3.20)</u>. Zur Cofaserung $A \subset X$ wählen wir stetige Abbildungen $u : X \longrightarrow \mathbb{R}^+$, $\varphi : X\times I \longrightarrow X$ mit den Eigenschaften (1)-(4) von (3.15)(b). $v : Y \longrightarrow \mathbb{R}^+$, $\psi : Y\times I \longrightarrow Y$ seien entsprechende Abbildungen für die Cofaserung $B \subset Y$.

Wir definieren stetige Abbildungen

$$w: X\times Y \longrightarrow \mathbb{R}^+ , \quad \chi : X\times Y\times I \longrightarrow X\times Y$$

durch $w(x,y) := \mathrm{Min}(u(x),v(y))$,

$\chi(x,y,t) := (\varphi(x,\mathrm{Min}(t,v(y))), \psi(y,\mathrm{Min}(t,u(x))))$.

Für w und χ verifizieren wir die Bedingungen (1)-(4) von (3.15)(b).

Wir setzen $C := (X\times B) \cup (A\times Y)$.

Dann gilt: (1) $w(c) = 0$, falls $c \in C$,

(2) $\chi(x,y,0) = (\varphi(x,0),\psi(y,0)) = (x,y)$ für alle $(x,y) \in X\times Y$.

(3) Wir behaupten: $\chi(c,t) = c$ für alle $(c,t) \in C\times I$.

<u>Fall 1</u>: $c = (a,y)$ mit $a \in A$, $y \in Y$.

Dann $\chi(a,y,t) = (a,\psi(y,0)) = (a,y)$.

<u>Fall 2</u>: $c = (x,b)$ mit $x \in X$, $b \in B$.

Dann $\chi(x,b,t) = (\varphi(x,0),b) = (x,b)$.

(4) Wir behaupten: $\chi(x,y,t) \in C$ für alle
$(x,y,t) \in X\times Y\times I$ mit $t > w(x,y)$.

<u>Fall 1</u>: $u(x) \leq v(y)$.

Es folgt $u(x) = w(x,y) < t \leq 1$, also $u(x) < 1$ und
$u(x) \leq \mathrm{Min}(t,v(y))$.

Falls $\mathrm{Min}(t,v(y)) > u(x)$, so gilt
$\varphi(x,\mathrm{Min}(t,v(y))) \in A$ wegen (3.15)(b) (4) für u und φ.
Falls $\mathrm{Min}(t,v(y)) = u(x)$, so folgt aus (3.16)
$\varphi(x,\mathrm{Min}(t,v(y))) \in A$, da $u(x) < 1$ und da A abgeschlossen in X ist. Also $\chi(x,y,t) \in A\times Y \subset C$.

<u>Fall 2</u>: $u(x) > v(y)$.

Dann gilt $\mathrm{Min}(t,u(x)) > v(y)$ und daher
$\psi(y,\mathrm{Min}(t,u(x))) \in B$ wegen (3.15)(b) (4) für v und ψ.
Also $\chi(x,y,t) \in X\times B \subset C$.

Also ist $(X\times B) \cup (A\times Y) \subset X\times Y$ nach Satz (3.15) eine Cofaserung. ■

Das folgende Beispiel zeigt, daß man die Voraussetzung " A ist abgeschlossen in X " in Satz (3.20) nicht weglassen kann.

(3.23) <u>Beispiel</u>. Sei $X := \{a,b\}$, $a \neq b$, $A := \{a\}$.
X trage die Topologie, deren offene Mengen $\emptyset$, A und X sind. A ist nicht abgeschlossen in X. Wir wissen ((1.24) Beispiel 2): $i : A \subset X$ ist eine Cofaserung.

<u>Behauptung</u>. $(X\times A) \cup (A\times X) \subset X\times X$ ist keine h-Cofaserung.

<u>Beweis</u>. Wir setzen $C := (X\times A) \cup (A\times X)$ und nehmen an:
$C \subset X\times X$ ist eine h-Cofaserung. Nach Satz (3.13) existiert dann ein Hof V von C in $X\times X$ und eine Retraktion $r : V \longrightarrow C$. V ist nach (3.4)(a) Umgebung der abgeschlossenen Hülle $\bar{C}$ von C in $X\times X$. $\bar{C} = X\times X$, da $\bar{A} = X$.

Also $V = X\times X$. $b \in \bar{A} = \overline{\{a\}}$, also

$(b,b) \in \overline{\{a\}} \times \overline{\{b\}} = \overline{\{a\} \times \{b\}} = \overline{\{(a,b)\}}$.

Da r stetig ist, folgt $r(b,b) \in \overline{\{r(a,b)\}}$.

$r(a,b) = (a,b)$, da r eine Retraktion ist; also

$r(b,b) \in \overline{\{(a,b)\}}$.

$\overline{\{(a,b)\}} = \overline{\{a\}} \times \overline{\{b\}} = \overline{\{a\}} \times \{b\}$, da $\{b\}$ abgeschlossen in X ist. Also $pr_2 r(b,b) = b$.

Also $r(b,b) = (a,b)$, da $r(b,b) \in C$.

Aus Symmetriegründen gilt $r(b,b) = (b,a)$.

Das ist aber ein Widerspruch. ■

Ein Satz (3.20) entsprechender Satz für h-Cofaserungen existiert nicht:

(3.24) <u>Beispiel</u>. M sei eine überabzählbare Menge.

$\{0\}^M \subset I^M$ ist nach (3.17) eine abgeschlossene h-Cofaserung. $\{0\} \subset I$ ist eine abgeschlossene Cofaserung. (Dies folgt aus (1.22), da $(I \times 0) \cup (0 \times I)$ Retrakt von $I \times I$ ist).

<u>Behauptung</u>. $(I^M \times 0) \cup (0^M \times I) \subset I^M \times I$ ist keine h-Cofaserung.

<u>Beweis</u>. Wir setzen $C := (I^M \times 0) \cup (0^M \times I)$ und nehmen an, $C \subset I^M \times I$ ist eine h-Cofaserung. Dann gibt es nach (3.11) einen Hof V von C in $I^M \times I$ und eine Retraktion $r : V \longrightarrow C$. Da $0^M \times I \subset V$ und da I kompakt ist, gibt es eine Umgebung U von 0^M in I^M mit $U \times I \subset V$.

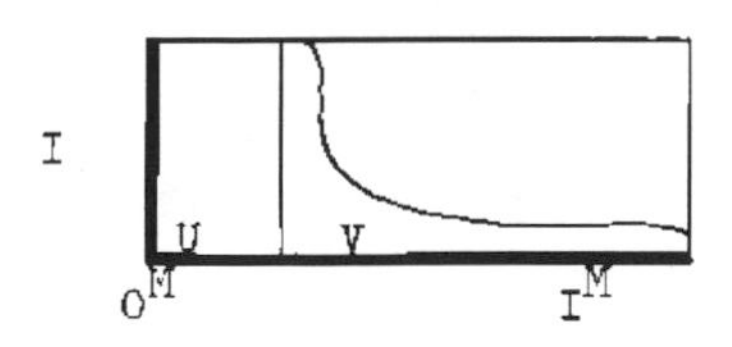

Nach Definition der Produkttopologie existiert eine endliche Menge $E \subset M$, so daß $U \supset 0^E \times I^{M-E}$.

(Wir identifizieren $I^M = I^E \times I^{M-E}$.)

Wir definieren $\alpha\colon I^{M-E}\times I \longrightarrow I^{M}\times I$

durch $\alpha(x,t) := (0^{E},x,t)$ für $x \in I^{M-E}$, $t \in I$.

Dann gilt $\alpha(I^{M-E}\times I) \subset V$.

$\beta\colon I^{M}\times I \longrightarrow I^{M-E}\times I$ sei gegeben durch

$\beta(y,x,t) := (x,t)$ für $y \in I^{E}$, $x \in I^{M-E}$, $t \in I$.

In dem Diagramm

$$\begin{array}{ccc} I^{M-E}\times I & \xrightarrow{r'} & (I^{M-E}\times 0) \cup (0^{M-E}\times I) \\ \downarrow \alpha' & & \uparrow \beta' \\ V & \xrightarrow{r} & C \\ \cap & & \\ I^{M}\times I & & \end{array}$$

mögen α' und β' durch Einschränken von α bzw. β entstehen. Durch $r' := \beta' r \alpha'$ erhalten wir eine Retraktion

$I^{M-E}\times I \longrightarrow (I^{M-E}\times 0) \cup (0^{M-E}\times I)$.

Nach (1.22) wäre dann $\{0\}^{M-E} \subset I^{M-E}$ eine Cofaserung.

Das widerspricht aber (3.17), da $M - E$ immer noch überabzählbar ist. ∎

Wir vermerken, daß (3.22) auch für h-Cofaserungen gilt.

(3.25) <u>Satz</u>. Sind $i\colon A \longrightarrow X$, $j\colon B \longrightarrow Y$ h-Cofaserungen, so ist $i\times j\colon A\times B \longrightarrow X\times Y$ eine h-Cofaserung.

<u>Beweis</u>. $i\times j = (i\times id_Y)(id_A\times j)$.

$i\times id_Y$ und $id_A\times j$ sind h-Cofaserungen, nach (2.16) und (2.17). Die Zusammensetzung von h-Cofaserungen ist wieder eine h-Cofaserung (vgl. (2.4)). ∎

<u>3.5 Eine Charakterisierung abgeschlossener Cofaserungen</u>.

Wir geben zum Schluß dieses Paragraphen eine Charakterisierung <u>abgeschlossener</u> Cofaserungen an.

(3.26) <u>Satz</u>. (Puppe [21], 7. Korollar 3).

Sei $i : A \subset X$ eine Inklusion.

Dann sind folgende Aussagen äquivalent:

(a) i ist eine Cofaserung und A ist abgeschlossen in X.

(b) i ist eine h-Cofaserung und A ist Nullstellenmenge (d.h. es gibt eine stetige Abbildung $u : X \longrightarrow \mathbb{R}^+$ mit $A = u^{-1}(0)$).

<u>Beweis</u>. (a) $\Rightarrow$ (b) folgt aus (3.15) und (3.16).

<u>(b) $\Rightarrow$ (a)</u>. Seien $f : X \longrightarrow Y$, $\varphi: A\times I \longrightarrow Y$ stetige Abbildungen mit $\varphi(a,0) = f(a)$ für alle $a \in A$.

Da i nach Voraussetzung eine h-Cofaserung ist, existiert eine Erweiterung $\Phi':X\times I \longrightarrow Y$ von φ und eine Homotopie $\Phi'':X\times I \longrightarrow Y : f \overset{A}{\simeq} \Phi'_0$.

Sei $u : X \longrightarrow \mathbb{R}^+$ eine stetige Abbildung mit $A = u^{-1}(0)$. Wir können annehmen, daß $u(X) \subset [0,\frac{1}{2}]$ (Gegebenenfalls ersetze man $u(x)$ für $x \in X$ durch $\mathrm{Min}(u(x),\frac{1}{2})$.).

Wir definieren eine Abbildung

$$\Phi: X\times I \longrightarrow Y$$

durch

$$\Phi(x,t) := \begin{cases} \Phi'(x,\frac{t-u(x)}{1-u(x)}), & \text{falls } t \geq u(x) \\ \Phi''(x,\frac{t}{u(x)}), & \text{falls } t \leq u(x) \text{ und } u(x) > 0 \\ f(x), & \text{falls } t \leq u(x) \text{ und } u(x) = 0, \text{ d.h. falls } (x,t) \in A\times 0. \end{cases}$$

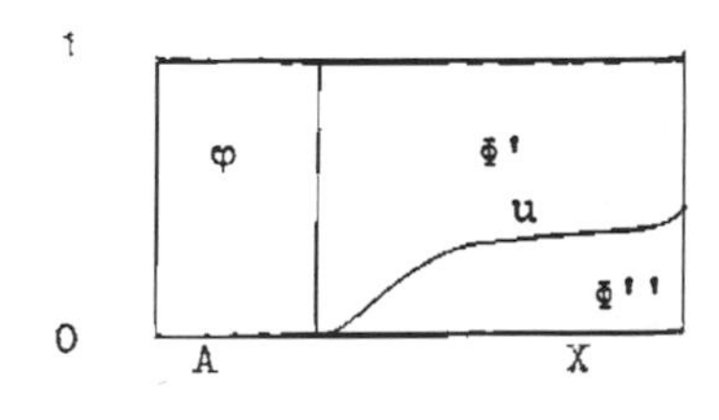

Φ ist wohldefiniert: Sei $u(x) = t$.
Ist $u(x) > 0$, dann $\Phi'(x,0) = \Phi''(x,1)$;
ist $u(x) = 0$, d.h. $x \in A$, dann $\Phi'(x,0) = \varphi(x,0) = f(x)$.
Φ ist eine Erweiterung von φ, da Φ' eine Erweiterung von φ ist. $\Phi_0 = f$, da $\Phi_0'' = f$.

Nachzuweisen bleibt die Stetigkeit von Φ.
Die Ungleichungen $t \geq u(x)$ bzw. $t \leq u(x)$ beschreiben abgeschlossene Teilmengen F und G von $X \times I$. $\Phi|F$ ist stetig, da Φ' stetig ist. Wir sind fertig, wenn wir zeigen: $\Phi|G$ ist stetig. Da Φ'' stetig ist, ergibt sich zunächst: $\Phi|G$ ist stetig in den Punkten der offenen Teilmenge von G, die durch $u(x) > 0$ beschrieben wird. Es bleibt also die Stetigkeit von $\Phi|G$ in den Punkten von $A \times 0$ zu verifizieren.
Sei $a \in A$. Dann gilt $(\Phi|G)(a,0) = f(a)$.
Sei V eine Umgebung von $f(a)$ in Y, $t \in I$.
Da Φ'' eine Homotopie unter A ist, gilt

$$\Phi''(a,t) = \Phi''(a,0) = f(a).$$

Da Φ'' in (a,t) stetig ist, existieren Umgebungen U_t von a in X, R_t von t in I mit $\Phi''(U_t \times R_t) \subset V$. Wegen der Kompaktheit von I existieren endlich viele Punkte

$$t_0, \ldots, t_m \in I \quad \text{mit} \quad I = \bigcup_{k=0}^{m} R_{t_k}.$$

Setze $U := \bigcap_{k=0}^{m} U_{t_k}$. U ist eine Umgebung von a in X, so daß $\Phi''(U \times I) \subset V$.
Dann gilt aber $(\Phi|G)((U \times I) \cap G) \subset V$.
Also ist $\Phi|G$ in $(a,0)$ stetig. ■

Kapitel II. Faserungen.

§ 4. Abbildungsräume.

4.1 Die Kompakt-Offen-Topologie.

X,Y seien topologische Räume. Auf der Menge Top(X,Y) der <u>stetigen</u> Abbildungen $X \longrightarrow Y$ definieren wir eine Topologie, die <u>Kompakt-Offen-Topologie</u>.

Sind $K \subset X$, $Q \subset Y$ Teilmengen, so sei $T(K,Q) \subset Top(X,Y)$ definiert durch

$$T(K,Q) := \{u \in Top(X,Y) | u(K) \subset Q\}.$$

(4.1) <u>Definition</u>. Die <u>Kompakt-Offen-Topologie</u> auf Top(X,Y) sei die Topologie, die erzeugt ist von den Mengen der Form T(K,Q), wobei K eine kompakte Teilmenge von X und Q eine offene Teilmenge von Y ist.

Die Elemente der Kompakt-Offen-Topologie auf Top(X,Y) sind also genau die Teilmengen von Top(X,Y), die beliebige Vereinigungen von endlichen Durchschnitten von Mengen der Form T(K,Q) – K kompakte Teilmenge von X, Q offene Teilmenge von Y – sind.

<u>Spezialfall</u>. Ist X ein diskreter topologischer Raum, so ist Top(X,Y) die Menge <u>aller</u> Abbildungen $X \longrightarrow Y$. Da die kompakten Teilmengen von X genau die endlichen Teilmengen von X sind, überlegt man sich leicht, daß die Kompakt-Offen-Topologie auf Top(X,Y) mit der Produkttopologie übereinstimmt.

<u>Vereinbarung</u>. Sind X,Y topologische Räume, so denken wir uns die Menge Top(X,Y) im folgenden immer mit der Kompakt-Offen-Topologie versehen. Den topologischen Raum, den man so erhält, bezeichnen wir mit Y^X.

Wir stellen jetzt die wichtigsten Eigenschaften der Kompakt-

Offen-Topologie zusammen. Dabei werden wir generell auf Beweise verzichten, da diese, wenn sie nicht ohnehin sehr einfach sind, in Bourbaki [3], § 3, n°4 (p. 43 ff) ausgeführt sind.

(4.2) <u>Bemerkung</u>. Bourbaki arbeitet mit den folgenden beiden Begriffen:

Ein topologischer Raum X ist <u>kompakt</u>, wenn X Hausdorffsch ist und jede offene Überdeckung von X eine endliche Teilüberdeckung enthält.

Ein topologischer Raum X ist <u>lokalkompakt</u>, wenn X Hausdorffsch ist und jeder Punkt von X eine Umgebungsbasis aus kompakten Mengen besitzt.

Beim Studium der Beweise von Bourbaki stellt man fest, daß die folgenden Sätze auch richtig sind, wenn man bei beiden Begriffen auf die Forderung " Hausdorffsch " verzichtet.

4.2 Das Exponentialgesetz.

(4.3) Sind X,Y Mengen, so bezeichne Y^X die Menge aller Abbildungen $X \longrightarrow Y$.

X,Y,Z seien Mengen. Einer Abbildung $f\colon X\times Y \longrightarrow Z$ ordnen wir eine Abbildung $\bar{f}\colon X \longrightarrow Z^Y$ zu, und zwar sei für $x \in X$ $\bar{f}(x) : Y \longrightarrow Z$ diejenige Abbildung, die $y \in Y$ in $f(x,y) \in Z$ überführt.

$\bar{f}$ ist charakterisiert durch die Gleichung

(4.4) $$(\bar{f}(x))(y) = f(x,y) \quad \text{für } x \in X,\ y \in Y.$$

$f \longmapsto \bar{f}$ liefert eine Bijektion $Z^{X\times Y} \xrightarrow{\cong} (Z^Y)^X$ (<u>Exponentialgesetz</u>). f und $\bar{f}$ heißen zueinander <u>adjungiert</u>.

(4.5) Seien jetzt X,Y,Z topologische Räume. $f\colon X\times Y \longrightarrow Z$ sei eine Abbildung. Für $x \in X$ induziert f nach (4.4) eine Abbildung $\bar{f}(x) : Y \longrightarrow Z$.

(4.6) <u>Satz</u>. <u>Voraussetzung</u>: f ist stetig.

Behauptung 1. $\bar{f}(x)$ ist stetig für alle $x \in X$.

f induziert also eine Abbildung $\bar{f} : X \longrightarrow Z^Y$, wobei Z^Y hier wieder die Menge der stetigen Abbildungen $Y \longrightarrow Z$, versehen mit der Kompakt-Offen-Topologie, bezeichnet.

Behauptung 2. $\bar{f}$ ist stetig.

Satz (4.6) läßt sich umkehren, falls Y lokalkompakt ist.

(4.7) Satz. Ist $f: X \times Y \longrightarrow Z$ eine Abbildung, die durch (4.4) eine stetige Abbildung $\bar{f} : X \longrightarrow Z^Y$ induziert, so ist f stetig, falls Y lokalkompakt ist.

Nach Satz (4.6) definiert die Zuordnung $f \longmapsto \bar{f}$ eine Abbildung

$$\vartheta : Z^{X \times Y} \longrightarrow (Z^Y)^X .$$

ϑ ist injektiv. Satz (4.7) besagt:

(4.8) Satz. ϑ ist surjektiv, also bijektiv, wenn Y lokalkompakt ist.

(4.9) Satz. ϑ ist stetig, wenn X Hausdorffsch ist, ϑ ist eine Einbettung, wenn X und Y Hausdorffsch sind.

(4.10) Folgerung. ϑ ist topologisch, wenn X und Y Hausdorffsch sind und Y lokalkompakt ist (Exponentialgesetz für Abbildungsräume).

4.3 Komposition von Abbildungen.

X,Y,Z seien topologische Räume. $\varkappa: Y^X \times Z^Y \longrightarrow Z^X$ sei die Kompositionsabbildung, d.h. $\varkappa(u,v) := v \circ u$ für $u \in Y^X$, $v \in Z^Y$.

(4.11) Satz. (a) $\varkappa(u_0,v)$ ist stetig in v für jedes $u_0 \in Y^X$.

(b) $\varkappa(u,v_0)$ ist stetig in u für jedes $v_0 \in Z^Y$.

(c) $\varkappa$ ist stetig, wenn Y lokalkompakt ist.

4.4 Anwendungen.

(4.12) Definition. X,Y seien topologische Räume.

$f\colon Y^X \times X \longrightarrow Y$ sei definiert durch

$$f(u,x) := u(x) \quad \text{für} \quad u \in Y^X, \; x \in X .$$

f heißt <u>Bewertungsabbildung</u> (<u>evaluation map</u>) (vgl. Hu [12], p.74).

(4.13) <u>Satz</u>. Ist X lokalkompakt, dann ist die Bewertungsabbildung stetig.

<u>Beweis</u>. Die von der Bewertungsabbildung nach (4.4) induzierte Abbildung ist id_{Y^X}. Da diese Abbildung stetig ist und da X lokalkompakt ist, ergibt sich die Behauptung des Satzes aus Satz (4.7).■

(4.14) <u>Satz</u> (vgl.(1.28)). X, X', Y seien topologische Räume. Ist $p: X \longrightarrow X'$ eine Identifizierung und ist Y lokalkompakt, so ist

$$p \times id_Y\colon X \times Y \longrightarrow X' \times Y$$

eine Identifizierung.

<u>Beweis</u>. Z sei ein weiterer topologischer Raum. $f\colon X \times Y \longrightarrow Z$ und $f'\colon X' \times Y \longrightarrow Z$ seien Abbildungen, die das Diagramm

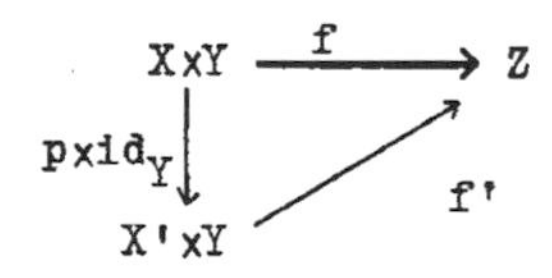

kommutativ machen. Wir setzen voraus: f ist stetig, und haben nachzuweisen: f' ist stetig. Man überlegt sich leicht, daß (4.4) ein kommutatives Diagramm

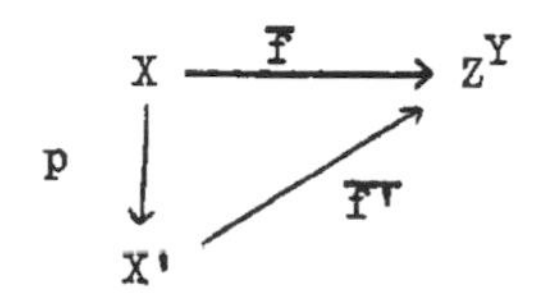

induziert. Man benutzt dabei die Stetigkeit von f und

Satz (4.6) Behauptung 1. Die Stetigkeit von f impliziert nach Satz (4.6) Behauptung 2 die Stetigkeit von $\bar{f}$. Also ist $\bar{f}'$ stetig, denn p ist eine Identifizierung. Da Y lokalkompakt ist, ergibt sich schließlich wegen Satz (4.7) die Stetigkeit von f' .■

4.5 Abbildungsräume und adjungierte Funktoren.

Wir beschließen den Paragraphen mit einer kategorientheoretischen Betrachtung.

Sei C ein fest gewählter lokalkompakter topologischer Raum. Wir definieren zwei kovariante Funktoren

$S,T : Top \longrightarrow Top$.

(4.15) Definition von T.

Ist Y ein topologischer Raum, dann setzen wir

$$TY := Y^C.$$

Ist $g : Y \longrightarrow Y'$ eine stetige Abbildung, dann sei

$$Tg : Y^C \longrightarrow Y'^C$$

die Abbildung $g^C : u \in Y^C \longmapsto g \circ u \in Y'^C$.

Man beachte: g^C ist stetig nach Satz (4.11)(b).

(4.16) Definition von S.

Ist X ein topologischer Raum, dann sei

$$SX := X \times C .$$

Ist g eine stetige Abbildung, dann sei

$$Sg := g \times id_C .$$

(4.17) Bezeichnungen. Für den Funktor T von (4.15) verwenden wir auch die Bezeichnung $\_^C$, für den Funktor S von (4.16) die Bezeichnung $\_ \times C$.

(4.18) Da C lokalkompakt ist, haben wir für je zwei topologische Räume X,Y eine bijektive Abbildung

$$Top(SX,Y) \longrightarrow Top(X,TY),$$

nämlich die Abbildung

$$\vartheta : \mathrm{Top}(X\times C,Y) \longrightarrow \mathrm{Top}(X,Y^C) ,$$

die $f: X\times C \longrightarrow Y$ in $\bar{f} : X \longrightarrow Y^C$ überführt (vgl.(4.4), (4.8)).

ϑ ist natürlich. Sind nämlich $g : X' \longrightarrow X$ und $h : Y \longrightarrow Y'$ stetige Abbildungen, dann ist, wie der Leser sofort nachrechnet, das folgende Diagramm kommutativ:

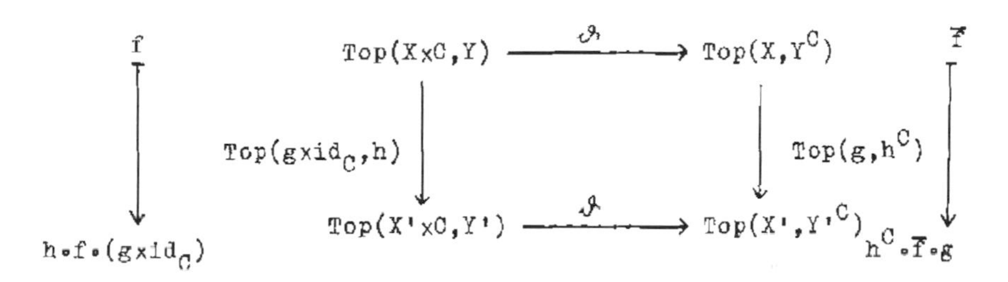

Das bedeutet aber:

(4.19) S und T sind adjungierte Funktoren, genauer: T ist adjungiert zu S , S ist coadjungiert zu T (vgl. Mitchell [17], V.1).

§ 5. Faserungen.

In diesem Paragraphen führen wir den zum Begriff der Cofaserung dualen Begriff der Faserung ein.

5.1 Die Deckhomotopieeigenschaft (DHE). Faserungen.

Wir gehen zunächst noch einmal auf den Homotopiebegriff ein. In (0.14) haben wir den Homotopiebegriff mit Hilfe des Funktors $\_ \times I$ (vgl.(4.16), (4.17)) und der natürlichen Transformationen

$$j_\nu : id_{Top} \longrightarrow \_ \times I \quad (\nu = 0,1)$$

definiert, die durch die stetigen Abbildungen

$$j_\nu : X \longrightarrow X \times I \ , \ x \longmapsto (x,\nu), \text{ gegeben sind:}$$

Sind $f,g : X \longrightarrow Y$ stetige Abbildungen, dann ist f homotop zu g, genau wenn eine Homotopie $\varphi : X \times I \longrightarrow Y$ existiert, so daß $f = \varphi \circ j_0$ und $g = \varphi \circ j_1$.

Der folgende Satz zeigt, daß man den Homotopiebegriff auch mit Hilfe des Funktors $\_^I$ (vgl.(4.15),(4.17) und zweier natürlicher Transformationen

$$q_0, q_1 : \_^I \longrightarrow id_{Top}$$

einführen kann, die wie folgt definiert sind:

Ist Y ein topologischer Raum, dann sei

$q_0 : Y^I \longrightarrow Y$ diejenige Abbildung, die einem (normierten) Weg u in Y, d.h. einer stetigen Abbildung $u : I \longrightarrow Y$, den Anfangspunkt, d.h. den Punkt $u(0) \in Y$ zuordnet,

$q_1 : Y^I \longrightarrow Y$ die Abbildung, die einen Weg u in Y in den Endpunkt, d.h. den Punkt $u(1) \in Y$ überführt.

$q_0, q_1 : Y^I \longrightarrow Y$ sind stetig, da I lokalkompakt ist.

(5.1) Satz. $f,g : X \longrightarrow Y$ seien stetige Abbildungen. f ist genau dann homotop zu g, wenn es eine stetige Abbildung

$\bar{\varphi} : X \longrightarrow Y^I$ gibt mit $q_0\bar{\varphi} = f$ und $q_1\bar{\varphi} = g$.

<u>Beweis</u>. Da I lokalkompakt ist, liefert der Übergang $\varphi \longmapsto \bar{\varphi}$ von (4.4) eine Bijektion zwischen den Homotopien $X\times I \longrightarrow Y$ und den stetigen Abbildungen $X \longrightarrow Y^I$ ($\_\times I$ und $\_^I$ sind adjungierte Funktoren.). Ist $\varphi: X\times I \longrightarrow Y$ eine Homotopie, so gilt, wie man sofort nachrechnet,

(5.2) $$\varphi j_\nu = q_\nu\bar{\varphi} \quad (\nu = 0,1).$$

Daraus folgt aber unmittelbar die Behauptung des Satzes. ∎

Satz (5.1) zeigt, daß die Morphismen $j_\nu: X \longrightarrow X\times I$ in Top und $q_\nu: Y \longrightarrow Y^I$ in *Top , der zu Top dualen Kategorie, eine formal analoge Rolle spielen.

Wir nehmen dies zum Anlaß, in dem Diagramm

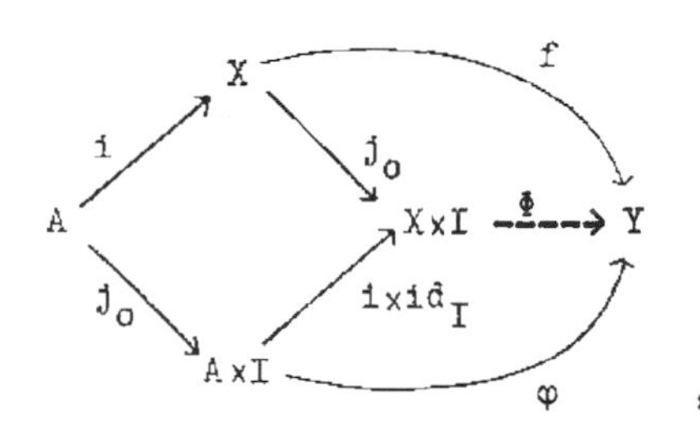

,

mit dessen Hilfe wir die Homotopieerweiterungseigenschaft (einer stetigen Abbildung i für einen topologischen Raum Y) eingeführt hatten, $X\times I$ durch X^I , j_0 durch q_0 zu ersetzen und die Pfeile umzukehren:

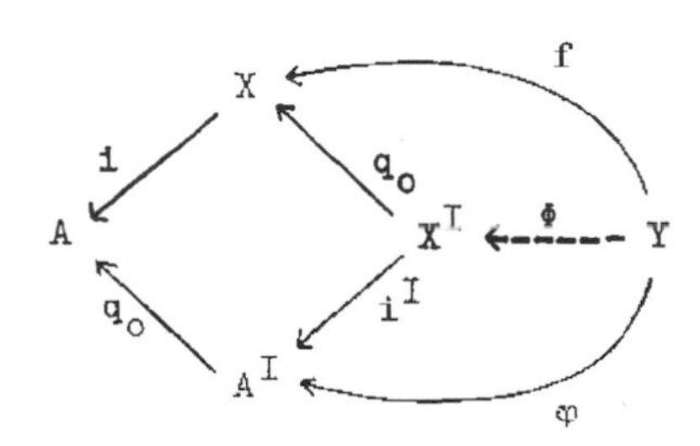

Wir wechseln die Bezeichnungen, schreiben $p : E \longrightarrow B$ für $i : X \longrightarrow A$, X für Y, $\overline{\varphi}$, $\overline{\Phi}$ für φ, Φ und werden zu der folgenden Definition geführt.

(5.3) Definition. Sei $p : E \longrightarrow B$ eine stetige Abbildung und X ein topologischer Raum.

p hat die Deckhomotopieeigenschaft (kurz: DHE) für X, genau wenn für alle stetigen Abbildungen $f : X \longrightarrow E$, $\overline{\varphi} : X \longrightarrow B^I$ mit $q_o\overline{\varphi} = pf$ eine stetige Abbildung $\overline{\Phi} : X \longrightarrow E^I$ mit $p^I \circ \overline{\Phi} = \overline{\varphi}$ und $q_o \circ \overline{\Phi} = f$ existiert.

(5.4)

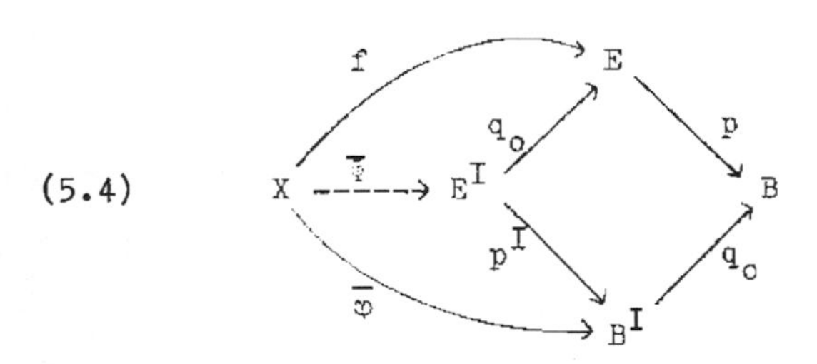

Wir nutzen aus, daß $\_ \times I$ und $\_^I$ adjungierte Funktoren sind, gehen wie in (4.4) von $\overline{\varphi}$ zu φ, von $\overline{\Phi}$ zu Φ über und erhalten, wie man sofort bestätigt (vgl. auch Gleichung (5.2)):

(5.5) Satz. Eine stetige Abbildung $p : E \longrightarrow B$ hat genau dann die DHE für einen topologischen Raum X, wenn für alle stetigen Abbildungen $f : X \longrightarrow E$ und alle Homotopien $\varphi: X\times I \longrightarrow B$ mit $\varphi j_o = pf$ eine Homotopie $\Phi: X\times I \longrightarrow E$ existiert mit $p\Phi = \varphi$ *) und $\Phi j_o = f$.

---

*) Wir sagen dann auch: Φ liegt über φ.

(5.6)

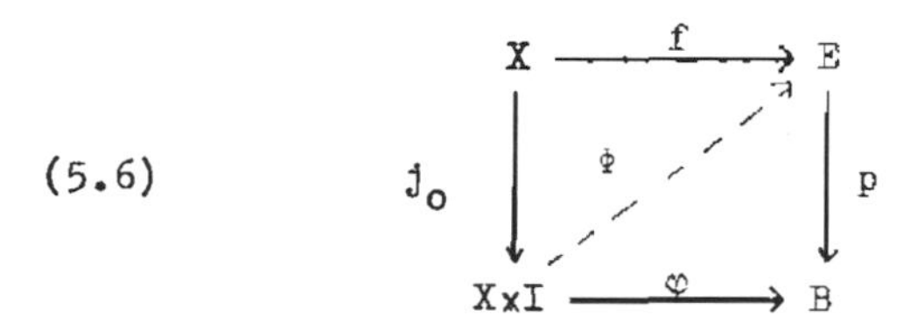

<u>Bemerkung</u>. Daß $p : E \longrightarrow B$ die DHE für X hat, bedeutet geometrisch, daß man Homotopien $\varphi: X \times I \longrightarrow B$ zu Homotopien $\Phi: X \times I \longrightarrow E$ mit gegebener Anfangslage $f : X \longrightarrow E$ über φj_o hochheben kann.

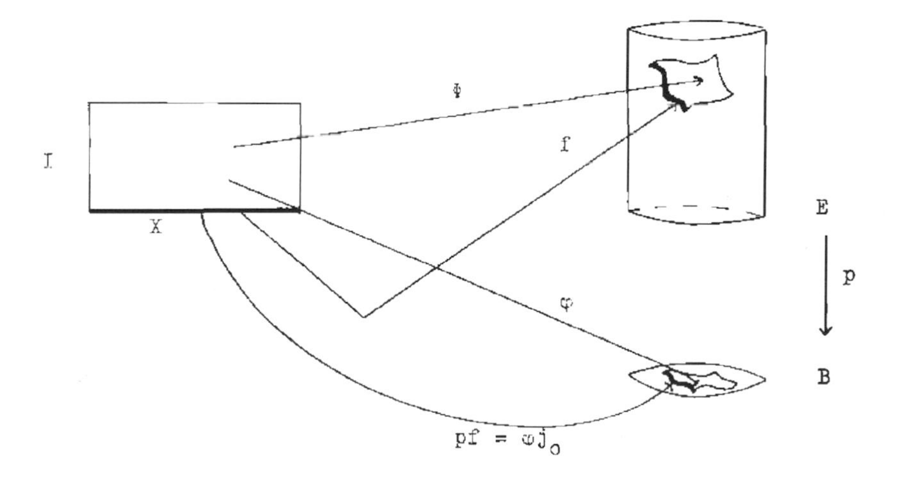

(5.7) <u>Definition</u>. Eine stetige Abbildung $p : E \longrightarrow B$ heißt <u>Faserung</u> *), wenn p die DHE für alle topologischen Räume X hat.

<u>Bezeichnung</u>. E heißt <u>Totalraum</u>, B <u>Basis</u> der Faserung p.

Klar ist:

---

*) In der Literatur ist auch die Bezeichnug <u>Hurewicz-Faserung</u> üblich.

(5.8) Satz. Eine stetige Abbildung $p : E \longrightarrow B$ ist genau dann eine Faserung, wenn das Diagramm in Top

(5.9)

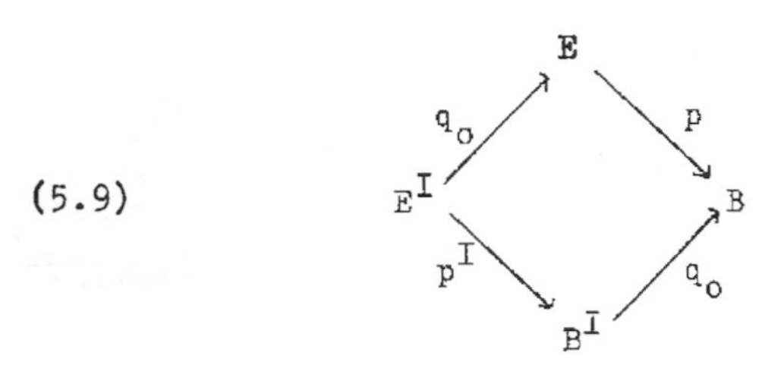

ein schwach kartesisches Quadrat ist (vgl.(0.8)).

5.2 Beispiele.

(5.10) Definition. Eine stetige Abbildung $p : E \longrightarrow B$ heißt trivial, wenn ein topologischer Raum F und ein Homöomorphismus $\psi: E \longrightarrow B\times F$ existiert, der das Diagramm

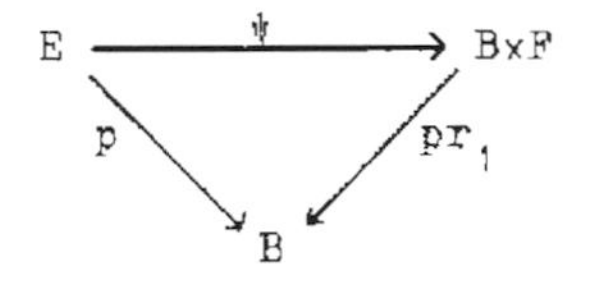

kommutativ macht, d.h. eine stetige Abbildung $p : E \longrightarrow B$ ist trivial, wenn sie in der Kategorie Top_B der topologischen Räume über B isomorph zu einer Projektion ist.

(5.11) Satz. Eine triviale Abbildung $p : E \longrightarrow B$ ist eine Faserung.

Beweis. Wir können ohne wesentliche Einschränkung annehmen, daß p eine Projektion ist: $p = pr_1 : B\times F \longrightarrow B$.
Zu $f : X \longrightarrow B\times F$ und $\varphi: X\times I \longrightarrow B$ mit $\varphi j_o = pr_1 \circ f$ gewinnt man $\Phi: X\times I \longrightarrow B\times F$ mit $p\Phi = \varphi$ und $\Phi j_o = f$ durch die Definition

$$\Phi(x,t) := (\varphi(x,t),\ pr_2 \circ f(x)) \text{ für } x \in X,\ t \in I. \blacksquare$$

(5.12) Bezeichnung. Ist $p : E \longrightarrow B$ eine Abbildung, $U \subset B$ eine Teilmenge, dann bezeichne

$$p_U : p^{-1}(U) \longrightarrow U$$

die Einschränkung von p auf die Quelle $p^{-1}(U)$ und das Ziel U.

(5.13) Definition. Eine stetige Abbildung $p : E \longrightarrow B$ heißt lokal trivial, wenn jeder Punkt $b \in B$ eine Umgebung U hat, so daß p_U trivial ist.

Beispiel. Das Tangentialbündel $TM \longrightarrow M$ einer C^r - Mannigfaltigkeit M $(r \geq 1)$ ist eine lokal triviale Abbildung. (Zur Definition der Begriffe C^r - Mannigfaltigkeit und Tangentialbündel s.Lang [16], II.§1,III.§2.)

In § 9 beweisen wir:

(5.14) Satz. Ist $p : E \longrightarrow B$ lokal trivial und B parakompakt, so ist p eine Faserung.

Insbesondere ist das Tangentialbündel $TM \longrightarrow M$ einer parakompakten C^r - Mannigfaltigkeit $M (r \geq 1)$ eine Faserung.

Spezielle lokal triviale Abbildungen sind die Überlagerungen.

(5.15) Definition. Eine stetige Abbildung $p : E \longrightarrow B$ heißt Überlagerung, wenn zu jedem Punkt $b \in B$ eine Umgebung U von b in B und ein diskreter topologischer Raum D existiert, so daß p_U in Top_U zu $pr_1 : U \times D \longrightarrow U$ isomorph ist.

(5.16) Satz. Jede Überlagerung ist eine Faserung.

Beweis. Spanier [24], 2.2 Theorem 3 .

Bemerkung. Ist p eine Überlagerung, dann ist Φ in (5.6) durch φ und f sogar eindeutig bestimmt.

(5.17) Beispiele.

1. Sei E ein topologischer Raum, der genau einen Punkt

x_o hat, $B := I$. $p : E \longrightarrow B$ bilde x_o in den Punkt 0 ab.

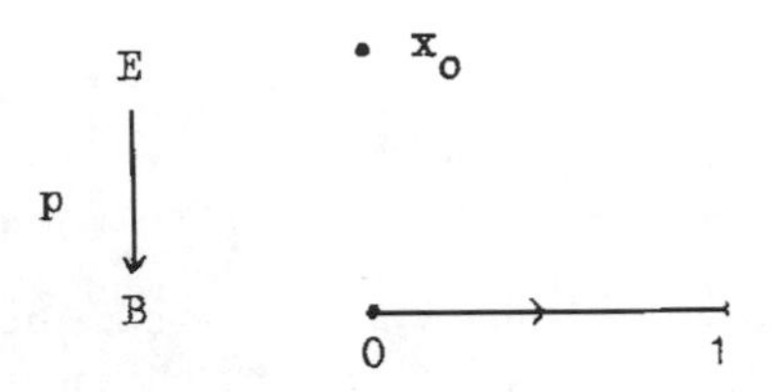

p ist keine Faserung, denn p hat nicht die DHE für den Raum E: Zu $f := id_E$ und $\varphi := pr_2 : E \times I \longrightarrow I$ existiert nicht einmal eine (Mengen-)Abbildung $\Phi : E \times I \longrightarrow E$ mit $p\Phi = \varphi$.

Die Abbildung p in Beispiel 1 ist nicht surjektiv. Das nächste Beispiel bringt eine surjektive Abbildung, die keine Faserung ist.

<u>2.</u> Sei E die topologische Summe $\{x_o\} + I$, $B := I$.

$p : E \longrightarrow B$ sei gegeben durch

$p(x_o) := 0$, $p(t) := t$ für $t \in I$.

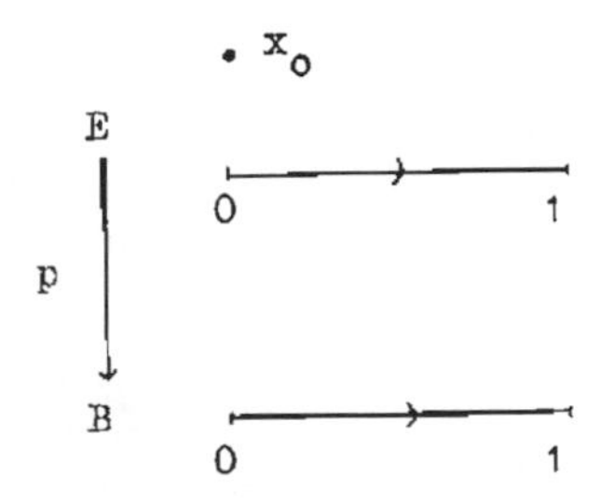

p ist keine Faserung, denn p hat nicht die DHE für $X = \{x_o\}$. Zu $f : X \longrightarrow E$ mit $f(x_o) := x_o$ und $\varphi := pr_2 : X \times I \longrightarrow I$ existiert keine <u>stetige</u> Abbildung $\Phi : X \times I \longrightarrow E$ mit $p\Phi = \varphi$ und $\Phi(x_o, 0) = x_o$.

3. E sei der Quotientraum, den man aus $I \times I$ erhält, wenn für jedes $t \in I$ $(0,t)$ mit $(1,1-t)$ identifiziert wird. B entstehe aus I durch Identifizieren der Punkte 0 und 1. B ist homöomorph zu S^1. E heißt Möbiusband.
$p : E \longrightarrow B$ sei die stetige Abbildung, die durch $pr_1 : I \times I \longrightarrow I$ induziert wird.

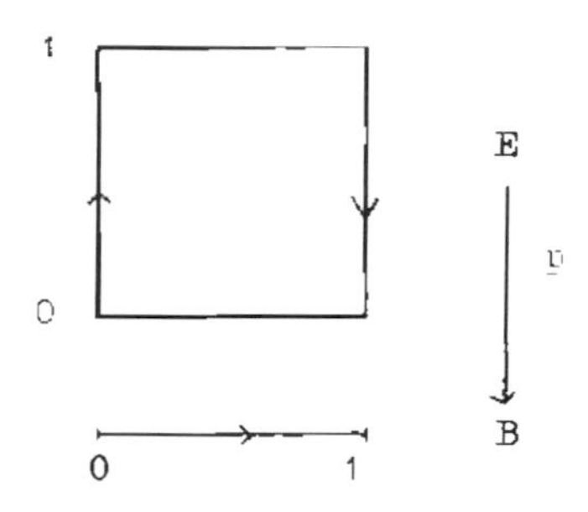

p ist lokal trivial, denn für alle $b \in B$ ist $p_{B-\{b\}}$ trivial. Also ist p nach Satz (5.14) eine Faserung (B ist kompakt !).
p ist jedoch nicht trivial, da E nicht homöomorph zu $S^1 \times I$ ist.
(Begründung: Der Rand von $S^1 \times I$ ist homöomorph zu $S^1 \times \dot{I}$, wobei $\dot{I} := \{0\} \cup \{1\} \subset I$, der Rand von E homöomorph zu S^1. S^1 ist zusammenhängend, $S^1 \times \dot{I}$ jedoch nicht. Ein Punkt x von E bzw. $S^1 \times I$ heißt dabei Randpunkt, wenn es zu jeder Umgebung von x eine kleinere Umgebung von x gibt, die nach Herausnahme von x einfach zusammenhängend ist (Zum Begriff " einfach zusammenhängend " vgl. Schubert [23], III.5.3.).)
Wir erwähnen am Rande, daß auch der folgende Faserungsbegriff in der Literatur eine wichtige Rolle spielt.

(5.18) Definition. Eine stetige Abbildung p heißt Serre-Faserung, wenn p die DHE für I^n, $n = 0,1,2,\ldots$, hat.
(I^o sei dabei ein topologischer Raum mit genau einem Punkt.)
Bemerkung. Spanier verwendet statt Serre-Faserung die Bezeichnung schwache Faserung ([24], p.374).

(5.19) Eine stetige Abbildung p ist genau dann eine Serre-Faserung, wenn p die DHE für alle CW-Komplexe hat.
Beweis. Puppe [20], Satz 4.6.

(5.20) Bemerkung. Ebenso wie der Begriff " Faserung " kann der Begriff " Cofaserung " wegen der Adjungiertheit der Funktoren $\_\times I$ und $\_^I$ sowohl mit Hilfe von $\_\times I$ als auch mit Hilfe von $\_^I$ charakterisiert werden.
Satz. Eine stetige Abbildung $i : A \longrightarrow X$ ist genau dann eine Cofaserung, wenn für alle stetigen Abbildungen $\overline{\varphi} : A \longrightarrow Y^I$ und $f : X \longrightarrow Y$ mit $q_o\overline{\varphi} = fi$ eine stetige Abbildung $\overline{\Phi} : X \longrightarrow Y^I$ existiert mit $\overline{\Phi}i = \overline{\varphi}$ und $q_o\overline{\Phi} = f$.

(5.21)
$$\begin{array}{ccc} A & \xrightarrow{\overline{\varphi}} & Y^I \\ {\scriptstyle i}\downarrow & \overset{\overline{\Phi}}{\nearrow} & \downarrow{\scriptstyle q_o} \\ X & \xrightarrow{f} & Y \end{array}$$

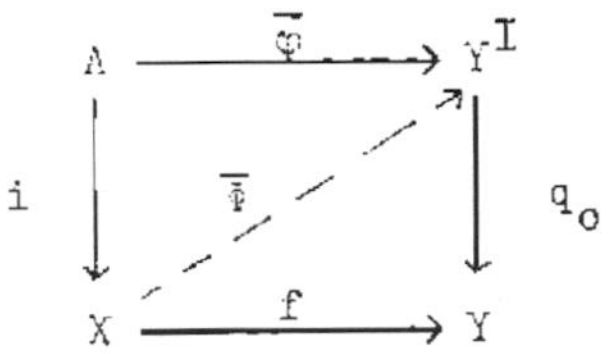

5.3 Der Abbildungswegeraum einer stetigen Abbildung.

Die Rolle, die der Abbildungszylinder einer stetigen Abbildung im Bereich der Cofaserungen spielt, wird bei den Faserungen vom Abbildungswegeraum einer stetigen Abbildung übernommen.

Sei $p : E \longrightarrow B$ eine stetige Abbildung.

(5.22) Definition. Der Teilraum
$$W_p := \{(e,u) \in E\times B^I \mid p(e) = u(0)\}$$
des Produktes $E\times B^I$ heißt Abbildungswegeraum von p.

Die Elemente von W_p sind also die Paare (e,u) aus einem Punkt e von E und einem (normierten) Weg u in B , der in p(e) beginnt (vgl.(5.29)).

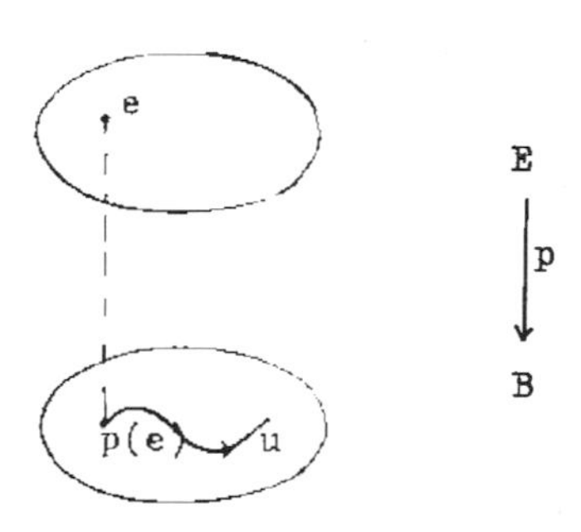

(5.23) Satz. Das Diagramm in Top

(5.24)

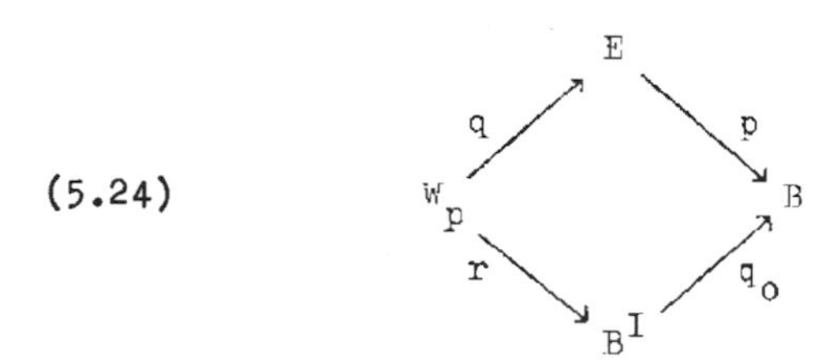

ist ein kartesisches Quadrat (vgl.(0.8)).

q(r) sei dabei die Einschränkung auf W_p der Projektion des Produktes $E \times B^I$ auf den ersten (zweiten) Faktor.

Den (einfachen) Beweis überlassen wir dem Leser.

Man betrachte das Diagramm

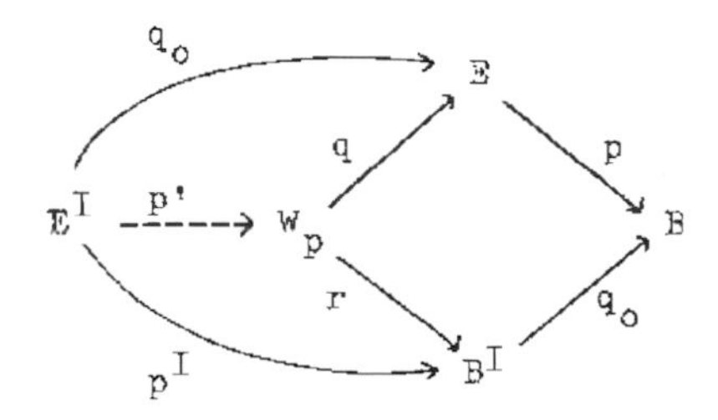

Da $pq_0 = q_0 p^I$ und da (5.24) ein kartesisches Quadrat ist, existiert genau eine stetige Abbildung $p' : E^I \longrightarrow W_p$ mit $q \circ p' = q_0$ und $r \circ p' = p^I$.

(5.25) Satz. Die folgenden Aussagen sind äquivalent:

(a) p ist eine Faserung.

(b) p hat die DHE für den Abbildungswegeraum W_p.

(c) p' ist eine Retraktion (d.h. es existiert eine stetige Abbildung $s : W_p \longrightarrow E^I$ mit $p's = id_{W_p}$. *)

Beweis. Der Beweis von Satz (5.25) ist dual zum Beweis von Satz (1.16) und sei dem Leser als Aufgabe überlassen. ■

5.4 Zerlegung einer stetigen Abbildung in eine Homotopieäquivalenz und eine Faserung.

Wir beweisen jetzt den zu Satz (1.26) dualen Satz.

(5.26) $g : Y \longrightarrow B$ sei eine stetige Abbildung.
$q : W_g \longrightarrow Y$, $r : W_g \longrightarrow B^I$ seien wie in (5.24) die stetigen Abbildungen, die die Projektionen von $Y \times B^I$ auf die einzelnen Faktoren induzieren.
Wir setzen $r_1 := q_1 \circ r: W_g \longrightarrow B$, d.h. $r_1(y,u) = u(1) \in B$ für $(y,u) \in W_g$, und definieren eine stetige Abbildung $j : Y \longrightarrow W_g$ durch $j(y) := (y,g(y))$ für $y \in Y$.
$g(y)$ bezeichne dabei den konstanten Weg $I \longrightarrow B$, der jedes $t \in I$ in $g(y) \in B$ abbildet.

(5.27) Satz. (a) Das Diagramm

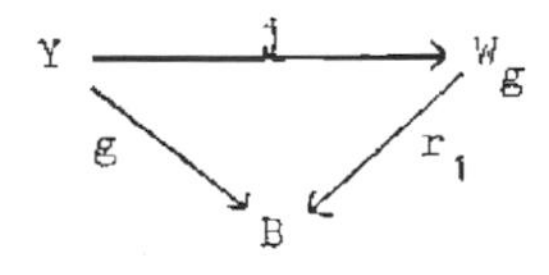

*) Man sagt dann auch: p' hat einen Schnitt.

ist kommutativ.

(b) r_1 und q sind Faserungen.

(c) $qj = id_Y$.

(d) $jq \underset{Y}{\simeq} id_{W_g}$.

Wir fassen dabei jq und id_{W_g} als Morphismen $q \longrightarrow q$ von Top_Y auf. Dies ist möglich, da nach (c) $qjq = q$.

Aus Satz (5.27) folgt insbesondere, daß man jede stetige Abbildung bis auf Homotopieäquivalenz durch eine Faserung ersetzen kann:

(5.28) Korollar: Jede stetige Abbildung g läßt sich in der Form $g = v \cdot u$ faktorisieren, wobei v eine Faserung und u eine Homotopieäquivalenz ist.

Dem Beweis von Satz (5.27) schicken wir einige Bemerkungen über Wege voraus.

(5.29) Definition. Sei X ein topologischer Raum.

Ein Weg in X ist eine stetige Abbildung $w: [0,a] \longrightarrow X$, wobei $a \in [0,\infty[$.

$w(0)$ heißt Anfangspunkt, $w(a)$ Endpunkt von w .

Ist $a = 1$, sprechen wir von einem normierten Weg.

(5.30) Definition. Sind $w_1: [0,a_1] \longrightarrow X$, $w_2: [0,a_2] \longrightarrow X$ Wege mit $w_1(a_1) = w_2(0)$, dann sei $w_2 + w_1: [0,a_1 + a_2] \longrightarrow X$ der Weg, der durch

$$(w_2 + w_1)(t) := \begin{cases} w_1(t) , & 0 \leq t \leq a_1 \\ w_2(t-a_1), & a_1 \leq t \leq a_1 + a_2 \end{cases}$$

definiert ist.

(5.31) Definition. Ist $w: [0,a] \longrightarrow X$ ein Weg, dann sei $(-w):[0,a] \longrightarrow X$ der durch $(-w)(t) := w(a-t)$ für $0 \leq t \leq a$ definierte Weg.

(5.32) Sind $w_1:[0,a_1] \longrightarrow X$, $w_2:[0,a_2] \longrightarrow X$ Wege mit $w_1(0) = w_2(0)$, dann setzen wir

$$w_2 - w_1 := w_2 + (-w_1).$$

(5.33) <u>Definition</u>. Ist $w:[0,a] \longrightarrow X$ ein Weg, dann sei $w_I : I \longrightarrow X$ der durch $w_I(t) := w(a\cdot t)$ für $t \in I$ gegebene normierte Weg.

(5.34) <u>Definition</u>. Ist $\varphi: X\times[0,a] \longrightarrow Y$ eine Homotopie ($a \in [0,\infty[$), dann sei für $x \in X$

$$\varphi^x: [0,a] \longrightarrow Y$$

der durch $\varphi^x(t) := \varphi(x,t)$ definierte Weg.

<u>Beweis von Satz (5.27)</u>.(a) und (c) sind klar.

<u>Zu (b)</u>.Wir zeigen zunächst, daß r_1 eine Faserung ist.

Ist

$$\begin{array}{ccc} X & \xrightarrow{\ f\ } & W_g \\ {\scriptstyle j_o}\downarrow & & \downarrow{\scriptstyle r_1} \\ X\times I & \xrightarrow{\ \varphi\ } & B \end{array} \qquad (5.35)$$

ein kommutatives Diagramm in Top, so haben wir eine stetige Abbildung $\Phi: X\times I \longrightarrow W_g$ mit $r_1\Phi = \varphi$ und $\Phi j_o = f$ zu konstruieren.

Sei $x \in X$. $f(x) \in W_g$ ist ein Paar (y,u) mit $y \in Y$, $u: I \longrightarrow B$, so daß $g(y) = u(0)$.

Da (5.35) kommutativ ist, haben wir

$$\varphi^x(0) = \varphi(x,0) = r_1 f(x) = u(1).$$

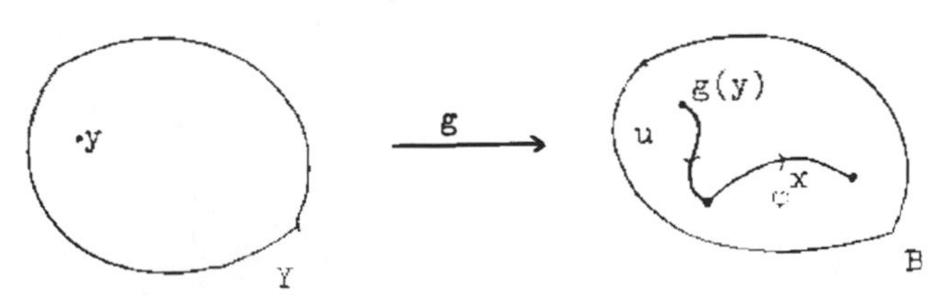

Die letzte Gleichung erlaubt uns für $t \in I$ die Definition

$$\Phi(x,t) := (y, ((\varphi^x|[0,t]) + u)_I) \in W_g \ (!).$$

Man verifiziert sofort $\Phi j_o = f$ und $r_1\Phi = \varphi$.

Der noch fehlende Nachweis der Stetigkeit von Φ sei dem Leser als Aufgabe überlassen.

Wir wollen als zweites beweisen, daß q eine Faserung ist. Wir gehen dazu aus von einem kommutativen Diagramm in Top von der Form

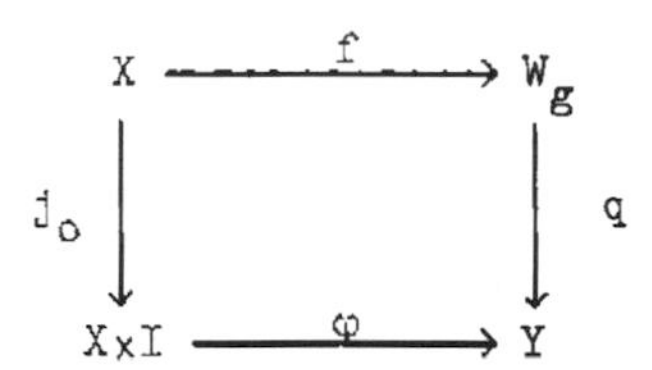

und haben $\Phi: X\times I \longrightarrow W_g$ mit $q\Phi = \varphi$ und $\Phi j_o = f$ zu konstruieren. Für $x \in X$ ist $f(x)$ ein Paar

$$(y,u),\ y \in Y,\ u: I \longrightarrow B \text{ mit } g(y) = u(0).$$

Da $qf = \varphi j_o$, folgt $\varphi^x(0) = \varphi(x,0) = qf(x) = y$ und daher $g\varphi^x(0) = g(y) = u(0)$. Wir können deshalb für $t \in I$ definieren

$$\Phi(x,t) := (\varphi(x,t),(u - g\varphi^x|[0,t])_I) \in W_g \ (!).$$

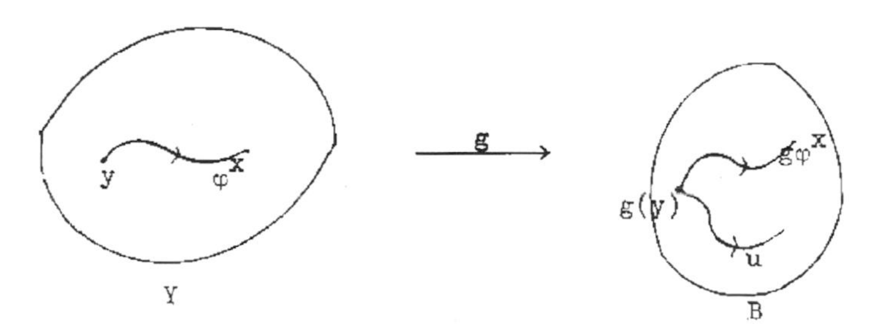

Der Leser verifiziere, daß $\Phi: X\times I \longrightarrow W_g$ die gesuchte stetige (!!) Abbildung ist.

<u>Zu (d)</u>. Wir definieren eine Homotopie $\varphi: W_g\times I \longrightarrow W_g$ durch

$\varphi(y,u,t) := (y,(u|[0,t])_I)$ für $(y,u) \in W_g$, $t \in I$. Dann gilt

$$\varphi\colon jq \underset{Y}{\simeq} id_{W_g} . \blacksquare$$

5.5 Übergang zu anderen Kategorien.

Seien K,L topologische Räume. Auf Grund von Satz (5.5) läßt sich die Definition des Faserungsbegriffes mit Hilfe des in (0.26) definierten Homotopiebegriffs in der Kategorie Top^K_L von Top auf Top^K_L übertragen.

(5.36) Definition. Seien $\varepsilon = (K \longrightarrow E \longrightarrow L)$, $\beta = (K \longrightarrow B \longrightarrow L)$ Räume unter K und über L, $g : \varepsilon \longrightarrow \beta$ eine Abbildung unter K und über L.

g heißt Faserung in Top^K_L, genau wenn für alle Räume unter K und über L $\xi = (K \longrightarrow X \longrightarrow L)$, für alle Abbildungen unter K und über L $f : \xi \longrightarrow \varepsilon$ und alle Homotopien unter K und über L $\varphi\colon X\times I \longrightarrow B$ mit $\varphi_o = gf$ eine Homotopie unter K und über L $\Phi\colon X\times I \longrightarrow E$ existiert mit $g\Phi = \varphi$ und $\Phi_o = f$.

Besondere Bedeutung werden im folgenden Faserungen in Top^o (punktierte Faserungen) und Faserungen in Top_L (Faserungen über L) erlangen.

(5.37) In (0.27) haben wir die Konstruktion des Zylinders von Top auf Top^K_L übertragen.

Wir geben jetzt die Konstruktion in Top^K_L an, die der Konstruktion des Wegeraumes Y^I eines topologischen Raumes Y in Top entspricht.

Ist $\eta = (K \xrightarrow{i} Y \xrightarrow{p} L)$ ein Raum unter K und über L, dann sei Y^I_L der durch

$$Y^I_L := \{u \in Y^I | pu \text{ konstant}\}$$

definierte Teilraum von Y^I.

Einem Punkt $k \in K$ ordnen wir den konstanten Weg $I \longrightarrow Y$ zu, der jedes $t \in I$ in $i(k) \in Y$ abbildet.
Das liefert eine stetige Abbildung $K \longrightarrow Y_L^I$.
Durch $u \in Y_L^I \longmapsto pu(0) \in L$ erhalten wir eine stetige Abbildung $Y_L^I \longrightarrow L$. Das so gewonnene Objekt von Top_L^K $K \longrightarrow Y_L^I \longrightarrow L$ bezeichnen wir mit $W_K^K\eta$.
Ist ξ ein weiterer Raum unter K und über L, dann hat man eine Bijektion

$$Top_L^K(I_L^K\xi,\eta) \cong Top_L^K(\xi,W_L^K\eta) ,$$

wobei $I_L^K\xi$ wie in (0.27) definiert ist.
Die Definition von I_L^K bzw. W_L^K kann man in naheliegender Weise auf Morphismen von Top_L^K erweitern. Man erhält dann adjungierte Funktoren

$$I_L^K , W_L^K : Top_L^K \longrightarrow Top_L^K .$$

5.6 Eine gewisse relative Deckhomotopieeigenschaft.

Zum Schluß dieses Paragraphen beweisen wir einen Hilfssatz, der von einer gewissen relativen Deckhomotopieeigenschaft handelt. Wir benötigen diesen Hilfssatz in § 9.

(5.38) Satz. Sei $p : E \longrightarrow B$ eine Faserung, X ein topologischer Raum, $A \subset V \subset X$, V ein Hof von A in X (vgl.(3.1)) und seien $f : X \longrightarrow E$, $\varphi : X\times I \longrightarrow B$, $\Phi_V : V\times I \longrightarrow E$ stetige Abbildungen, so daß

$$\varphi(x,0) = pf(x) \quad \text{für} \quad x \in X ,$$

$$\Phi_V(x,0) = f(x) \quad \text{für} \quad x \in V ,$$

$$p\circ\Phi_V = \varphi|V\times I.$$

Dann gibt es eine Homotopie $\Phi : X\times I \longrightarrow E$, so daß $p\Phi = \varphi$, $\Phi(x,0) = f(x)$ für $x \in X$ und $\Phi|A\times I = \Phi_V|A\times I$.

Beweis. Da jeder Hof von A nach (3.6) einen abgeschlossenen Hof enthält, können wir o.w.E. annehmen: V ist abgeschlossen in X. Da V Hof von A in X ist, können wir eine stetige Abbildung $v : X \longrightarrow I$ wählen, so daß

$$A \subset v^{-1}(1)\ ,\ X - V \subset v^{-1}(0)$$

(vgl.(3.1),(3.2)).

Wir definieren $\overline{\varphi}: X \times I \longrightarrow B$ durch

$$\overline{\varphi}(x,t) := \varphi(x, \mathrm{Min}(v(x) + t, 1)) \text{ für}$$

$(x,t) \in X \times I$ und $\Phi_V^!: (X \times 0) \cup (V \times I) \longrightarrow E$ durch

$$\Phi_V^!(x,0) := f(x) \quad \text{für} \quad x \in X\ ,$$

$$\Phi_V^!(x,t) := \Phi_V(x,t) \text{ für } (x,t) \in V \times I.$$

Man beachte: $\Phi_V^!$ ist wohldefiniert, da $\Phi_V(x,0) = f(x)$ für $x \in V$, und stetig, da V abgeschlossen in X ist.

Da $X - V \subset v^{-1}(0)$, liefert

$$\overline{f}(x) := \Phi_V^!(x, v(x)) \quad \text{für} \quad x \in X$$

eine stetige Abbildung $\overline{f} : X \longrightarrow E$.

Man verifiziert $p\overline{f}(x) = \overline{\varphi}(x,0)$ für $x \in X$.

Da p eine Faserung ist, existiert eine Homotopie $\overline{\Phi}: X \times I \longrightarrow E$ über $\overline{\varphi}$ (d.h. $p\overline{\Phi} = \overline{\varphi}$) mit $\overline{\Phi}(x,0) = \overline{f}(x)$ für $x \in X$.

Wir definieren $\Phi: X \times I \longrightarrow E$ durch

$$\Phi(x,t) := \begin{cases} \Phi_V^!(x,t)\ , & \text{falls } 0 \leq t \leq v(x) \\ \overline{\Phi}(x, t - v(x)), & \text{falls } v(x) \leq t \leq 1. \end{cases}$$

Der Leser bestätigt leicht: Φ ist eine wohldefinierte stetige Abbildung mit den gewünschten Eigenschaften. ∎

§ 6. Homotopie-Faserungen

6.1 Die DHE bis auf Homotopie, h-Faserungen.

Dem Begriff der Homotopie-Cofaserung entspricht der Begriff der Homotopie-Faserung.

(6.1) Definition. Sei $p : E \longrightarrow B$ eine stetige Abbildung, X ein topologischer Raum.

p hat die Deckhomotopieeigenschaft (DHE) bis auf Homotopie für X, genau wenn für alle stetigen Abbildungen $f: X \longrightarrow E$, $\varphi: X \times I \longrightarrow B$ mit $\varphi_0 = pf$ eine Homotopie $\Phi: X \times I \longrightarrow E$ über φ (d.h. $p\Phi = \varphi$) existiert, so daß $\Phi_0 \underset{B}{\simeq} f$ (vgl. Diagramm (5.6)).

Wir fassen dabei Φ_0 und f als Morphismen $pf \longrightarrow p$ von Top_B auf.

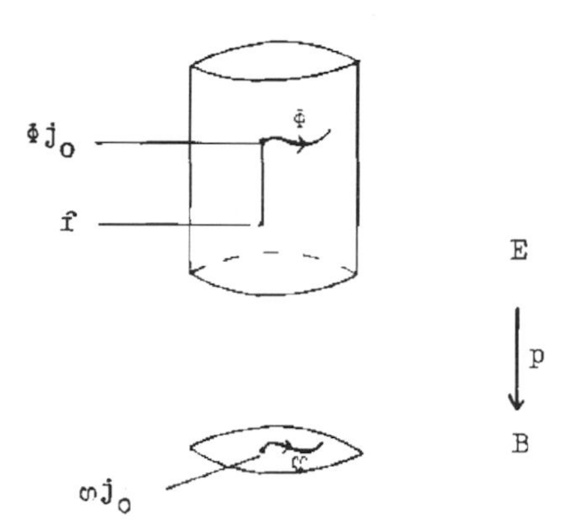

(6.2) Beispiel. $E := I \times \{0\} \cup \{0\} \times I \subset I \times I$, $B := I$, $p : E \longrightarrow B$ sei die Projektion auf den ersten Faktor.

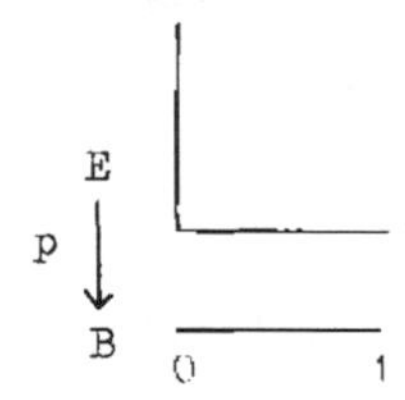

X sei ein topologischer Raum, der genau einen Punkt hat.
p hat die DHE bis auf Homotopie für X, aber p hat nicht die DHE für X.

Aus der Adjungiertheit der Funktoren $\_ \times I$ und $\_^I$ folgt:

(6.3) <u>Satz</u>. Eine stetige Abbildung $p : E \longrightarrow B$ hat genau dann die DHE bis auf Homotopie für einen topologischen Raum X, wenn für alle stetigen Abbildungen $f : X \longrightarrow E$, $\overline{\varphi} : X \longrightarrow B^I$ eine stetige Abbildung $\overline{\Phi} : X \longrightarrow E^I$ existiert mit $p^I\overline{\Phi} = \overline{\varphi}$ und $q_o\overline{\Phi} \underset{B}{\simeq} f$ (vgl. Diagramm (5.4)).

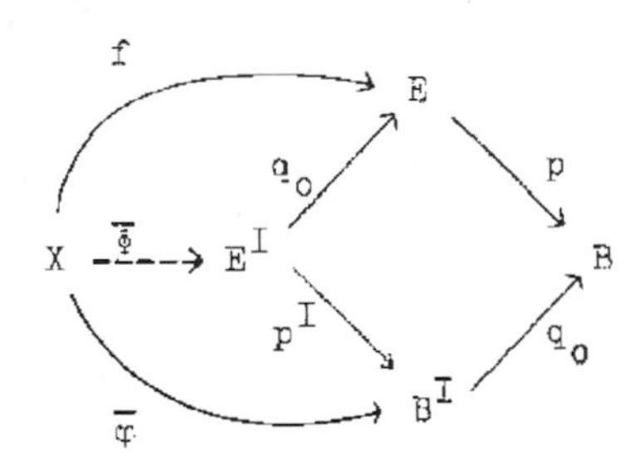

(6.4) <u>Definition</u>. Eine stetige Abbildung $p : E \longrightarrow B$ heißt <u>Homotopie-Faserung</u> (kurz: <u>h-Faserung</u>), wenn p die DHE bis auf Homotopie für alle topologischen Räume X hat.
Neben der Bezeichnung " Homotopie-Faserung " ist auch die Bezeichnung " <u>schwache Faserung</u> " üblich.

<u>Bemerkung</u>. Jede Faserung ist eine h-Faserung.

(6.5) <u>Definition</u>. $p : E \longrightarrow B$, $p' : E' \longrightarrow B$ seien Räume über B. p <u>wird dominiert von</u> p' <u>(in Top_B)</u>, wenn eine der folgenden äquivalenten (!) Aussagen erfüllt ist:

(a) es existieren Morphismen von Top_B $g : p \longrightarrow p'$, $g' : p' \longrightarrow p$ mit $g'g \underset{B}{\simeq} id_E$,

(b) es existiert ein Schnitt in Top_Bh $g : p \longrightarrow p'$,

(c) es existiert eine Retraktion in Top_Bh $g' : p' \longrightarrow p$.

(6.6) <u>Satz</u>. $p : E \longrightarrow B$, $p' : E' \longrightarrow B$ seien Räume über B. p werde in Top_B dominiert von p'.

<u>Behauptung</u>. (a) Ist X ein topologischer Raum und hat p' die DHE bis auf Homotopie für X, so auch p.

(b) Ist p' eine h-Faserung, so auch p.

<u>Beweis</u>. (b) ist eine Folgerung aus (a).

<u>Zu (a)</u>. Nach Voraussetzung existieren Morphismen von Top_B $g : p \longrightarrow p'$, $g' : p' \longrightarrow p$ mit $g'g \underset{B}{\simeq} id_E$.

Gegeben seien stetige Abbildungen $f : X \longrightarrow E$, $\varphi: X\times I \longrightarrow B$ mit $\varphi j_o = pf$.

Aus $p'g = p$ folgt $p'(gf) = \varphi j_o$.

Da p' die DHE bis auf Homotopie für X hat, existiert $\Phi': X\times I \longrightarrow E'$ mit $p'\Phi' = \varphi$ und $\Phi' j_o \underset{B}{\simeq} gf$.

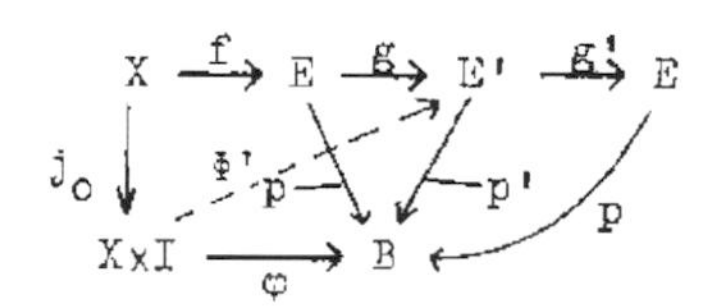

Setze $\Phi := g'\Phi': X\times I \longrightarrow E$. Dann gilt $p\Phi = pg'\Phi' = p'\Phi' = \varphi$, da $pg' = p'$, und $\Phi j_o = g'\Phi' j_o \underset{B}{\simeq} g'gf \underset{B}{\simeq} f$, denn $g'g \underset{B}{\simeq} id_E$. Also hat p die DHE bis auf Homotopie für X. ■

(6.7) <u>Korollar</u>. " DHE bis auf Homotopie " und " h-Faserung " sind invariant bei Homotopieäquivalenz über B.

(6.8) <u>Bemerkung</u>. Die stetige Abbildung p von Beispiel (6.2) wird dominiert von id_B. id_B ist eine Faserung, also eine h-Faserung. Nach Satz (6.6) ist daher p eine h-Faserung. Da p keine Faserung ist, zeigt dieses Beispiel zugleich, daß Satz (6.6) falsch wird, wenn man in (a) " DHE bis auf Homotopie " durch " DHE " oder in (b) " h-Faserung " durch " Faserung " ersetzt.

(6.9) Satz. Das Diagramm in Top

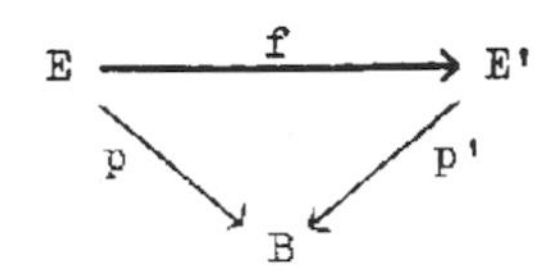

sei bis auf Homotopie kommutativ, d.h. $p'f \simeq p$. Ist p' eine h-Faserung oder hat p' wenigstens die DHE bis auf Homotopie für E, so gibt es eine stetige Abbildung $g: E \longrightarrow E'$ mit $g \simeq f$ und $p'g = p$.

Beweis. Da p' die DHE bis auf Homotopie für E hat, existiert zu $\varphi: p'f \simeq p: E \times I \longrightarrow B$ eine Homotopie $\Phi: E \times I \longrightarrow E'$ über φ mit $\Phi j_o \underset{B}{\simeq} f$. Für $g := \Phi j_1: E \longrightarrow E'$ gilt dann $g = \Phi j_1 \simeq \Phi j_o \underset{B}{\simeq} f$, also $g \simeq f$, und $p'g = p'\Phi j_1 = \varphi j_1 = p$. ■

(6.10) Korollar. Hat eine h-Faserung $p: E \longrightarrow B$ einen Schnitt bis auf Homotopie, so hat sie einen Schnitt.

Beweis. Nach Voraussetzung existiert $s: B \longrightarrow E$ mit $ps \simeq id_B$. Satz (6.9), angewandt auf das Diagramm

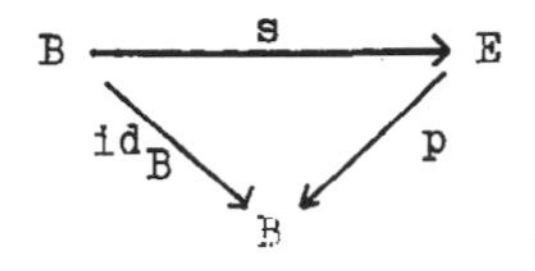

,

liefert die Existenz einer stetigen Abbildung $s': B \longrightarrow E$ mit $ps' = id_B$.

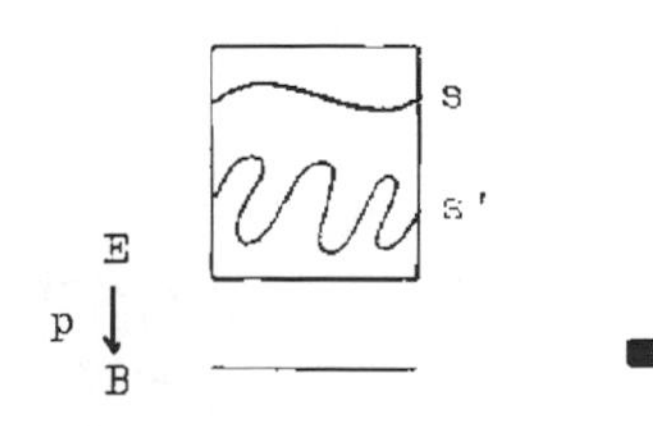

■

(6.11) Bemerkung. Korollar (6.10) besagt, daß eine h-Faserung, die keinen Schnitt hat, auch keinen Schnitt bis auf Homotopie hat.

Diese Bemerkung ist deshalb von Bedeutung, weil nicht jede Faserung einen Schnitt hat.

Beispiel. p sei die Einschränkung des Tangentialbündels $T(S^2) \longrightarrow S^2$ der 2-Sphäre auf die Tangentialvektoren, die von Null verschieden sind.

p ist eine Faserung, da p lokal trivial und S^2 kompakt ist. p hat keinen Schnitt (vgl. [25], II.Theorem 27.8), also auch keinen Schnitt bis auf Homotopie.

6.2 Verschiedene Charakterisierungen des Begriffes " h-Faserung ".

Wir geben jetzt verschiedene Charakterisierungen des Begriffes " h-Faserung " an.

(6.12) Satz. Sei ε eine reelle Zahl mit $0 < \varepsilon < 1$, X ein topologischer Raum, $p : E \longrightarrow B$ eine stetige Abbildung. Dann sind die folgenden beiden Aussagen äquivalent:

(a) p hat die DHE bis auf Homotopie für X.

(b) Für alle stetigen Abbildungen $f : X \longrightarrow E$, $\varphi: X\times I \longrightarrow B$, so daß $\varphi(x,t) = pf(x)$ für alle $x \in X$ und alle $t \in [0,1]$ mit $t \leq \varepsilon$, existiert eine Homotopie $\Phi: X\times I \longrightarrow E$ über φ mit $\Phi_0 = f$.

Beweis. (a) $\Rightarrow$ (b). Gegeben seien stetige Abbildungen $f : X \longrightarrow E$, $\varphi: X\times I \longrightarrow B$ mit $\varphi(x,t) = pf(x)$ für $x \in X$ und $0 \leq t \leq \varepsilon$.

Dann ist das Diagramm

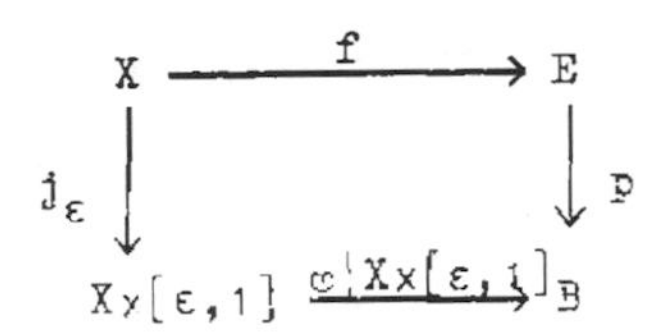

kommutativ.

Da p die DHE bis auf Homotopie für X hat ($[0,1]$ wird durch $[\varepsilon,1]$ ersetzt.), existiert eine Homotopie $\Phi': X\times[\varepsilon,1] \longrightarrow E$ mit $p\Phi' = \varphi|X\times[\varepsilon,1]$ und $\Phi'_\varepsilon \underset{B}{\simeq} f$.
Wähle eine Homotopie $\Phi'': X\times[0,\varepsilon] \longrightarrow E$ über B mit $\Phi''_0 = f$ und $\Phi''_\varepsilon = \Phi'_\varepsilon$. Φ' und Φ'' zusammen definieren dann eine stetige Abbildung $\Phi: X\times I \longrightarrow E$ mit $p\Phi = \varphi$ und $\Phi_0 = f$.
(b) $\Rightarrow$ (a). Gegeben seien stetige Abbildungen $f: X \longrightarrow E$, $\varphi: X\times I \longrightarrow B$ mit $\varphi_0 = pf$. Wir definieren $\varphi': X\times[-1,+1] \longrightarrow B$ durch

$$\varphi'(x,t) := \varphi(x,\mathrm{Max}(t,0)).$$

Dann gilt $\varphi'(x,t) = pf(x)$ für $x \in X$, $-1 \leq t \leq 0$.
Nach Voraussetzung ($(0,\varepsilon,1)$ ersetzen wir durch $(-1,0,1)$.) existiert eine stetige Abbildung $\Phi': X\times[-1,+1] \longrightarrow E$ über φ' mit $\Phi'_{-1} = f$. Für $\Phi := \Phi'|X\times I : X\times I \longrightarrow E$ gilt dann

$p\Phi = \varphi$ und $\Phi_0 = \Phi'_0 \underset{B}{\simeq} \Phi'_{-1} = f$. ■

(6.13) Satz. Sei ε eine reelle Zahl mit $0 < \varepsilon < 1$, $p: E \longrightarrow B$ eine stetige Abbildung.
Dann sind die folgenden beiden Aussagen äquivalent:

(a) p ist eine h-Faserung.

(b) Für alle topologischen Räume X und alle stetigen Abbildungen $\Phi': X\times[0,\varepsilon] \longrightarrow E$, $\varphi: X\times I \longrightarrow B$ mit $p\Phi' = \varphi|X\times[0,\varepsilon]$ existiert eine Homotopie $\Phi: X\times I \longrightarrow E$ über φ mit $\Phi_0 = \Phi'_0$.

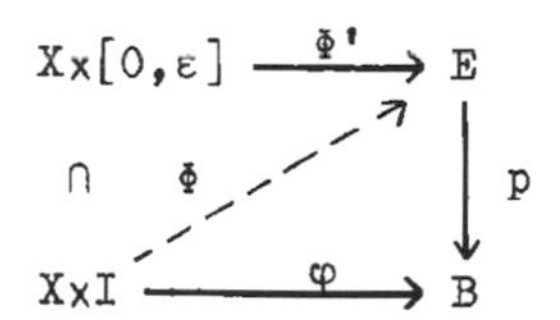

<u>Beweis</u>. <u>(b) ⇒ (a)</u>. Um nachzuweisen, daß p eine h-Faserung ist, nutzen wir die Charakterisierung des Begriffes h-Faserung aus, die durch Satz (6.12) gegeben ist.

Gegeben seien stetige Abbildungen $f : X \longrightarrow E$, $\varphi: X\times I \longrightarrow B$ mit $\varphi(x,t) = pf(x)$ für $x \in X$, $0 \leq t \leq \varepsilon$.

Wir definieren $\Phi': X\times[0,\varepsilon] \longrightarrow E$ durch

$\Phi'(x,t) := f(x)$ für $x \in X$, $0 \leq t \leq \varepsilon$.

Dann gilt $p\Phi' = \varphi|X\times[0,\varepsilon]$. Wir wenden (b) an und erhalten eine Homotopie $\Phi: X\times I \longrightarrow E$ über φ mit $\Phi_0 = f$.

<u>(a) ⇒ (b)</u>. Wir können ohne wesentliche Einschränkung annehmen $\varepsilon = \frac{1}{2}$. Gegeben seien stetige Abbildungen

$\Phi': X\times[0,\frac{1}{2}] \longrightarrow E$, $\varphi: X\times I \longrightarrow B$ mit $p\Phi' = \varphi|X\times[0,\frac{1}{2}]$.

Wir definieren $\tilde{\varphi}: X\times[0,\frac{1}{2}]\times I \longrightarrow B$ durch

$\tilde{\varphi}(x,s,t) := \varphi(x,1-(1-s)(1-t))$ für $x \in X$, $0 \leq s \leq \frac{1}{2}$, $0 \leq t \leq 1$.

Dann gilt $\tilde{\varphi}(x,s,0) = p\Phi'(x,s)$ für $(x,s) \in X\times[0,\frac{1}{2}]$.

Da p nach Voraussetzung eine h-Faserung ist und also die DHE bis auf Homotopie für $X\times[0,\frac{1}{2}]$ hat, gibt es eine stetige Abbildung $\tilde{\Phi}: X\times[0,\frac{1}{2}]\times I \longrightarrow E$ über $\tilde{\varphi}$ mit $\tilde{\Phi}_0 \underset{B}{\simeq} \Phi'$. Es existiert also eine stetige Abbildung $\Psi: X\times[0,\frac{1}{2}]\times I \longrightarrow E$, so daß $p\Psi(x,s,t)$ unabhängig von t ist und $\Psi_0 = \Phi'$, $\Psi_1 = \tilde{\Phi}_0$. Wir definieren $\Phi: X\times I \longrightarrow E$ durch

$$\Phi(x,t) := \begin{cases} \Psi(x,t,2t), & x \in X,\ 0 \leq t \leq \frac{1}{2} \\ \tilde{\Phi}(x,\frac{1}{2},2t-1), & x \in X,\ \frac{1}{2} \leq t \leq 1. \end{cases}$$

Man verifiziert leicht: Φ ist eine stetige Abbildung mit $\Phi_0 = \Phi_0'$ und $p\Phi = \varphi$.

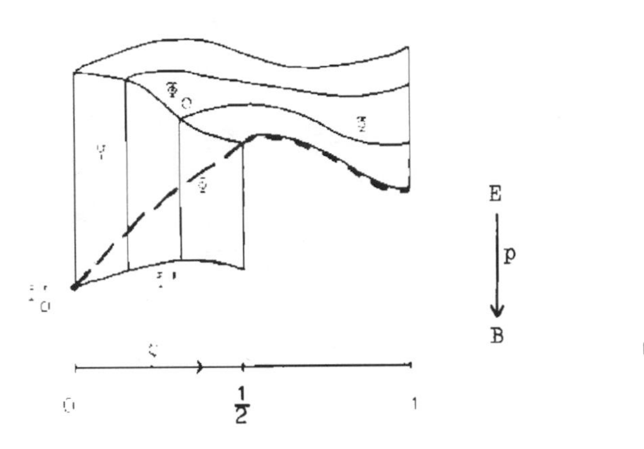

Der folgende Satz charakterisiert die Eigenschaft einer stetigen Abbildung p, eine h-Faserung zu sein, mit Hilfe des Abbildungswegeraumes W_p.

(6.14) Satz. Sei ε eine reelle Zahl mit $0 < \varepsilon < 1$, $p : E \longrightarrow B$ eine stetige Abbildung.

Dann sind äquivalent:

(a) p ist eine h-Faserung.

(b) Es gibt eine stetige Abbildung $s: W_p \longrightarrow E^I$, so daß $s(e,u)(0) = e$ für $(e,u) \in W_p$,

$$p(s(e,u)(t)) = \begin{cases} u(0), & (e,u) \in W_p,\ 0 \leq t \leq \varepsilon \\ u\left(\frac{t-\varepsilon}{1-\varepsilon}\right), & (e,u) \in W_p,\ \varepsilon \leq t \leq 1. \end{cases}$$

Beweis. Wir können uns offensichtlich auf den Fall $\varepsilon = \frac{1}{2}$ beschränken.

Beim Beweis nutzen wir mehrfach die Adjungiertheit von $\_\times I$ und $\_^I$ aus und gehen von einer stetigen Abbildung $\varphi: X \times I \longrightarrow Y$ gemäß (4.4) zu $\overline{\varphi}: X \longrightarrow Y^I$ und umgekehrt von $\overline{\varphi}$ zu φ über.

(a) $\Rightarrow$ (b). Wir setzen voraus: p ist eine h-Faserung. Wir betrachten die Projektion $q : W_p \longrightarrow E$ auf den ersten Faktor und die stetige (!) Abbildung $\varphi: W_p \times I \longrightarrow B$, die durch

$$\varphi(e,u,t) := \begin{cases} u(0), & (e,u) \in W_p, \ 0 \leq t \leq \frac{1}{2} \\ u(2t-1), & (e,u) \in W_p, \ \frac{1}{2} \leq t \leq 1 \end{cases}$$

gegeben ist. Für $0 \leq t \leq \frac{1}{2}$ gilt dann

$$\varphi(e,u,t) = u(0) = p(e) = pq(e,u).$$

Da p die DHE bis auf Homotopie für W_p hat, existiert nach Satz (6.12) eine Homotopie $\Phi: W_p \times I \longrightarrow E$ mit $p\Phi = \varphi$ und $\Phi j_0 = q$.

Wir definieren $s := \overline{\Phi}: W_p \longrightarrow E^I$ und erhalten die gesuchte stetige Abbildung.

(6.15) Bemerkung. In " (a) $\Rightarrow$ (b) " haben wir nur benutzt, daß p die DHE bis auf Homotopie für den Abbildungswegeraum W_p hat.

(b) $\Rightarrow$ (a). Wir setzen für $\varepsilon = \frac{1}{2}$ die Existenz einer stetigen Abbildung $s : W_p \longrightarrow E^I$ voraus, wie sie in (b) beschrieben ist.

Gegeben seien stetige Abbildungen $f : X \longrightarrow E$, $\varphi: X \times I \longrightarrow B$, so daß $\varphi(x,t) = pf(x)$ für $x \in X$, $0 \leq t \leq \frac{1}{2}$

Wir definieren $\varphi': X \times I \longrightarrow B$ durch $\varphi'(x,t) := \varphi(x,\frac{1+t}{2})$ und gehen über zu $\overline{\varphi'}: X \longrightarrow B^I$. Wir definieren $\Phi' : X \longrightarrow W_p$ durch $\Phi'(x) := (f(x), \overline{\varphi'}(x)) \in W_p$ (!).

Wir setzen $\overline{\Phi} := s\Phi': X \longrightarrow E^I$,

gehen über zu $\Phi: X \times I \longrightarrow E$ und erhalten eine stetige Abbildung mit $p\Phi = \varphi$ und $\Phi j_0 = f$ (!).

p ist daher nach Satz (6.12) eine h-Faserung. ■

Zusatz zu Satz (6.14). Aus Satz (6.14) und Bemerkung (6.15) folgt:

(6.16) Satz. Eine stetige Abbildung p ist genau dann eine h-Faserung, wenn sie die DHE bis auf Homotopie für den Abbildungswegeraum W_p hat.

(6.17) Bemerkung. Zu Korollar (2.14) gibt es kein duales Gegenstück.

1. Nicht jede Faserung ist surjektiv, denn für jeden topologischen Raum B ist die einzige Abbildung $\emptyset \longrightarrow B$ eine Faserung (!).

Es gilt jedoch:

(6.18) Satz. Ist $p : E \longrightarrow B$ eine h-Faserung und trifft $p(E)$ jede Wegekomponente von B, so ist p surjektiv.

Beweis. Zu $b \in B$ existiert nach Voraussetzung ein Punkt $b_o \in p(E)$, der in derselben Wegekomponente von B wie b liegt.

Wir können also einen Weg $w : I \longrightarrow B$ wählen mit $w(0)=b_o$, $w(1) = b$. Dabei können wir annehmen: $w(t) = w(0)$ für $0 \leq t \leq \frac{1}{2}$. Wähle $e_o \in E$ mit $p(e_o) = b_o$. Da p eine h-Faserung ist und daher die DHE bis auf Homotopie für X = Punkt hat, existiert nach Satz (6.12) ein Weg $v : I \longrightarrow E$ mit $pv = w$ und $v(0) = e_o$. Dann gilt $pv(1) = w(1) = b$, also $b \in p(E)$. ■

2. Nicht jede surjektive Faserung ist eine Identifizierung.

Beispiel. Sei E die Menge Q der rationalen Zahlen, versehen mit der diskreten Topologie, B die Menge der rationalen Zahlen, versehen mit der von $\mathbb{R}$ induzierten Teilraumtopologie, $p := id_Q$. p ist eine bijektive stetige Abbildung, p ist keine Identifizierung.

Behauptung. p ist eine Faserung.

Beweis. $f : X \longrightarrow E$, $\varphi: X \times I \longrightarrow B$ seien stetige Abbildungen mit $\varphi j_o = pf$. Da B nur konstante Wege zuläßt, gilt für $x \in X$ $\varphi^x(I) = \{pf(x)\}$, wobei $\varphi^x: I \longrightarrow B$ wie in (5.34) definiert ist.

$\Phi := f \circ pr_1 : X \times I \longrightarrow E$ ist daher eine stetige Abbildung mit $p\Phi = \varphi$ und $\Phi j_0 = f$. ■

Es gilt jedoch:

(6.19) Satz. Ist $p : E \longrightarrow B$ eine surjektive Faserung und B lokal wegweise zusammenhängend *), so ist p eine Identifizierung.

Beweis. Strøm [27], 1.Theorem 1.

(6.20) Bemerkung. Faserungen sind i.a. nicht abgeschlossen, wie das Beispiel $pr_1 : \mathbb{R}^2 \longrightarrow \mathbb{R}$ zeigt.

h-Faserungen sind i.a. nicht offen, wie man dem Beispiel (6.2) entnimmt (vgl. auch (6.8)).

Eine Faserung p ist sicher dann offen, wenn p lokal trivial ist (vgl.(5.13)).

6.3 Homotopieäquivalenzen und fasernweise Homotopieäquivalenzen.

Der folgende fundamentale Satz der Homotopietheorie stammt von A. Dold ([6], Theorem 6.1). Dieser Satz ist dual zu Satz (2.18).

(6.21) Satz. Voraussetzung. Sei

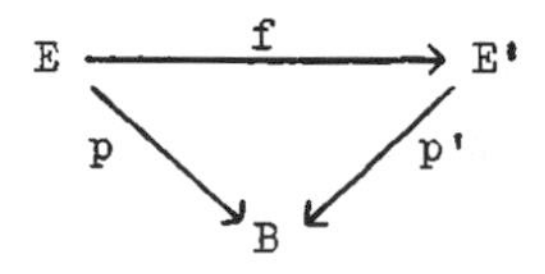

ein kommutatives Diagramm in Top. p und p' seien h-Faserungen, f eine h-Äquivalenz.

---

*) d.h. jeder Punkt von B hat eine Umgebungsbasis aus wegweise zusammenhängenden Teilmengen von B (vgl. Schubert [23], III.1.2, Definition 2).

<u>Behauptung</u>. f , aufgefaßt als Morphismus von Top_B , $f : p \longrightarrow p'$, ist eine h-Äquivalenz über B.

<u>Beweis</u>. Wir stellen dem Leser die Aufgabe, den Beweis von Satz (6.21), dual zum Beweis von Satz (2.18), mit Hilfe von Satz (6.9) auf den folgenden Hilfssatz zu reduzieren.

(6.22) <u>Hilfssatz</u>. Ist

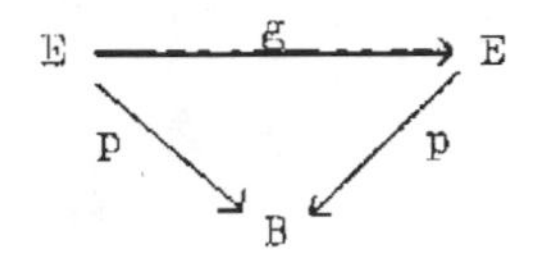

ein kommutatives Diagramm in Top, p eine h-Faserung und ist $g \simeq id_E$, so gibt es einen Morphismus $g' : p \longrightarrow p$ von Top_B mit $gg' \underset{B}{\simeq} id_E$.

<u>Beweis von (6.22)</u>. Wir wählen eine Homotopie $\varphi: g \simeq id_E: E\times I \longrightarrow E$, so daß $\varphi(e,t) = g(e)$ für $e \in E$ und $0 \leq t \leq \frac{1}{2}$.

Da $pg = g$, gilt dann für $p\varphi: E\times I \longrightarrow B$ $p\varphi: p \simeq p$ und $p\varphi(e,t) = p(e)$ für $e \in E$ und $0 \leq t \leq \frac{1}{2}$.

Da p eine h-Faserung ist, existiert nach Satz (6.12) eine Homotopie $\psi: E\times I \longrightarrow E$ über $p\varphi$ mit $\psi_0 = \psi j_0 = id_E$.

Setze $g' := \psi_1: E \longrightarrow E$. Dann gilt $pg' = p$.

Wir behaupten $gg' \underset{B}{\simeq} id_E$.

Wir definieren eine Homotopie $F: E\times I \longrightarrow E$ durch

$$(e,s) \longmapsto \begin{cases} g\psi(e,1-2s), & e \in E,\ 0 \leq s \leq \frac{1}{2}, \\ \varphi(e,2s-1), & e \in E,\ \frac{1}{2} \leq s \leq 1 . \end{cases}$$

Dann gilt $F: gg' \simeq id_E$ und $pF(e,s) = pF(e,1-s)$.

Wir definieren eine stetige Abbildung $\Phi: E\times I\times I \longrightarrow B$ durch

$$(e,s,t) \mapsto \begin{cases} p\varphi(e,1-2s(1-t)), & e \in E,\ t \in I,\ 0 \leq s \leq \frac{1}{2} \\ p\varphi(e,1-2(1-s)(1-t)), & e \in E,\ t \in I,\ \frac{1}{2} \leq s \leq 1. \end{cases}$$

Dann gilt $\Phi(e,s,0) = pF(e,s)$ $(e \in E,\ s \in I)$,

$\Phi(e,0,t) = \Phi(e,s,1) = \Phi(e,1,t) = p(e)$ $(e \in E,\ t,s \in I)$.

Wir können Φ so abändern (vgl. (2.22)), daß zusätzlich gilt

$$\Phi(e,s,t) = pF(e,s) \text{ für } 0 \leq t \leq \tfrac{1}{2} .$$

Da p eine h-Faserung ist, existiert nach Satz (6.12) eine stetige Abbildung $\tilde{\Phi}: E \times I \times I \longrightarrow E$ mit $p\tilde{\Phi} = \Phi$ und $\tilde{\Phi}(e,s,0) = F(e,s)$ für $e \in E$, $s \in I$.

Wir definieren $\tilde{\Phi}_{(s,t)}: E \longrightarrow E$ für $s, t \in I$ durch $\tilde{\Phi}_{(s,t)}(e) := \tilde{\Phi}(e,s,t)$ $(e \in E)$. Dann gilt

$gg' = F_0 = \tilde{\Phi}_{(0,0)} \underset{B}{\simeq} \tilde{\Phi}_{(0,1)} \underset{B}{\simeq} \tilde{\Phi}_{(1,1)} \underset{B}{\simeq} \tilde{\Phi}_{(1,0)} = F_1 = id_E$. ∎

(6.23) Bemerkung. Auch Satz (6.21) ist im Grunde ein formaler Satz und gilt auch, wenn man die Kategorie Top durch die Kategorie Top_L^K ersetzt (K und L topologische Räume), wenn man also von einem kommutativen Dreieck in Top_L^K ausgeht (vgl. Kamps [15], 5.2).

Der folgende Begriff ist dual zum Begriff " starker Deformationsretrakt ".

(6.24) Definition. Eine stetige Abbildung $p : E \longrightarrow B$ heißt schrumpfbar (englisch: shrinkable), wenn eine stetige Abbildung $s : B \longrightarrow E$ existiert, so daß $ps = id_B$ und $sp \underset{B}{\simeq} id_E$.

Wir fassen dabei p, id_E, s als Morphismen von Top_B auf, $p : p \longrightarrow id_B$, $id_E : p \longrightarrow p$, $s : id_B \longrightarrow p$. Das ist möglich, da $ps = id_B$.

Man überlegt sich sofort:

(6.25) Lemma. Eine stetige Abbildung $p : E \longrightarrow B$ ist genau dann schrumpfbar, wenn p h-äquivalent über B zu id_B ist.

(6.26) Satz. Eine stetige Abbildung $p : E \longrightarrow B$ ist genau dann eine h-Faserung und eine h-Äquivalenz, wenn sie schrumpfbar ist.

Beweis. " $\Rightarrow$ " folgt aus Satz (6.21), angewandt auf das Diagramm

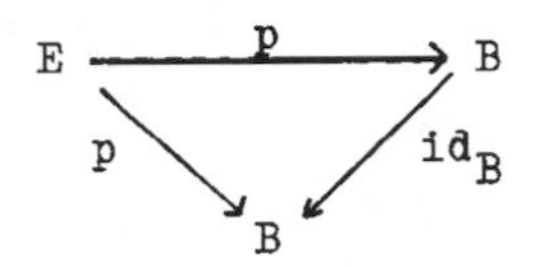

" $\Leftarrow$ ". Ist p schrumpfbar, dann ist p insbesondere eine h-Äquivalenz. Ist p schrumpfbar, so ist p nach Lemma (6.25) h-äquivalent über B zu id_B. Da id_B eine h-Faserung ist, folgt aus Satz (6.6)(b): p ist eine h-Faserung. ∎

(6.27) Sei $g: Y \longrightarrow B$ eine stetige Abbildung. Wir betrachten das kommutative Diagramm

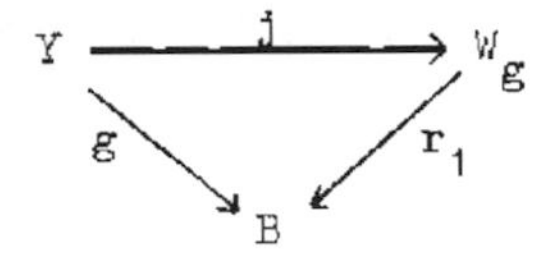

von Satz (5.27)(a).

Satz. Die folgenden Aussagen sind äquivalent:

(a) g ist eine h-Faserung.

(b) j ist eine h-Äquivalenz über B (d.h. $[j]_B$ ist ein Isomorphismus in $Top_B h$).

(c) $[j]_B$ ist ein Schnitt in $Top_B h$.

Beweis. (a) $\Rightarrow$ (b). Nach Satz (5.27) ist j eine h-Äquivalenz und r_1 eine Faserung. Ist g eine h-Faserung, so ist j nach Satz (6.21) eine h-Äquivalenz über B.

(b) $\Rightarrow$ (c) ist trivial.

(c) $\Rightarrow$ (a). Nach Voraussetzung wird g in Top_B von r_1

dominiert. Da r_1 nach Satz (5.27) eine Faserung, also eine h-Faserung ist, ist g nach Satz (6.6)(b) eine h-Faserung.

Da r_1 eine Faserung ist, erhalten wir:

(6.28) Korollar. Zu jeder h-Faserung $p : E \longrightarrow B$ existiert eine Faserung $p' : E' \longrightarrow B$, die h-äquivalent über B zu p ist.

Wir beschließen diesen Paragraphen mit dem Satz (5.38) entsprechenden Satz für h-Faserungen.

(6.29) Satz. Sei $p : E \longrightarrow B$ eine h-Faserung, X ein topologischer Raum, $A \subset V \subset X$, V ein Hof von A in X (vgl.(3.1)). Sei ε eine reelle Zahl mit $0 < \varepsilon < 1$ und sei

$$\begin{array}{ccc} (V\times I) \cup (X\times[0,\varepsilon]) & \xrightarrow{\Phi'} & E \\ \cap & & \downarrow p \\ X\times I & \xrightarrow{\varphi} & B \end{array}$$

ein kommutatives Diagramm in Top.

Dann gibt es eine Homotopie $\Phi: X\times I \longrightarrow E$ über φ (d.h. $p\Phi = \varphi$), so daß

$$\Phi|(A\times I) \cup (X\times 0) = \Phi'|(A\times I) \cup (X\times 0).$$

Beweis. Da V Hof von A in X ist, existiert eine stetige Abbildung $v : X \longrightarrow I$ mit $A \subset v^{-1}(1)$ und $X - V \subset v^{-1}(0)$.

Wir definieren $\overline{\varphi}: X\times I \longrightarrow B$ durch

$$\overline{\varphi}(x,t) := \varphi(x,\mathrm{Min}(v(x) + t,1))$$

und $\overline{\Phi'}: X\times[0,\varepsilon] \longrightarrow E$ durch

$$\overline{\Phi'}(x,t) := \Phi'(x,\mathrm{Min}(v(x) + t,1)).$$

Die Definition von $\overline{\Phi'}$ ist sinnvoll, da $X - V \subset v^{-1}(0)$.

Es gilt $p\overline{\Phi'} = \overline{\varphi}|X\times[0,\varepsilon]$.

Da p eine h-Faserung ist, existiert nach Satz (6.13) ei-

ne Homotopie $\overline{\Phi}$: $X\times I \longrightarrow E$ über $\overline{\varphi}$ mit $\overline{\Phi}|X\times 0 = \overline{\Phi}'|X\times 0$.
Wir definieren Φ: $X\times I \longrightarrow E$ durch

$$\Phi(x,t) := \begin{cases} \Phi'(x,t), & \text{falls } 0 \leq t \leq v(x) \\ \overline{\Phi}(x,t-v(x)), & \text{falls } v(x) \leq t \leq 1 \end{cases}$$

und erhalten eine Homotopie mit den gewünschten Eigenschaften(!). ■

§ 7. Induzierte Faserungen.

7.1 Induzierte Faserungen.

(7.1) Definition. Sei

(7.2)
$$\begin{array}{ccc} \bar{E} & \xrightarrow{\bar{\alpha}} & E \\ {\scriptstyle \bar{p}}\downarrow & & \downarrow{\scriptstyle p} \\ \bar{B} & \xrightarrow{\alpha} & B \end{array}$$

ein Diagramm in der Kategorie Top der topologischen Räume.

$\bar{p}$ heißt von p durch α induziert, wenn (7.2) ein kartesisches Quadrat ist.

(7.3) Satz. Zu einem Diagramm

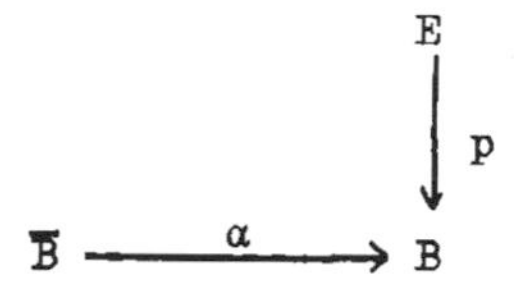

in Top existiert ein bis auf Isomorphie eindeutig bestimmtes Diagramm

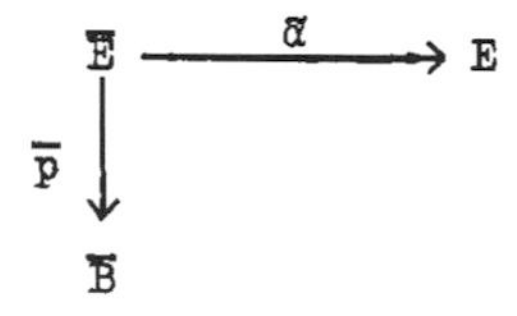

in Top, so daß (7.2) ein kartesisches Quadrat ist.

Beweis. Die Eindeutigkeit folgt aus rein kategorientheoretischen Gründen (vgl.(0.8)).

Existenz: Man überlegt sich sofort, daß die folgende Definition ein kartesisches Quadrat (7.2) liefert.

(7.4) Definition. $\bar{E}$ sei der Teilraum

$$\bar{E} := \{(\bar{b},e) \in \bar{B}\times E \mid \alpha\bar{b} = pe\}$$

des Produktes $\bar{B}\times E$.

$\bar{p} : \bar{E} \longrightarrow \bar{B}$ sei die Projektion auf den ersten,

$\bar{\alpha} : \bar{E} \longrightarrow E$ die Projektion auf den zweiten Faktor.

Die Konstruktion von (7.4) haben wir in einem Spezialfall bereits kennengelernt, nämlich bei der Definition des Abbildungswegeraumes W_p einer stetigen Abbildung p.

(7.5) Beispiel. Ist $p : E \longrightarrow B$ eine stetige Abbildung, dann haben wir das kartesische Quadrat (5.24)

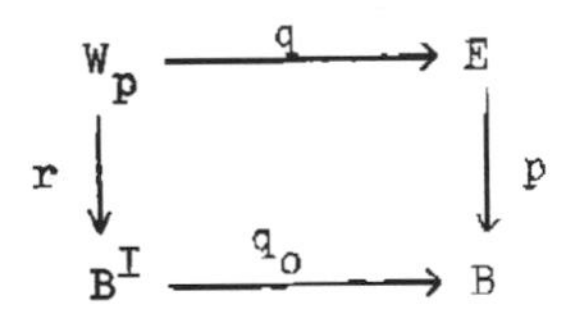

$r : W_p \longrightarrow B^I$ ist also von p durch $q_o : B^I \longrightarrow B$ induziert.

(7.6) Beispiel. Sei $p : E \longrightarrow B$ eine stetige Abbildung, $\alpha : \bar{B} \subset B$ die Inklusion eines Teilraumes $\bar{B}$ von B. Dann kann man ein spezielles kartesisches Quadrat (7.2) wie folgt definieren:

$$\bar{E} := p^{-1}(\bar{B}) \subset E.$$

$\bar{\alpha}$ sei die Inklusion $p^{-1}(\bar{B}) \subset E$, $\bar{p}$ die Einschränkung von p.

Mit den Bezeichnungen von (5.12) haben wir also $\bar{p} = p_{\bar{B}}$.

(7.7) Satz. In dem Diagramm in Top

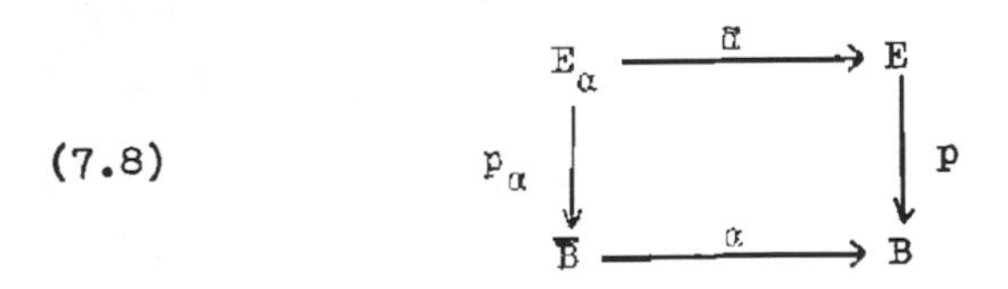

sei p_α von p durch α induziert (vgl.(7.1)).

X sei ein topologischer Raum.

<u>Behauptung</u>. (a) Hat p die DHE für X , so auch p_α.
(b) Hat p die DHE bis auf Homotopie für X , so auch p_α.
Bevor wir Satz (7.7) beweisen, notieren wir eine unmittelbare Folgerung.

(7.9) <u>Korollar</u>. In (7.8) sei p_α von p durch α induziert. Dann gilt:

(a) Ist p eine Faserung, so auch p_α.

(b) Ist p eine h-Faserung, so auch p_α.

p_α heißt dann <u>" die " von p durch α induzierte (h-)Faserung</u>.

<u>Beweis von (7.7)</u>. <u>Zu (a)</u>. Wir wollen nachweisen, daß p_α die DHE für X hat. Seien $f : X \longrightarrow E_\alpha$, $\varphi: X\times I \longrightarrow \bar{B}$ stetige Abbildungen mit $p_\alpha f = \varphi j_o$.

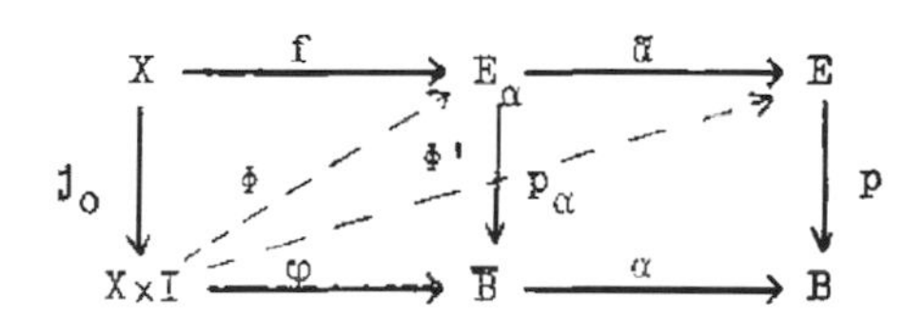

Setze $f' := \bar\alpha f$, $\varphi' := \alpha\varphi$. Dann gilt $pf' = \varphi' j_o$.
Da p die DHE für X hat, existiert eine stetige Abbildung $\Phi' : X\times I \longrightarrow E$ mit $p\Phi' = \varphi'$ und $\Phi' j_o = f'$. Da $p\Phi' = \alpha\varphi$ und da (7.8) nach Voraussetzung ein kartesisches Quadrat ist, existiert genau eine stetige Abbildung
$\Phi: X\times I \longrightarrow E_\alpha$ mit $\bar\alpha\circ\Phi = \Phi'$ und $p_\alpha\circ\Phi = \varphi$.
Wir sind fertig, wenn wir zeigen $\Phi j_o = f$. Da (7.8) ein kartesisches Quadrat ist, folgt dies aber aus den Gleichungen
$\bar\alpha(\Phi j_o) = \Phi' j_o = f' = \bar\alpha\circ f$ und $p_\alpha(\Phi j_o) = \varphi j_o = p_\alpha\circ f$.
<u>Zu (b)</u>. Wir benutzen die Charakterisierung der " DHE bis auf Homotopie für X " von Satz (6.12) mit $\varepsilon = \frac{1}{2}$ und gehen aus von einer stetigen Abbildung $f : X \longrightarrow E_\alpha$

und einer Homotopie $\varphi: X\times I \longrightarrow \bar{B}$, so daß $\varphi(x,t) = p_\alpha\circ f(x)$ für $x \in X$ und $0 \leq t \leq \frac{1}{2}$. Dann gilt

$\alpha\varphi(x,t) = \alpha\circ p_\alpha\circ f(x) = p\circ\bar{\alpha}\circ f(x)$ für $x \in X$ und $0 \leq t \leq \frac{1}{2}$.

Wir können dann $\Phi: X\times I \longrightarrow E_\alpha$ mit $p_\alpha\Phi = \varphi$ und $\Phi j_o = f$ wie im Beweis von (a) konstruieren. ■

7.2 Der Homotopiesatz für h-Faserungen.

(7.10) $\alpha : A \longrightarrow B$ sei eine stetige Abbildung.

Wir wollen einen kovarianten Funktor

$$\alpha^*: Top_B \longrightarrow Top_A$$

definieren.

(7.11) Zu jedem Objekt $p : E \longrightarrow B$ von Top_B wählen wir ein kartesisches Quadrat

$$(7.12)\qquad \begin{array}{ccc} E_\alpha & \xrightarrow{\bar{\alpha}} & E \\ {\scriptstyle p_\alpha}\downarrow & & \downarrow{\scriptstyle p} \\ A & \xrightarrow{\alpha} & B \end{array}$$

und setzen $\alpha^*(p) := p_\alpha$, $\alpha^*(p) \in |Top_A|$.

(7.13) $p': E' \longrightarrow B$ sei ein weiteres Objekt von Top_B ,

$$(7.14)\qquad \begin{array}{ccc} E'_\alpha & \xrightarrow{\bar{\alpha}'} & E' \\ {\scriptstyle p'_\alpha}\downarrow & & \downarrow{\scriptstyle p'} \\ A & \xrightarrow{\alpha} & B \end{array}$$

sei das zu p' gewählte kartesische Quadrat.

$f : p \longrightarrow p'$ sei ein Morphismus von Top_B .

Wir haben also ein kommutatives Diagramm in Top

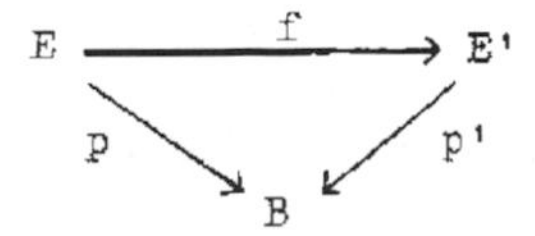

Betrachte

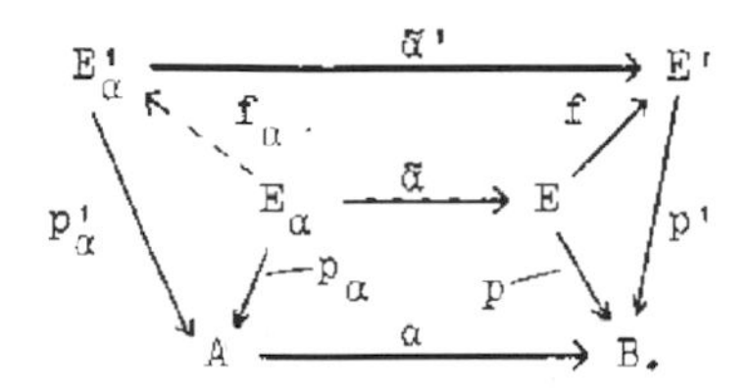

Da $\alpha \circ p_\alpha = p \circ \tilde{\alpha} = p' \circ f \circ \tilde{\alpha}$ und da (7.14) ein kartesisches Quadrat ist, existiert genau eine stetige Abbildung $f_\alpha \colon E_\alpha \longrightarrow E'_\alpha$ mit $\tilde{\alpha}' \circ f_\alpha = f \circ \tilde{\alpha}$ und $p'_\alpha \circ f_\alpha = p_\alpha$.
Die letzte Gleichung erlaubt es uns, f_α als Morphismus von Top_A aufzufassen, $f_\alpha \colon p_\alpha \longrightarrow p'_\alpha$.
Wir definieren $\alpha^*(f) := f_\alpha$, $\alpha^*(f) \colon \alpha^*(p) \longrightarrow \alpha^*(p')$.
Man überlegt sich leicht: α^* ist ein kovarianter Funktor $Top_B \longrightarrow Top_A$.

(7.15) Bemerkung zu (7.13). Wählt man die kartesischen Quadrate zu p und p' wie in (7.4), also

$$E_\alpha = \{(a,e) \mid \alpha a = pe\} \subset A \times E \ ,$$

$$E'_\alpha = \{(a,e') \mid \alpha a = p'e'\} \subset A \times E' \ ,$$

so gilt $f_\alpha(a,e) = (a, fe) \in E'_\alpha$ für $(a,e) \in E_\alpha$.

(7.16) Bemerkung zu (7.10).

Die Definition von α^* hängt von der Auswahl der kartesischen Quadrate (7.12) ab.
Verschiedene Auswahlen ergeben jedoch äquivalente Funktoren (!).
Da für jede stetige Abbildung $p : E \longrightarrow B$ das Diagramm

$$\begin{array}{ccc} E & \xrightarrow{id_E} & E \\ p \big\downarrow & & \big\downarrow p \\ B & \xrightarrow{id_B} & B \end{array}$$

ein kartesisches Quadrat ist, ergibt sich aus der Bemerkung:

<u>Folgerung 1</u>: $(id_B)^*$ ist äquivalent zu id_{Top_B}.

Sind in dem Diagramm in Top

$$\begin{array}{ccccc} (E_\alpha)_\beta & \xrightarrow{\tilde{\beta}} & E_\alpha & \xrightarrow{\tilde{\alpha}} & E \\ (p_\alpha)_\beta \downarrow & (1) & \downarrow p_\alpha & (2) & \downarrow p \\ C & \xrightarrow{\beta} & A & \xrightarrow{\alpha} & B \end{array}$$

die beiden Quadrate (1) und (2) kartesisch, so ist das äußere Rechteck kartesisch (vgl.(0.10)(d)).

Wir erhalten daher aus der Bemerkung:

<u>Folgerung 2</u>: $(\alpha\beta)^*$ ist äquivalent zu $\beta^*\alpha^*$.

Wir betrachten jetzt wieder die Situation von (7.10). Der folgende Satz zeigt, daß der Funktor α^* mit fasernweisen Homotopien verträglich ist.

(7.17) <u>Satz</u>. Sind $p : E \longrightarrow B$, $p': E' \longrightarrow B$ stetige Abbildungen, f_o, $f_1: p \longrightarrow p'$ Morphismen von Top_B, so gilt

$$(f_o \underset{B}{\simeq} f_1) \Rightarrow (f_{o\alpha} \underset{A}{\simeq} f_{1\alpha}) .$$

<u>Beweis</u>. Wir wählen $\varphi: f_o \underset{B}{\simeq} f_1: E \times I \longrightarrow E'$.

Wir können φ als Morphismus von Top_B auffassen, $\varphi: p \circ pr_1 \longrightarrow p'$. Wir wenden α^* an und erhalten einen Morphismus von Top_A

$$\alpha^*(\varphi) : \alpha^*(p \circ pr_1) \longrightarrow \alpha^*(p') = p'_\alpha .$$

$\alpha^*(p \circ pr_1)$ können wir aber mit $p_\alpha \circ pr_1: E_\alpha \times I \longrightarrow A$ identifizieren. Man sieht dies sofort ein, wenn man die kartesischen Quadrate (7.12) wie in (7.4) wählt. Dann gilt:

$$\alpha^*(\varphi) : f_{o\alpha} \underset{A}{\simeq} f_{1\alpha} . \blacksquare$$

(7.18) Der zu einer stetigen Abbildung $\alpha : A \longrightarrow B$ (nach Auswahl von kartesischen Quadraten) in (7.10) definierte Funktor $\alpha^*: Top_B \longrightarrow Top_A$ induziert also nach Satz (7.17) einen Funktor der Quotientkategorien $Top_Bh \longrightarrow Top_Ah$. Wir bezeichnen diesen Funktor ebenfalls mit α^* .

(7.19) Anwendung. In dem Diagramm in Top

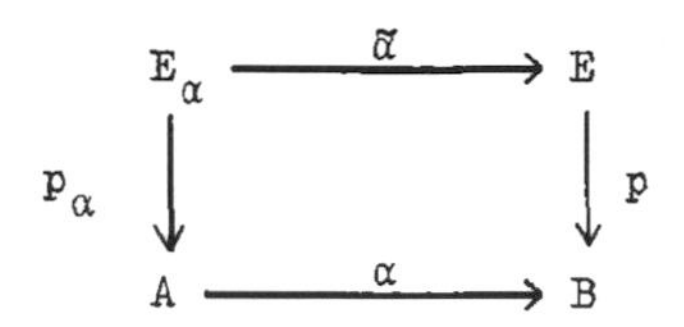

sei p_α von p durch α induziert.

Behauptung. Ist p schrumpfbar, so auch p_α (vgl.(6.24)).

Beweis. Sei p schrumpfbar, d.h. p und id_B sind isomorphe Objekte von Top_Bh (6.25).

Da $\alpha^*: Top_Bh \longrightarrow Top_Ah$ ein Funktor ist, sind $p_\alpha = \alpha^*(p)$ und $\alpha^*(id_B)$ isomorphe Objekte von Top_Ah . $\alpha^*(id_B)$ ist aber isomorph zu id_A . Also ist p_α isomorph zu id_A in Top_Ah , d.h. p_α ist schrumpfbar. ∎

(7.20) Bezeichnung. Ist B ein topologischer Raum, dann bezeichne Fas_Bh die volle Unterkategorie (vgl.Mitchell [17],I.3) von Top_Bh , deren Objekte die h-Faserungen $p : E \longrightarrow B$ sind.

(7.21) Sei $\alpha : A \longrightarrow B$ eine stetige Abbildung.

α induziert (nach Auswahl von kartesischen Quadraten) nach (7.10) und (7.18) einen Funktor

$$\alpha^*: Top_Bh \longrightarrow Top_Ah .$$

Wegen Korollar (7.9)(b) läßt sich dieser Funktor einschränken zu einem Funktor

$$Fas_Bh \longrightarrow Fas_Ah .$$

Den neuen Funktor bezeichnen wir wieder mit α^* .

(7.22) Satz (Homotopiesatz für h-Faserungen):

$\alpha,\beta : A \longrightarrow B$ seien stetige Abbildungen.

Falls $\alpha \simeq \beta$, gibt es eine natürliche Äquivalenz (vgl. Mitchell [17],II.9)

$$\Lambda : \alpha^* \longrightarrow \beta^* : \mathrm{Fas}_B h \longrightarrow \mathrm{Fas}_A h .$$

Zum Beweis des Homotopiesatzes für h-Faserungen benötigen wir einen Hilfssatz.

(7.23) Für eine stetige Abbildung $p : E \longrightarrow B \times I$ und $\nu = 0,1$ setzen wir

$$E_\nu := p^{-1}(B \times \nu) \subset E .$$

$i_\nu : E_\nu \longrightarrow E$ sei die Inklusion $E_\nu \subset E$.

Dann ist das Diagramm

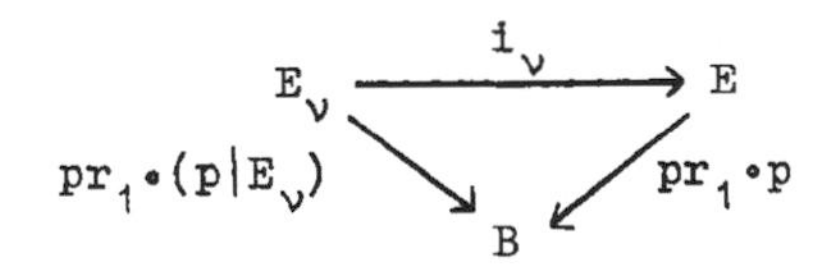

kommutativ. Wir können daher i_ν als Morphismus von Top_B auffassen,

$$i_\nu : pr_1 \circ (p|E_\nu) \longrightarrow pr_1 \circ p .$$

Mit diesen Bezeichnungen formulieren wir:

(7.24) Hilfssatz. Ist $p : E \longrightarrow B \times I$ eine h-Faserung, dann ist i_ν eine h-Äquivalenz über B ($\nu = 0,1$).

Beweis. Es genügt, (7.24) für $\nu = 0$ zu beweisen.

Wir definieren $\varphi : B \times I \times I \longrightarrow B \times I$ durch

$$\varphi(b,s,t) := \begin{cases} (b,s) \ , \ b \in B, \ s \in I \ , \ 0 \leq t \leq \frac{1}{2} \\ (b,s(2-2t)), \ b \in B, \ s \in I \ , \ \frac{1}{2} \leq t \leq 1 . \end{cases}$$

Für $\psi := \varphi \circ (p \times id_I) : E \times I \longrightarrow B \times I$ gilt dann $\psi(e,t) = p(e)$ für $e \in E$ und $0 \leq t \leq \frac{1}{2}$.

Da p eine h-Faserung ist, existiert daher eine Homotopie $\Phi : E \times I \longrightarrow E$ mit $p\Phi = \psi$ und $\Phi_0 = id_E$. Für $e \in E$ gilt $pr_2 \circ p \circ \Phi(e,1) = 0$, wobei $pr_2 : B \times I \longrightarrow I$ die Projektion auf den zweiten Faktor ist, d.h. $\Phi_1(E) \subset E_0$.

Φ_1 induziert also eine stetige Abbildung $r : E \longrightarrow E_0$.
Für $e \in E$ gilt $pr_1 \circ p \circ r(e) = pr_1 \circ p \circ \Phi(e,1) = pr_1 \circ p(e)$.
Wir können r also als Morphismus von Top_B auffassen,
$r: pr_1 \circ p \longrightarrow pr_1 \circ (p|E_0)$.
Man verifiziert sofort

$$id_E = \Phi_0 \underset{B}{\simeq} \Phi_1 = i_o r.$$

Da $\Phi(E_0 \times I) \subset E_0$ (!), induziert Φ eine Homotopie
$\overline{\Phi}: E_0 \times I \longrightarrow E_0$. Für diese Homotopie gilt (!)

$$id_{E_0} = \overline{\Phi}_0 \underset{B}{\simeq} \overline{\Phi}_1 = ri_0 .$$

$[r]_B$ ist also invers zu $[i_0]_B$ in $Top_B h$. Das beweist die Behauptung. ∎

Wir sind jetzt in der Lage, den Homotopiesatz für h-Faserungen zu beweisen.

Beweis von Satz (7.22): Wir wählen eine Homotopie
$\varphi: \alpha \simeq \beta: A \times I \longrightarrow B$. Durch Auswahl von kartesischen Quadraten erhält man Funktoren

$$j_\nu^* : Top_{A \times I}h \longrightarrow Top_A h \quad (\nu = 0,1) ,$$
$$\varphi^* : Top_B h \longrightarrow Top_{A \times I}h .$$

Wir können annehmen, daß bei der Definition von $\alpha^* = (\varphi j_0)^*$ und $\beta^* = (\varphi j_1)^*$, $\alpha^*, \beta^* : Top_B h \longrightarrow Top_A h$, diejenigen kartesischen Quadrate ausgewählt wurden, die sich ergeben, wenn man die kartesischen Quadrate aneinandersetzt, die man bei der Definition von φ^* und j_0^* bzw. j_1^* ausgewählt hat (vgl.(7.16)). Ist $p : E \longrightarrow B$ eine stetige Abbildung, haben wir also ein kommutatives Diagramm mit kartesischen Quadraten (0),(1),(2):

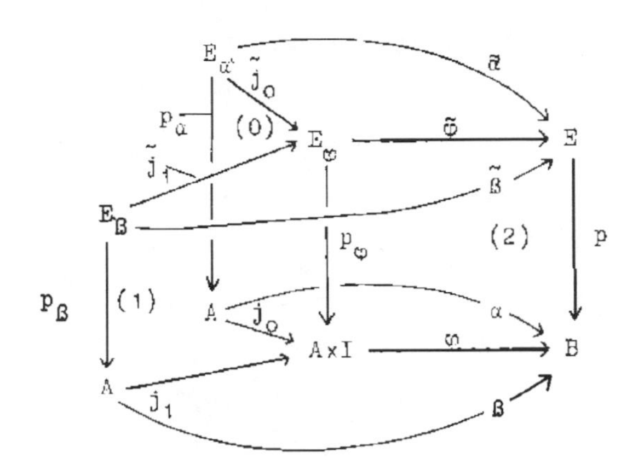

Wir fassen $j_\nu : A \longrightarrow A\times I$ als Inklusion $A = A\times\nu \subset A\times I$ auf. Wir können dann annehmen (vgl.(7.6)):
$E_\alpha = p_\varphi^{-1}(A\times 0)$, $E_\beta = p_\varphi^{-1}(A\times 1)$, $\tilde{j}_o$, $\tilde{j}_1$ sind die Inklusionen $E_\alpha \subset E_\varphi$ bzw. $E_\beta \subset E_\varphi$, p_α , p_β sind Einschränkungen von p_φ.
Wir setzen jetzt voraus: $p \in |\mathrm{Fas}_B h|$, d.h. p ist eine h-Faserung. Nach Korollar (7.9)(b) ist dann $p_\varphi : E_\varphi \longrightarrow A\times I$ eine h-Faserung. Aus Hilfssatz (7.24), angewandt auf p_φ , folgt jetzt:

$\tilde{j}_o : p_\alpha \longrightarrow pr_1 \circ p_\varphi$, $\tilde{j}_1 : p_\beta \longrightarrow pr_1 \circ p_\varphi$

sind h-Äquivalenzen über A , d.h. $[\tilde{j}_o]_A$ und $[\tilde{j}_1]_A$ sind Isomorphismen von $\mathrm{Top}_A h$.
Wir setzen $\Lambda_p := [\tilde{j}_1]_A^{-1} \circ [\tilde{j}_o]_A$.
$\Lambda_p : p_\alpha \longrightarrow p_\beta$ ist ein Isomorphismus von $\mathrm{Top}_A h$.
Der Leser überzeuge sich, daß $\Lambda := (\Lambda_p | p \in |\mathrm{Fas}_B h|)$ eine natürliche Transformation ist.
$\Lambda : \alpha^* \longrightarrow \beta^* : \mathrm{Fas}_B h \longrightarrow \mathrm{Fas}_A h$ ist also eine natürliche Äquivalenz. ∎

Bemerkung. Fassen wir den eben definierten Morphismus von $Top_A h$ $\Lambda_p : p_\alpha \longrightarrow p_\beta$ als Morphismus von Toph auf, $\Lambda_p : E_\alpha \longrightarrow E_\beta$, so gilt in Toph $[\tilde{\beta}] \circ \Lambda_p = [\bar{\alpha}]$.
Wir haben also genau folgendes bewiesen:

(7.25) Satz. Falls $\alpha \simeq \beta : A \longrightarrow B$, existiert eine natürliche Äquivalenz $\Lambda: \alpha^* \longrightarrow \beta^* : Fas_B h \longrightarrow Fas_A h$, so daß für alle h-Faserungen $p : E \longrightarrow B$ das Diagramm in Toph (!)

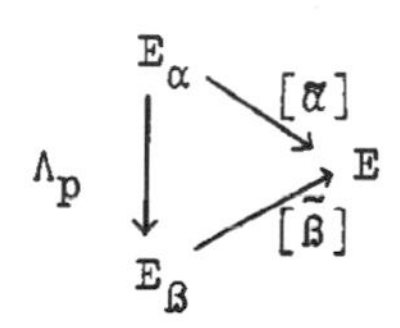

kommutativ ist.

Aus dem Homotopiesatz für h-Faserungen gewinnen wir zwei Korollare.

(7.26) Bezeichnungen. (1) Ist $p : E \longrightarrow B$ ein Raum über B , $U \subset B$, dann haben wir den Raum über U $p_U: p^{-1}(U) \longrightarrow U$ (vgl.(5.12)).

Wir verwenden die Bezeichnung $E_U := p^{-1}(U)$.

Ist $b_o \in B$, so kürzen wir ab $E_{b_o} := E_{\{b_o\}}$.

(2) Sind $p : E \longrightarrow B$, $p' : E' \longrightarrow B$ Räume über B , ist $f : p \longrightarrow p'$ eine Abbildung über B , $U \subset B$, dann gilt $f(E_U) \subset E'_U = p'^{-1}(U)$. f läßt sich also zu einer stetigen Abbildung $f_U : E_U \longrightarrow E'_U$ einschränken. f_U ist eine Abbildung über U , $f_U : p_U \longrightarrow p'_U$.

Ist $b_o \in B$, so kürzen wir ab $f_{b_o} := f_{\{b_o\}}$.

(7.27) Korollar 1. Voraussetzung.

Sei $\alpha : A \longrightarrow B$ homotop zu $\varkappa : A \longrightarrow B$ mit $\varkappa(A) = \{b_o\}$ für ein $b_o \in B$.

Behauptung. (a) Ist $p : E \longrightarrow B$ eine h-Faserung und $p_\alpha : E_\alpha \longrightarrow A$ von p durch α induziert,so ist p_α

h-äquivalent über A zur Projektion auf den ersten Faktor $pr_1: A\times E_{b_o} \longrightarrow A$.

(b) Sei

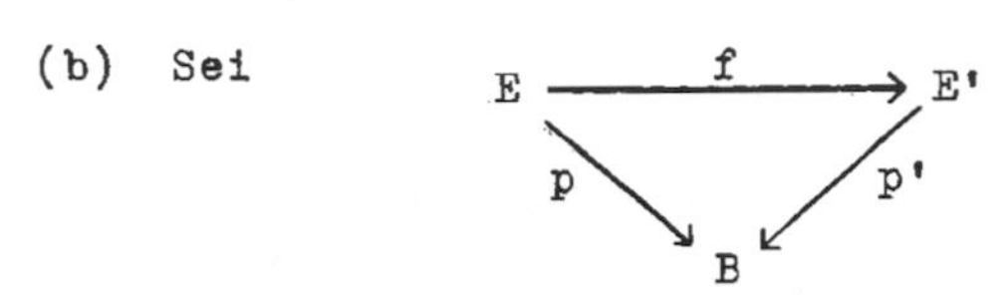

ein kommutatives Diagramm in Top. p_α und p'_α seien von p bzw. p' durch α induziert.

Sind p und p' h-Faserungen und ist $f_{b_o}: E_{b_o} \longrightarrow E'_{b_o}$ eine h-Äquivalenz, dann ist der in (7.13) definierte Morphismus von Top_A $f_\alpha : p_\alpha \longrightarrow p'_\alpha$ eine h-Äquivalenz über A.

Beweis. (a) $p_\varkappa: E_\varkappa \longrightarrow A$ sei von p durch $\varkappa$ induziert. Nach Satz (7.22) ist p_α h-äquivalent über A zu $p_\varkappa$. Die Behauptung folgt jetzt, da man für $p_\varkappa$ nach (7.4) die folgende spezielle Wahl treffen kann:

$$E_\varkappa = \{(a,e) \mid b_o = \varkappa(a) = p(e)\} = A\times E_{b_o} ,$$

$p_\varkappa(a,e) = a$ für $(a,e) \in E_\varkappa$.

(b) Sind $p_\varkappa$ und $p'_\varkappa$ von p bzw. p' durch $\varkappa$ induziert, dann gibt es nach Satz (7.22) Isomorphismen von $Top_A h$ $\Lambda_p : p_\alpha \longrightarrow p_\varkappa$, $\Lambda_{p'} : p'_\alpha \longrightarrow p'_\varkappa$, so daß das folgende Diagramm in $Top_A h$ kommutativ ist:

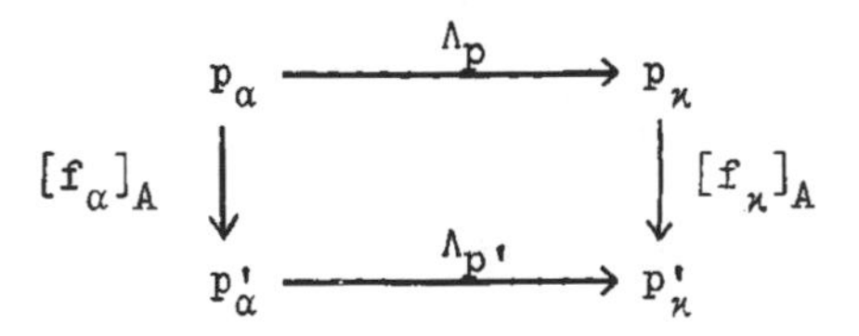

Um zu zeigen, daß $[f_\alpha]_A$ ein Isomorphismus von $Top_A h$ ist, haben wir also zu zeigen, daß $[f_\varkappa]_A$ ein Isomorphismus von $Top_A h$ ist.

Wählen wir $p_\varkappa$ und $p'_\varkappa$ wie in (7.4), d.h.

$p_\varkappa = pr_1: A\times E_{b_o} \longrightarrow A$, $p'_\varkappa = pr_1: A\times E'_{b_o} \longrightarrow A$, so gilt (vgl.(7.15)) $f_\varkappa = id_A \times f_{b_o}$. Nach Voraussetzung ist f_{b_o} eine h-Äquivalenz. Ist $g : E'_{b_o} \longrightarrow E_{b_o}$ homotopieinvers zu f_{b_o} , dann ist, wie man sich sofort überlegt, $[id_A \times g]_A : p'_\varkappa \longrightarrow p_\varkappa$ invers zu $[f_\varkappa]_A$ in $Top_A h$. $[f_\varkappa]_A$ ist also ein Isomorphismus in $Top_A h$, was noch zu zeigen war. ■

(7.28) Definition. Ein topologischer Raum X heißt lokal zusammenziehbar, wenn jeder Punkt $x \in X$ eine Umgebung $U \subset X$ hat, so daß die Inklusion $U \subset X$ nullhomotop ist (vgl.(0.18)).

(7.29) Korollar 2. Jede h-Faserung $p : E \longrightarrow B$ über einem lokal zusammenziehbaren Raum B ist bis auf fasernweise Homotopieäquivalenz lokal trivial.

Beweis. Zu $b \in B$ existiert nach Voraussetzung eine Umgebung $U \subset B$ und ein Punkt $b_o \in B$, so daß $(U \subset B) \simeq \varkappa : U \longrightarrow B$, wobei $\varkappa(U) = \{b_o\}$.
Die Einschränkung von p $p_U : p^{-1}U \longrightarrow U$ ist von p durch $U \subset B$ induziert. Also ist p_U nach (7.27)(a) h-äquivalent über U zu $pr_1: U\times E_{b_o} \longrightarrow U$. ■

(7.30) Satz. Sei

$$\begin{array}{ccc} E_\alpha & \xrightarrow{\bar\alpha} & E \\ {\scriptstyle p_\alpha}\downarrow & & \downarrow{\scriptstyle p} \\ A & \xrightarrow{\alpha} & B \end{array}$$

ein kartesisches Quadrat in Top.

Behauptung. Ist p eine h-Faserung und α eine h-Äquivalenz, so ist $\bar\alpha$ eine h-Äquivalenz.

Beweis. Sei $\beta : B \longrightarrow A$ h-invers zu α.
Wir wählen ein kartesisches Quadrat

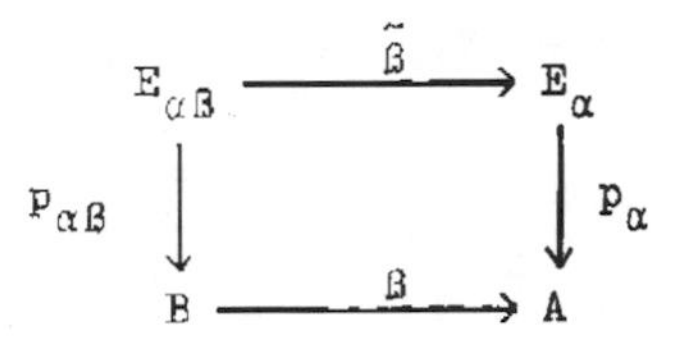

und haben dann die kartesischen Quadrate

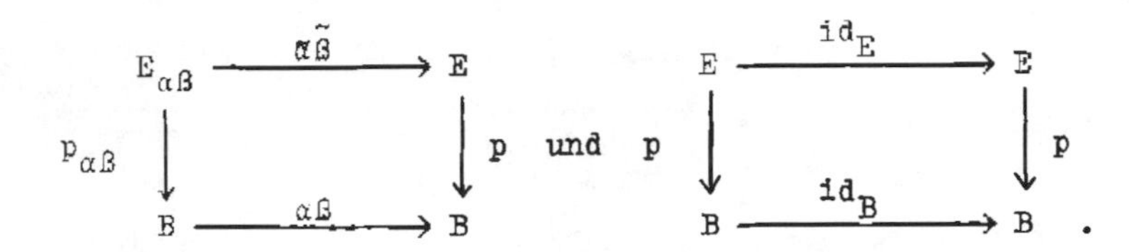

Da $\alpha\beta \simeq id_B$, existiert nach Satz (7.25) eine h-Äquivalenz $\lambda_p : E_{\alpha\beta} \longrightarrow E$, so daß das Diagramm

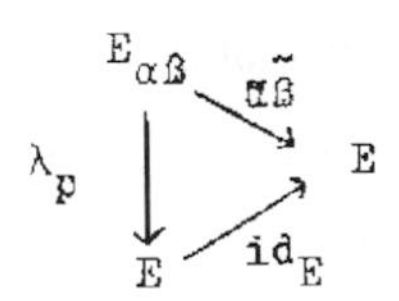

bis auf Homotopie kommutativ ist: $\lambda_p \simeq \tilde{\alpha}\tilde{\beta}$.
Also hat $\tilde{\alpha}$ ein h-Rechtsinverses und $\tilde{\beta}$ ein h-Linksinverses. Wir vertauschen die Rollen von α und β. Ein analoger Schluß liefert dann: $\tilde{\beta}$ hat ein h-Rechtsinverses. Also ist $\tilde{\beta}$ eine h-Äquivalenz, also ist $\tilde{\alpha}$ eine h-Äquivalenz. ■

7.3 Induzierte Cofaserungen.

Die Definitionen und Sätze von 7.1 und 7.2 lassen sich dualisieren. Die Durchführung der Beweise überlassen wir dem Leser.

(7.31) **Definition**. Sei

(7.32)
$$\begin{array}{ccc} A & \xrightarrow{\xi} & \bar{A} \\ i \downarrow & & \downarrow \bar{I} \\ X & \xrightarrow{\tilde{\xi}} & \bar{X} \end{array}$$

ein Diagramm in Top.

$\bar{\imath}$ heißt <u>von i durch ξ induziert</u>, wenn (7.32) ein cokartesisches Quadrat ist.

(7.33) <u>Satz</u>. Zu einem Diagramm

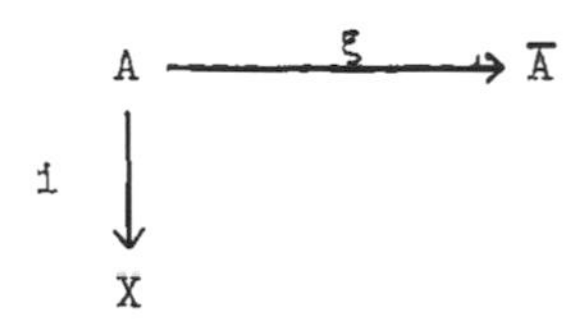

in Top existiert ein bis auf Isomorphie eindeutig bestimmtes Diagramm

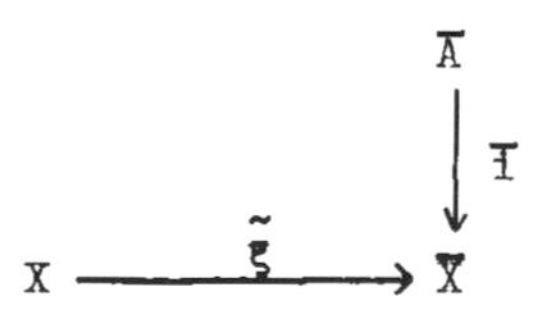

in Top, so daß (7.32) ein cokartesisches Quadrat ist.

<u>Beweis</u>. Die Eindeutigkeit folgt aus rein kategorientheoretischen Gründen.

Existenz: Man überlegt sich leicht, daß die folgende Definition ein cokartesisches Quadrat (7.32) liefert.

(7.34) <u>Definition</u>. $\bar{X}$ sei der Quotientraum, der aus der topologischen Summe $X + \bar{A}$ entsteht, wenn für jedes $a \in A$ $ia \in X$ mit $\xi a \in \bar{A}$ identifiziert wird.

$\bar{\imath} : \bar{A} \longrightarrow \bar{X}$ und $\tilde{\xi} : X \longrightarrow \bar{X}$ seien die stetigen Abbildungen, die man erhält, wenn man die Injektion von $\bar{A}$ bzw. X in die topologische Summe $X + \bar{A}$ mit der Projektion von $X + \bar{A}$ auf den Quotientraum $\bar{X}$ zusammensetzt.

Ist i eine Inklusion $A \subset X$, so verwenden wir für $\bar{X}$ die Bezeichnung $\bar{A} \cup_{\xi} X$.

In einem Spezialfall haben wir die Konstruktion von (7.34) bereits kennengelernt, nämlich bei der Definition des Abbildungszylinders einer stetigen Abbildung.

(7.35) **Beispiel**. Ist $f : A \longrightarrow X$ eine stetige Abbildung, dann haben wir das cokartesische Quadrat

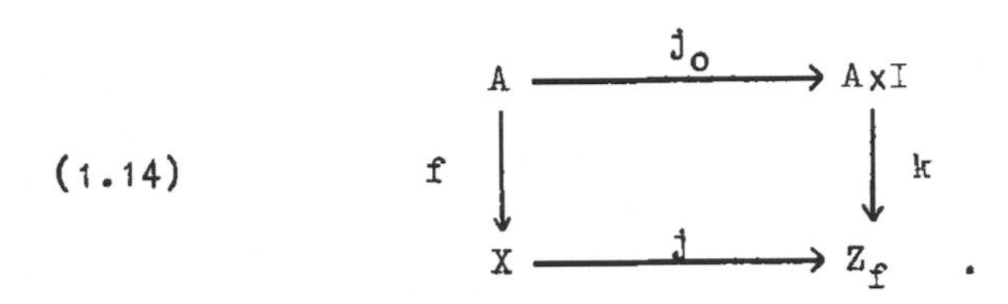

$k : A \times I \longrightarrow Z_f$ ist also von f durch j_o induziert.

Satz (7.7) entspricht der folgende Satz:

(7.36) **Satz**. In dem Diagramm in Top

$$(7.37) \qquad \begin{array}{ccc} A & \xrightarrow{\ \xi\ } & \bar{A} \\ {\scriptstyle i}\downarrow & & \downarrow{\scriptstyle \bar{I}} \\ X & \xrightarrow{\ \tilde{\xi}\ } & \bar{X} \end{array}$$

sei $\bar{I}$ von i durch ξ induziert. Y sei ein topologischer Raum.

Behauptung. (a) Hat i die HEE für Y, so auch $\bar{I}$.

(b) Hat i die HEE bis auf Homotopie für Y, so auch $\bar{I}$.

(7.38) **Korollar**. In (7.37) sei $\bar{I}$ von i durch ξ induziert.

Dann gilt:

(a) Ist i eine Cofaserung, so auch $\bar{I}$.

(b) Ist i eine h-Cofaserung, so auch $\bar{I}$.

$\bar{I}$ heißt dann **" die " von i durch ξ induzierte (h-)Cofaserung**.

(7.39) **Beispiel** (**Anheften von Zellen**): Sei i die Inklusion $S^{n-1} \subset E^n$ der (n-1)-Sphäre S^{n-1} in die n-Vollkugel E^n. $\xi : S^{n-1} \longrightarrow X$ sei eine stetige Abbildung. Das cokartesische Quadrat

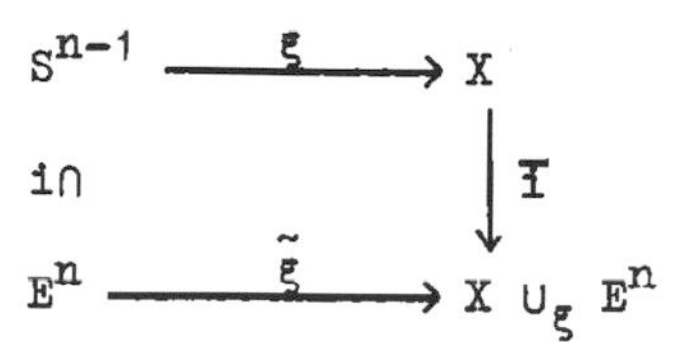

sei wie in (7.34) definiert. Wir sagen: $X \cup_\xi E^n$ entsteht aus X durch Anheften der n-Zelle $e^n = E^n - S^{n-1}$ mittels ξ.

Da $S^{n-1} \subset E^n$ eine Cofaserung ist (1.7), folgt aus Korollar (7.38)(a): $\bar{I} : X \longrightarrow X \cup_\xi E^n$ ist eine Cofaserung.

(7.40) $\xi : A \longrightarrow \bar{A}$ sei eine stetige Abbildung.

Wir definieren einen Funktor $\xi_* : Top^A \longrightarrow Top^{\bar{A}}$.

Zu jedem Objekt $i : A \longrightarrow X$ von Top^A wählen wir ein cokartesisches Quadrat (7.32) und setzen

$$\xi_*(i) := \bar{I} , \quad \xi_*(i) \in |Top^{\bar{A}}| .$$

Ist $g : i \longrightarrow i'$ ein Morphismus von Top^A,

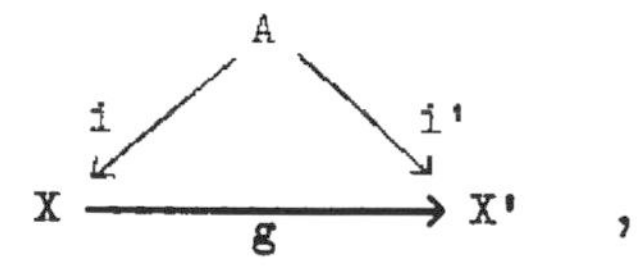

und ist

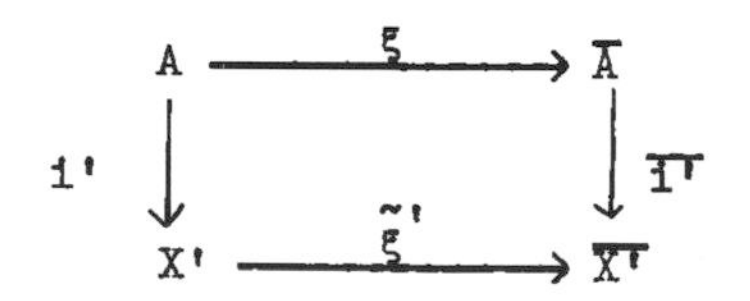

das zu i' gewählte cokartesische Quadrat, dann existiert genau eine stetige Abbildung $\bar{g} : \bar{X} \longrightarrow \bar{X}'$ mit $\bar{g} \cdot \tilde{\xi} = \tilde{\xi}' \cdot g$ und $\bar{g} \cdot \bar{I} = \bar{I}'$. Wir setzen $\xi_*(g) := \bar{g}$, $\xi_*(g) : \xi_*(i) \longrightarrow \xi_*(i')$.

Wir vermerken: Die Definition von ξ_* hängt von der Auswahl der cokartesischen Quadrate ab. Verschiedene Auswahlen liefern äquivalente Funktoren.

$(id_A)_*$ ist äquivalent zu id_{Top^A}.

$(\eta\xi)_*$ ist äquivalent zu $\eta_*\xi_*$, wenn $\eta : \bar{A} \longrightarrow \bar{\bar{A}}$ eine weitere stetige Abbildung ist.

(7.41) Ist A ein topologischer Raum, so bezeichne $Cof^A h$ die volle Unterkategorie von $Top^A h$, deren Objekte die h-Cofaserungen $i : A \longrightarrow X$ sind.

Ist $\xi : A \longrightarrow \bar{A}$ eine stetige Abbildung, dann induziert der nach Auswahl von cokartesischen Quadraten definierte Funktor $\xi_* : Top^A \longrightarrow Top^{\bar{A}}$ zunächst einen Funktor $Top^A h \longrightarrow Top^{\bar{A}} h$. Dieser Funktor wiederum induziert wegen Korollar (7.38)(b) einen Funktor

$$Cof^A h \longrightarrow Cof^{\bar{A}} h ,$$

den wir auch mit ξ_* bezeichnen.

Es gilt:

(7.42) <u>Satz</u> (<u>Homotopiesatz für h-Cofaserungen</u>):

$\xi,\eta : A \longrightarrow \bar{A}$ seien stetige Abbildungen.

Falls $\xi \simeq \eta$, existiert eine natürliche Äquivalenz

$$\xi_* \longrightarrow \eta_* : Cof^A h \longrightarrow Cof^{\bar{A}} h .$$

Schließlich erwähnen wir den (7.30) entsprechenden Satz.

(7.43) <u>Satz</u>. Ist (7.32) ein cokartesisches Quadrat, i eine h-Cofaserung und ξ eine h-Äquivalenz, so ist auch $\tilde{\xi}$ eine h-Äquivalenz.

§ 8. Erweiterung von Schnitten

8.1 Numerierbare Uberdeckungen.

(8.1) Sei X ein topologischer Raum.

Eine Zerlegung der Eins ist eine Familie $u = (u_j : X \longrightarrow I \mid j \in J)$ von stetigen Abbildungen u_j mit den Eigenschaften:

(a) Zu jedem $x \in X$ gibt es eine Umgebung W, so daß $u_j(W) = \{0\}$ außer für endlich viele $j \in J$.

(b) Für alle $x \in X$ ist $\sum_{j \in J} u_j(x) = 1$.

(Wegen (a) handelt es sich in (b) im wesentlichen um eine endliche Summe.)

Sei $\mathfrak{V} = (V_j \mid j \in J)$, $V_j \subset X$.

$\mathfrak{V}$ heißt: Uberdeckung von X, genau wenn $\bigcup_{j \in J} V_j = X$ ist; offen, genau wenn jedes V_j offen ist; lokal endlich, genau wenn zu jedem $x \in X$ eine Umgebung W existiert, so daß $W \cap V_j = \emptyset$ ist außer für endlich viele $j \in J$.

Eine Familie $(u_j : X \longrightarrow [0,\infty[\mid j \in J)$ heiße lokal endlich, wenn $(u_j^{-1}]0,\infty[\mid j \in J)$ lokal endlich ist.

Sei $u = (u_j \mid j \in J)$ eine Zerlegung der Eins und $\mathfrak{V} = (V_j \mid j \in J)$. Wir sagen: $\mathfrak{V}$ wird durch u numeriert, wenn für jedes $j \in J$ die Inklusion $u_j^{-1}]0,1] \subset V_j$ gilt.

$\mathfrak{V}$ heißt numerierbar, wenn es eine Zerlegung der Eins gibt, die $\mathfrak{V}$ numeriert (dann ist $\mathfrak{V}$ Uberdeckung, und wir sprechen von einer numerierbaren Uberdeckung).

Numerierbare Uberdeckungen sind im folgenden für viele Beweise ein grundlegendes Hilfsmittel. Der nächste Satz sagt etwas darüber aus, wann numerierbare Uberdeckungen existieren.

(8.2) Satz. Sei X ein Hausdorff-Raum.

(a) X ist genau dann parakompakt, wenn jede offene Überdeckung numerierbar ist.

(b) X ist genau dann normal, wenn jede lokal endliche, offene Überdeckung numerierbar ist.

Zum Beweis: Bourbaki [2], §4, n°3,4.

Der folgende Satz ist für die Anwendungen numerierbarer Überdeckungen in der Homotopietheorie wichtig.

(8.3) Satz. Sei $\mathfrak{U} = (U_j \mid j \in J)$ eine numerierbare Überdeckung von $X \times I$. Es gibt eine numerierbare Überdeckung $(V_k \mid k \in K)$ von X und eine Familie $(\varepsilon_k \mid k \in K)$ von positiven reellen Zahlen, so daß für $t_1, t_2 \in I$ und $|t_1 - t_2| < \varepsilon_k$ ein $j \in J$ existiert mit $V_k \times [t_1, t_2] \subset U_j$.

Beweis. Wir können annehmen, daß $\mathfrak{U}$ durch eine Zerlegung der Eins $(u_j \mid j \in J)$ gegeben ist, d.h. $U_j = u_j^{-1}]0,1]$, $j \in J$. Für jedes r-tupel $k = (j_1, \dots, j_r) \in J^r$ definieren wir eine stetige Abbildung $v_k : X \longrightarrow I$ durch

$$v_k(x) = \prod_{i=1}^{r} \operatorname{Min}(u_{j_i}(x,t) \mid t \in [\tfrac{i-1}{r+1}, \tfrac{i+1}{r+1}]).$$

Sei $K = \bigcup_{r=1}^{\infty} J^r$. Wir zeigen: $\mathfrak{B} = (v_k^{-1}]0,1] \mid k \in K)$ ist eine numerierbare Überdeckung von X. Jeder Punkt $(x,t) \in X \times I$ hat eine offene Produktumgebung $U(x,t) \times V(x,t)$, die in einem geeigneten U_i enthalten ist und nur endlich viele U_i trifft. $V(x,t_1), \dots, V(x,t_n)$ überdecke I, $\frac{2}{r+1}$ sei eine Lebesgue-Zahl dieser Überdeckung und U sei $U(x,t_1) \cap \dots \cap U(x,t_n)$. Jede Menge $U \times [\frac{i-1}{r+1}, \frac{i+1}{r+1}]$ ist dann in einem geeigneten U_{j_i} enthalten, also liegt x in $v_k^{-1}]0,1]$, $k = (j_1, \dots, j_r)$; $\mathfrak{B}$ ist mithin eine Überdeckung.

Ferner gibt es nur endlich viele $j \in J$, für die $U_j \cap (U \times I)$ nicht leer ist. Da $v_k(x) \neq 0$ die Relation $U_{j_i} \cap \{x\} \times I \neq \emptyset$ nach sich zieht, ist also $(v_k | k \in K_r)$, $K_r = J \cup J^2 \cup \ldots \cup J^r$, für jedes r lokal endlich. Deshalb wird durch

$$w_r(x) = \sum_{k \in K_{r-1}} v_k(x) \text{ für } r > 1$$

und $w_1(x) = 0$ eine stetige Funktion w_r definiert.
Sei

$$z_k(x) = \operatorname{Max}(0, v_k(x) - r w_r(x)) \text{ für } k = (j_1, \ldots, j_r) \in K.$$

Für $x \in X$ wählen wir $k' = (j_1, \ldots, j_r) \in K$ mit minimalem r so, daß $v_{k'}(x) > 0$ ist. Dann ist $w_r(x) = 0$, $z_{k'}(x) = v_{k'}(x)$ und wir sehen, die $z_k^{-1}]0,1]$ überdecken X. Wählen wir $m > r$, so daß $v_{k'}(x) > \frac{1}{m}$ ist, so gilt $w_m(x) > \frac{1}{m}$ und folglich $m w_m(y) > 1$ für alle y aus einer geeigneten Umgebung von x. In dieser Umgebung verschwindet z_k für alle $k = (j_1, \ldots, j_s)$ mit $s \geq m$. Deshalb ist $(z_k | k \in K)$ lokal endlich; $(z_k / \sum_{k \in K} z_k | k \in K)$ numeriert $(v_k^{-1}]0,1])$. $V_k = v_k^{-1}]0,1]$ und $\varepsilon_k = \frac{1}{2r}$ für $k = (j_1, \ldots, j_r)$ erfüllen die Forderungen des Satzes. ■

8.2 Die Schnitterweiterungseigenschaft (SEE).

(8.4) Sei $p : E \longrightarrow B$ eine stetige Abbildung und $A \subset B$. Ein Schnitt von p über A ist eine stetige Abbildung $s : A \longrightarrow E$ mit $ps(a) = a$ für alle $a \in A$. Ein Schnitt von p über B heißt kurz Schnitt von p.

Definition. p hat die Schnitterweiterungseigenschaft (die SEE), wenn gilt: zu jedem $A \subset B$ und jedem Schnitt s über A, der sich auf einen Hof V von A (in B) erweitern läßt, gibt es einen Schnitt

$$S : B \longrightarrow E \quad \text{von } p \text{ mit } S|A = s.$$

(Insbesondere gibt es dann einen Schnitt von p; man setze $A = V = \emptyset$.)

(8.5) Satz. Wird $p : E \longrightarrow B$ von $p': E' \longrightarrow B$ dominiert und hat p' die SEE, so auch p.

Beweis. Da p von p' dominiert wird, gibt es Abbildungen über B $f : E \longrightarrow E'$ und $g : E' \longrightarrow E$ und eine Homotopie $\varphi: E \times I \longrightarrow E$ über B, $\varphi: id_E \simeq_B gf$.

Sei $A \subset B$, s ein Schnitt von p über A, s_V ein Schnitt von p über einem Hof V von A, so daß $s_V|A = s$. Dann ist fs_V ein Schnitt von p' über V. Nach Korollar (3.6) können wir einen abgeschlossenen Hof U von A wählen, so daß $U \subset V$ und V ein Hof von U ist. Da p' die SEE hat, existiert ein Schnitt $S': B \longrightarrow E'$ von p' mit $S'|U = fs_V|U$. Wir wählen eine Hoffunktion u von U und definieren $S : B \longrightarrow E$ durch

$$S(b) := \begin{cases} g\, S'(b) \quad, & b \in u^{-1}(1) \\ \varphi(s_V(b), u(b)), & b \in U. \end{cases}$$

S ist wohldefiniert, stetig und ein Schnitt von p, der s erweitert. ∎

(8.6) Folgerung. Ist $p : E \longrightarrow B$ schrumpfbar, so hat p die SEE (s.(6.24),(6.25)).

(8.7) Die SEE überträgt sich nicht allgemein auf induzierte Objekte.

Beispiel. Die Projektion $pr_1: E^2 \times S^1 \longrightarrow E^2$ wird von der Abbildung $p : S^1 \longrightarrow P$, P Punktraum, induziert. p hat offenbar die SEE, aber nicht pr_1. Sei $A = S^1 \subset E^2$ und

$s : A \longrightarrow E^2 \times S^1$ durch $s(z) = (z,z)$ gegeben. s läßt sich auf einen Hof von A in E^2 erweitern, aber nicht auf E^2. Ist $p : E \longrightarrow B$ schrumpfbar, so auch jedes induzierte Objekt (s.(7.19)).

In diesem Falle überträgt sich also die SEE auf induzierte Objekte. Für eine Umkehrung s. Dold [6], Proposition 3.1.

(8.8) **Satz.** Hat $p : E \longrightarrow B$ die SEE und ist $A \subset B$ eine offene Teilmenge, zu der eine Funktion $v : B \longrightarrow I$ mit $v^{-1}[0,1[= A$ existiert, so hat die Einschränkung $p_A : p^{-1}A \longrightarrow A$ (s.(5.12)) die SEE.

Beweis. Seien $u : A \longrightarrow [0,1]$ und ein Schnitt s von p über $u^{-1}[0,1[$ gegeben.

Wir haben einen Schnitt über A zu konstruieren, der auf $u^{-1}(0)$ mit s übereinstimmt. Zu diesem Zweck konstruieren wir eine Folge $S_n : B \longrightarrow E$, $n = 2,3,\ldots$ von Schnitten mit den Eigenschaften:

(1) Für $v(b) < 1-\frac{1}{n}$ ist $S_{n+1}(b) = S_n(b)$.

(2) Für $b \in A$ mit $u(b) < \frac{1}{n}$, $v(b) < 1-\frac{1}{n+1}$ ist $S_n(b) = s(b)$.

Zunächst wählen wir stetige Funktionen

$$\mu_n \,,\; \lambda_n : [0,1] \longrightarrow [0,1]$$

wie folgt:

$$\mu_n(x) = \begin{cases} 1-\frac{1}{n} & \text{für } x \geq \frac{1}{n} \\ 1-\frac{1}{n+2} & \text{für } x \leq \frac{1}{n+1} \end{cases}$$

und $\mu_n(x) \geq 1-\frac{1}{n}$ für alle $x \in [0,1]$;

$$\lambda_n(x) = 1-\frac{1}{n+1} \quad \text{für } x \geq \frac{1}{n},$$

$$\lambda_n(x) > 1-\frac{1}{n+1} \quad \text{für } x < \frac{1}{n}$$

und $1-\varepsilon > \lambda_n(x) > \mu(x)$ für alle $x \in [0,1]$ und ein $\varepsilon > 0$.

Durch $w(b) = (1-u(b))(1-v(b))$ für $v(b) < 1$ und $w(b) = 0$ sonst wird eine stetige Funktion $w : B \longrightarrow I$ beschrieben. $w^{-1}]0,1]$ ist ein Hof von $w^{-1}[\frac{1}{6},1]$. s ist auf $w^{-1}]0,1] \subset u^{-1}[0,1[$ definiert. Weil p die SEE hat, gibt es einen Schnitt $S_2 : B \longrightarrow E$, der auf $w^{-1}[\frac{1}{6},1]$ mit s übereinstimmt, also auch auf $\{b \in B | v(b) < \frac{2}{3}, u(b) < \frac{1}{2}\}$. Das liefert den Induktionsanfang.

Für den Schritt von n nach $n+1$ definieren wir einen Schnitt s_n über $V_n = \{b \in A | v(b) < \lambda_n(u(b))\}$ durch

$$s_n(b) = \begin{cases} S_n(b) & \text{für } v(b) < 1 - \frac{1}{n+1} \\ s(b) & \text{für } u(b) < \frac{1}{n}. \end{cases}$$

Nach der Induktionsvoraussetzung (2) ist $s_n(b)$ wohldefiniert. In V_n gilt jeweils eine der beiden Ungleichungen. V_n ist ein Hof von $A_n = \{b \in A | v(b) < \mu_n(u(b))\}$ in B. Eine Hoffunktion h_n wird durch

$$h_n(b) = \begin{cases} 0 & \text{für } v(b) \leq \mu_n(u(b)),\ b \in A \\ \dfrac{\mu_n(u(b)) - v(b)}{\mu_n(u(b)) - \lambda_n(u(b))} & \text{für } \begin{array}{l} v(b) \geq \mu_n(u(b)) \\ v(b) \leq \lambda_n(u(b)) \\ b \in A \end{array} \\ 1 & \text{für } v(b) \geq \lambda_n(u(b)),\ b \in A \\ & \text{oder } b \in B - A \end{cases}$$

beschrieben (die drei Teile des Definitionsbereiches sind abgeschlossen in B). Aus der SEE für p schließen wir, daß es einen Schnitt $S_{n+1} : B \longrightarrow E$ gibt, der auf A_n mit s_n übereinstimmt.

Es gelten (1) und (2). Aus $v(b) < 1 - \frac{1}{n}$ folgt: $v(b) < \mu_n(u(b))$, $b \in A_n$, $S_{n+1}(b) = s_n(b) = S_n(b)$.

Aus $u(b) < \frac{1}{n+1}$, $v(b) < 1 - \frac{1}{n+2}$ folgt: $v(b) < \mu_n(u(b))$, $b \in A_n$, $S_{n+1}(b) = s_n(b) = s(b)$. ■

8.3 Der Schnitterweiterungssatz.

Seien $p : E \longrightarrow B$ und $A \subset B$ gegeben. Wir sagen, p hat die SEE über A, wenn die Einschränkung $p_A : p^{-1}A \longrightarrow A$ die SEE hat.

(8.9) Satz. Sei $p : E \longrightarrow B$ ein Raum über B. Existiert eine numerierbare Überdeckung $(V_j \mid j \in J)$ von B, so daß p die SEE über jeder Menge V_j hat, so hat p die SEE.

Beweis. Sei $(V_j \mid j \in J)$ eine numerierbare Überdeckung von B, so daß p die SEE über jeder Menge V_j hat. Sei $A \subset B$, s_A ein Schnitt von p über A, s_V eine Erweiterung von s_A auf einen Hof V von A mit Hoffunktion u.
Sei $(u_j' \mid j \in J)$ eine Numerierung von (V_j). Wir nehmen an, daß $0 \notin J$ ist und setzen $J' = J \cup \{0\}$. Durch $u_0 = 1-u$, $u_j = u \cdot u_j'$ für $j \in J$ wird eine Zerlegung der Eins $(u_j \mid j \in J')$ definiert. Für $K \subset J'$ setzen wir

$$u_K = \sum_{j \in K} u_j : B \longrightarrow I$$

und $U_K = u_K^{-1}]0,1]$ $(u_\emptyset = 0 , U_\emptyset = \emptyset)$.
u_K ist stetig ; A liegt in U_K, falls $0 \in K$.
Wir betrachten die Menge der Paare

$\mathfrak{S} = \{(K,s) \mid 0 \in K \subset J' , s$ Schnitt über $U_K , s|A = s_A\}$.
$\mathfrak{S}$ ist nicht leer, da $(\{0\}, s_V|U_{\{0\}})$ in $\mathfrak{S}$ liegt.
Auf $\mathfrak{S}$ führen wir eine Ordnung (!) ein:
$(K,s) \leq (K',s')$ genau dann, wenn gilt

(1) $K \subset K'$;

(2) aus $s(b) \neq s'(b)$ folgt $b \in U_{K'-K}$.

Wir wollen auf die geordnete Menge $(\mathfrak{S} , \leq)$ das Zornsche Lemma anwenden. Deshalb zeigen wir:
Jede Kette in $\mathfrak{S}$ hat eine obere Schranke.

<u>Beweis</u>. Sei $\mathfrak{T} \subset \mathfrak{S}$ eine Kette, $\mathfrak{T} \neq \emptyset$. Wir setzen $L = \bigcup_{(K,s)\in\mathfrak{T}} K$ und wollen einen Schnitt $t: U_L \longrightarrow E$ definieren. Sei $b \in U_L$. Wir wählen eine Umgebung W von b, so daß

$$P_W = \{j \in J' | W \cap u_j^{-1}]0,1] \neq \emptyset\}$$

endlich ist. Wir betrachten

$$\mathfrak{T}_W = \{(K,s) \in \mathfrak{T} | (L - K) \cap P_W = \emptyset\}.$$

$\mathfrak{T}_W$ ist nicht leer, da P_W endlich und $\mathfrak{T}$ Kette ist. Für $(K,s) \in \mathfrak{T}_W$ ist $b \in U_L \cap W \subset U_K$; und wegen Bedingung (2) in der Definition von $\leq$ ist für $(K,s), (K',s') \in \mathfrak{T}_W$

$$s(c) = s'(c) \ , \quad c \in U_L \cap W.$$

Durch $t(b) = s(b)$, $(K,s) \in \mathfrak{T}_W$, ist deshalb $t(b)$ eindeutig definiert, und wegen $t|U_L \cap W = s|U_L \cap W$ ist $t : U_L \longrightarrow E$ auch stetig; also liegt (L,t) in $\mathfrak{S}$. Für $(K,s) \in \mathfrak{T}$ ist $(K,s) \leq (L,t)$: $K \subset L$ ist klar; und aus $s(b) \neq t(b)$ folgt $(L - K) \cap P_W \neq \emptyset$, d.h. es gibt ein $j \in L - K$ mit $u_j(b) > 0$, also $b \in U_{L-K}$.

Wir haben gezeigt, daß sich der Satz von Zorn anwenden läßt. Sei demnach (K,s) maximal in $(\mathfrak{S}, \leq)$ gewählt. Wir zeigen: $K = J'$. Dann ist $U_K = U_{J'} = B$ und s ein Schnitt über B der s_A erweitert; und damit ist der Satz bewiesen. Angenommen es ist $K \neq J'$. Wir wählen dann $j \in J' - K$. Die stetige Funktion

$$w: u_j^{-1}]0,1] \longrightarrow I \ ,$$

$$w(b) = \mathrm{Min}(1, \frac{u_K(b)}{u_j(b)}) \ , \quad b \in u_j^{-1}]0,1],$$

liefert einen Hof $w^{-1}]0,1]$ von $w^{-1}(1)$.

Es ist $w^{-1}(1) \subset U_K$ und $s|w^{-1}(1)$ hat eine Erweiterung s' über $u_j^{-1}]0,1]$, da p nach Satz (8.8) die SEE über

$u_j^{-1}]0,1] \subset V_j$ hat und $s|w^{-1}(1)$ sich auf $w^{-1}]0,1]$ durch $s|w^{-1}]0,1]$ erweitern läßt. Sei $t\colon U_K \cup U_{\{j\}} \longrightarrow E$ definiert durch

$$t(b) = \begin{cases} s(b) & \text{für } u_j(b) \leq u_K(b) \\ s'(b) & \text{für } u_j(b) \geq u_K(b). \end{cases}$$

Dann ist $(K,s) \leq (K \cup \{j\},t)$ und das widerspricht der Maximalität von (K,s). ∎

(8.10) <u>Bemerkung</u>. Man kann im Beweis des Schnitterweiterungssatzes Satz (8.8) vermeiden, wenn man folgende schäfere Voraussetzung macht: Es gibt eine numerierbare Überdeckung (V_j) von B, so daß $p_U\colon p^{-1}U \longrightarrow U$ die SEE hat für jede offene Teilmenge U, die in einem V_j liegt. Diese Eigenschaft läßt sich in vielen Anwendungen, die wir später machen, leicht einsehen.

Schließlich erwähnen wir noch eine unmittelbare Folgerung aus den bewiesenen Sätzen.

(8.11) <u>Satz</u>. Ist $p : E \longrightarrow B$ numerierbar lokal trivial mit zusammenziehbarer Faser, so hat p die SEE und mithin auch einen Schnitt.

Dabei soll die Voraussetzung über p explizit besagen: es existiert eine numerierbare Überdeckung $(V_j | j \in J)$ von B und eine Familie $(F_j | j \in J)$ von zusammenziehbaren topologischen Räumen F_j, so daß für alle $j \in J$
$p_{V_j}\colon p^{-1}V_j \longrightarrow V_j$ in Top_{V_j} isomorph ist zu
$pr_1\colon V_j \times F_j \longrightarrow V_j$.

Literatur: Dold [6].

§ 9. Der Übergang " lokal-global " bei Faserungen.

9.1 Der Übergang "lokal-global" bei faserweisen Homotopieäquivalenzen.

(9.1) Seien $p' : E' \longrightarrow B$ und $p : E \longrightarrow B$ Räume über B, sei $f : E' \longrightarrow E$ eine Abbildung über B (d.h. $pf = p'$) und sei $(V(j) | j \in J)$ eine numerierbare Überdeckung von B. Für jedes $j \in J$ haben wir eine induzierte Abbildung

$$f_j := f_{V(j)} : p'_{V(j)} \longrightarrow p_{V(j)}$$

(vgl.(7.26)).

Satz. Ist f_j für jedes $j \in J$ eine faserweise Homotopieäquivalenz, so ist auch f eine faserweise Homotopieäquivalenz.

Beweis. Wir übertragen die Konstruktion des Abbildungswegeraumes (vgl. 5.3) auf die Kategorie Top_B und betrachten den Raum

$$W = W_{f,B} = \{(e,w) | f(e) = w(0),\ pw \ \text{konstant}\} \subset E' x E^I$$

zusammen mit den Abbildungen

$$k : E' \longrightarrow W\ , \quad k(e) = (e, f(e))$$

$$r : W \longrightarrow E\ , \quad r(e,w) = w(1)$$

(wir identifizieren Punkte aus E mit den zugehörigen konstanten Wegen aus E^I).

W ist ein Raum über B vermöge der Abbildung $(e,w) \longmapsto p'(e)$; k und r werden damit zu Abbildungen über B. Satz (5.27) läßt sich auf die Kategorie Top_B übertragen..

Daher gilt:

(a) k ist eine h-Äquivalenz über B.

(b) r ist eine Faserung über B.

Wegen $rk = f$ folgt aus (a), daß r genau dann eine h-

Äquivalenz über B ist, wenn f eine h-Äquivalenz über B ist.

Die voranstehende Konstruktion läßt sich selbstverständlich auf jede faserweise Abbildung anwenden. Gehen wir von f_j, $V(j)$ anstelle von f, B aus, so möge etwa die Faserung über $V(j)$

$$r_j : W_{f_j, V(j)} =: W_j \longrightarrow p^{-1}(V(j)) =: U(j)$$

entstehen. Der Leser überzeuge sich davon, daß die Faserung r_j gleich der von r über $U(j)$ induzierten Faserung

$$r_{U(j)} : W_{U(j)} \longrightarrow U(j)$$

ist. Nach Voraussetzung ist f_j eine h-Äquivalenz über $V(j)$, also r_j eine h-Äquivalenz über $V(j)$. Nach der Bemerkung (b) oben und Satz (6.26), übertragen auf die Kategorie $Top_{V(j)}$, ist r_j schrumpfbar in $Top_{V(j)}$, also schrumpfbar in Top. Nach (8.6) hat r_j daher die SEE. Weil $r_j = r_{U(j)}$ ist und $(U(j) \mid j \in J)$ eine numerierbare Überdeckung von E ist (Ist $(v_j \mid j \in J)$ eine Numerierung von $(V(j) \mid j \in J)$, dann ist $(v_j p \mid j \in J)$ eine Numerierung von $(U(j) \mid j \in J)$.), hat r nach Satz (8.9) die SEE. Es gibt also einen Schnitt $s : E \longrightarrow W$ von r. s ist von selbst eine Abbildung über B. Aus dem kommutativen Diagramm

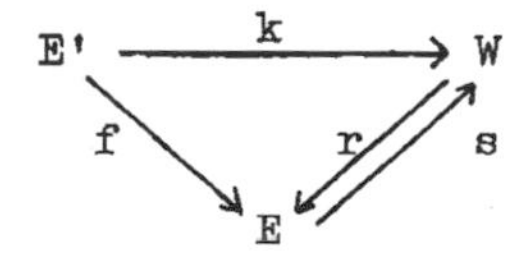

in Top_B entnimmt man, daß f ein h-Rechtsinverses f' über B hat. (Wir haben eine Projektion $pr : W \longrightarrow E'$ und können $f' = pr \circ s$ wählen.) Der Beweis wird jetzt nach bekanntem Muster beendet: $f'_{V(j)}$ ist h-rechtsinvers über $V(j)$ zu f_j, also eine h-Äquivalenz über $V(j)$. Folglich hat f' ein h-Rechtsinverses über B und deshalb sind f' und dann f h-Äquivalenzen über B. ■

(9.2) <u>Definition</u>. Sei $\mathfrak{B} = (V_j \mid j \in J)$ eine Überdeckung des Raumes B. Wir sagen, $\mathfrak{B}$ ist <u>nullhomotop</u>, genau wenn jede Inklusion $V_j \subset B$ nullhomotop ist (vgl.(0.18)).

(9.3) <u>Satz</u>. Seien $p : E \longrightarrow B$ und $p' : E' \longrightarrow B$ h-Faserungen und sei $f : E \longrightarrow E'$ eine Abbildung über B. B habe eine numerierbare, nullhomotope Überdeckung $(V(j) \mid j \in J)$.
Gibt es in jeder Wegekomponente von B einen Punkt b, für den $f_b : E_b \longrightarrow E'_b$ eine h-Äquivalenz ist, so ist f eine h-Äquivalenz über B.

<u>Beweis</u>. Die Inklusion $V(j) \subset B$ sei homotop zur konstanten Abbildung k_j. Nach Voraussetzung können wir annehmen, daß $f_{b(j)}$ für $k_j(V(j)) = \{b(j)\}$ eine h-Äquivalenz ist. Aus (7.27) Korollar 1 (b) entnehmen wir, daß $f_{V(j)}$ eine h-Äquivalenz über V(j) ist. Aus (9.1) folgt die Behauptung. ■

<u>9.2 Der Übergang "lokal-global" bei Faserungen und h-Faserungen</u>.

(9.4) <u>Satz</u>. Sei $p : E \longrightarrow B$ eine stetige Abbildung und sei $(V(j) \mid j \in J)$ eine numerierbare Überdeckung von B.
Ist $p_{V(j)}$ für alle $j \in J$ eine Faserung, so ist p eine Faserung.

<u>Korollar</u>. Ist p trivial über jeder Menge V(j), so ist p eine Faserung.

<u>Zusatz</u>. Ist $(V(j) \mid j \in J)$ eine offene Überdeckung und $p_{V(j)}$ eine Faserung für $j \in J$, so hat p die DHE für parakompak-

te Räume X.

<u>Beweis</u>. Wir beweisen den Satz und weisen auf die Änderungen hin, die nötig sind, um den Zusatz zu beweisen.
Wir gehen von der folgenden Situation aus:

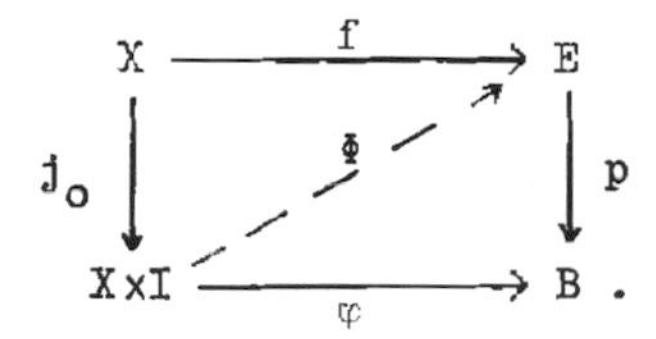

Die Homotopien Φ, die beide Dreiecke kommutativ machen, entsprechen den Schnitten einer geeigneten Hilfsabbildung:
Sei

$$W = \{(x,w) \mid f(x) = w(0),\ pw(t) = \varphi(x,t)\} \subset X \times E^I.$$

Sei $q : W \longrightarrow X$ durch $q(x,w) = x$ erklärt.
Sei $A \subset X$, sei $S(A)$ die Menge der Schnitte von q über A und $F(A)$ die Menge der Homotopien $\Phi : A \times I \longrightarrow E$ mit $p\Phi = \varphi | A \times I$ und $\Phi(a,0) = f(a)$ für $a \in A$. Die Abbildung $F(A) \longrightarrow S(A)$, die Φ auf den Schnitt $a \longmapsto (a, \Phi^a)$ abbildet (vgl.(5.34)), ist bijektiv.
Sei $Z \subset X$. Der Leser überzeuge sich davon, daß man die Abbildung q_Z erhält, wenn man die voranstehende Konstruktion auf

$$\begin{array}{ccc} Z & \xrightarrow{f|Z} & E \\ {\scriptstyle j_o}\downarrow & & \downarrow{\scriptstyle p} \\ Z \times I & \xrightarrow[\varphi|Z\times I]{} & B \end{array}$$

anwendet.
Der Beweis des Satzes verläuft jetzt so:

$(U(j) = \varphi^{-1}V(j) \mid j \in J)$ ist eine numerierbare Überdeckung von $X \times I$ (gilt für Satz und Zusatz). Nach Satz (8.3) gibt es eine numerierbare Überdeckung

$(X_k | k \in K)$ von X und eine Familie von positiven reellen Zahlen $(\varepsilon_k | k \in K)$, so daß für $|t_1 - t_2| < \varepsilon_k$ ein $j \in J$ existiert mit $X_k \times [t_1, t_2] \subset U(j)$. Wir zeigen, daß für $Z \subset X_k$ q_Z die SEE hat. Nach dem Schnitterweiterungssatz (8.9) hat q einen Schnitt, dem eine Homotopie Φ: $X \times I \longrightarrow E$ über φ mit Anfang f entspricht.

Sei $Z \subset X_k$. Wir wollen zeigen: q_Z hat die SEE.

Nach der oben erläuterten Entsprechung zwischen Schnitten und Homotopien müssen wir zeigen:

Sei V ein Hof von A in Z; sei Φ_V: $V \times I \longrightarrow E$ eine Homotopie mit $\Phi_V(x,0) = f(x)$, $p\Phi_V(x,t) = \varphi(x,t)$ für $x \in V$, $t \in I$; dann gibt es eine Homotopie Φ: $Z \times I \longrightarrow E$ mit $p\Phi = \varphi | Z \times I$, $\Phi | A \times I = \Phi_V | A \times I$ und $\Phi(z,0) = f(z)$ für $z \in Z$. Falls p über $\varphi(Z \times I)$ eine Faserung ist, folgt das aus Satz (5.38). Wir wissen nur, daß für

$$0 = t_o < t_1 < \ldots < t_n = 1 \quad \text{mit} \quad t_i - t_{i-1} < \varepsilon_k$$

$$\varphi(Z \times [t_{i-1}, t_i]) \subset V(j) \text{ ist.}$$

Wir können also Satz (5.38) auf $\varphi | Z \times [t_{i-1}, t_i]$ anwenden.

Genauer: Sei $w : Z \longrightarrow I$ eine Funktion mit $A \subset w^{-1}(1)$, $Z - V \subset w^{-1}(0)$. Sei $W_i = w^{-1}[t_i, 1]$, $i = 1,2,\ldots,n$. Dann ist W_i ein Hof von W_{i+1} in Z, $i = 1,2,\ldots,n-1$ und V ein Hof von W_1. Mit Satz (5.38) konstruieren wir der Reihe nach

$$\Phi_i : Z \times [t_{i-1}, t_i] \longrightarrow E, \quad i = 1,2,\ldots,n,$$

mit

$$p\Phi_i = \varphi | Z \times [t_{i-1}, t_i],$$

$$\Phi_i(z, t_{i-1}) = \Phi_{i-1}(z, t_{i-1}) \text{ für } z \in Z \text{ und } i > 1,$$

$$\Phi_1(z,0) = f(z) \text{ für } z \in Z,$$

$$\Phi_i | W_i \times [t_{i-1}, t_i] = \Phi_V | W_i \times [t_{i-1}, t_i].$$

Alle Φ_i zusammen liefern Φ: $Z \times I \longrightarrow E$ mit $p\Phi = \varphi | Z \times I$,

$$\Phi(z,0) = f(z) \text{ für } z \in Z \,, \quad \Phi|A\times I = \Phi_V|A\times I \,. \blacksquare$$

(9.5) <u>Satz</u>. Sei $p : E \longrightarrow B$ eine stetige Abbildung und sei $(V(j)|j \in J)$ eine numerierbare Überdeckung von p. Ist $p_{V(j)}$ eine h-Faserung für alle $j \in J$, so ist p eine h-Faserung.

<u>Korollar</u>. Ist p h-trivial über jeder Menge $V(j)$, so ist p eine h-Faserung.

<u>Zusatz</u>. Ist $(V(j)|j \in J)$ eine offene Überdeckung und $p_{V(j)}$ eine h-Faserung für $j \in J$, so hat p die DHE bis auf Homotopie für parakompakte Räume X.

<u>Beweis</u>. Der Beweis ist analog zum Beweis von Satz (9.4). Wir gehen wieder von der Situation

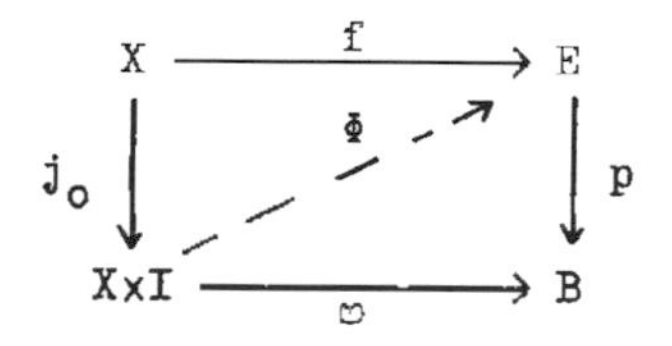

aus, nur setzen wir jetzt voraus, daß $\varphi(x,t) = \varphi(x,0)$ ist für $t \leq 1/2$, weil wir es mit h-Faserungen zu tun haben (s.(6.12)($\varepsilon = \frac{1}{2}$)).

Wie im Beweis von Satz (9.4) betrachten wir die Abbildung $q : W \longrightarrow X$ und haben zu zeigen, daß q einen Schnitt hat. Wie dort wählen wir die Überdeckung (X_k) von X und die Familie (ε_k). Es genügt wieder der Nachweis, daß für $Z \subset X_k$ q_Z die SEE hat.

Sei also $A \subset Z$ und V ein abgeschlossener Hof von A in Z. Einem Schnitt s_V von q_Z über V entspricht eine Homotopie $\Phi_V\colon V\times I \longrightarrow E$ über φ mit $\Phi_V(z,0) = f(z)$ für $z \in V$. Wir konstruieren $\Phi_0\colon V\times I \cup Z\times[0,t_1] \longrightarrow E$ über φ

mit $\Phi_0|A\times I = \Phi_V|A\times I$ und $\Phi_0(z,0) = f(z)$ für $z \in Z$, falls $t_1 < \frac{1}{2}$.

Sei dazu $w : Z \longrightarrow I$ eine Funktion mit $A \subset w^{-1}(1)$, $Z-V \subset w^{-1}(0)$.

Sei $\tau_z\colon I \longrightarrow I$ für $t_1 \geq w(z)$ die stückweise affine Funktion, die $(0, w(z), t_1, \frac{1}{2}, 1)$ der Reihe nach auf $(0, w(z), w(z), w(z), \frac{1}{2}, 1)$ abbildet und in den Zwischenintervallen affin ist; $\tau_z\colon I \longrightarrow I$ gleich id_I für $t_1 \leq w(z)$. $\tau_z(t)$ hängt stetig von $(z,t) \in Z\times I$ ab.

Wir definieren:

$$\Phi_0(z,t) = \begin{cases} \Phi_V(z), \tau_z(t) & \text{für } z \in V \\ f(z) \quad \text{für } z \in w^{-1}(0), & 0 \leq t \leq t_1 . \end{cases}$$

Φ_0 hat die gewünschten Eigenschaften; insbesondere liegt es über φ, weil für $t \leq \frac{1}{2}$ $\varphi(x,t) = \varphi(x,0)$ ist.

Wir wählen nun $0 = t_0 < t_1 < \ldots < t_n = 1$, so daß $t_1 < \frac{1}{2}$ und $t_{i+1} - t_i < \varepsilon_k$ ist $(i = 1,\ldots,n-1)$.

Sei $W_i = w^{-1}[t_i, 1]$ für $i = 1,\ldots,n$ und sei $W_0 = V$.

Dann konstruieren wir für $1 \leq i \leq n-1$ induktiv Abbildungen $\Phi_i\colon Z\times[t_{i-1}, t_{i+1}] \longrightarrow E$ über φ mit $\Phi_i|W_i\times[t_{i-1}, t_{i+1}] = \Phi_0|W_i\times[t_{i-1}, t_{i+1}]$ und $\Phi_i(z, t_{i-1}) = \Phi_{i-1}(z, t_{i-1})$ für $z \in Z$, und zwar wenden wir Satz (6.29) an. (Der Satz wird angewendet auf: W_i statt A, W_{i-1} statt V, Z statt X, $[t_{i-1}, t_{i+1}]$ statt I, $[t_{i-1}, t_i]$ statt $[0,\varepsilon]$.)

Wir definieren $\Phi\colon Z\times I \longrightarrow E$ durch $\Phi(z,t) = \Phi_i(z,t)$ für $t_{i-1} \leq t \leq t_i$, $i < n-1$ und $\Phi(z,t) = \Phi_{n-1}(z,t)$ für $t_{n-2} \leq t \leq t_n$. Φ liegt über φ und hat den Anfang $f|Z$; der zugehörige Schnitt von q_Z erweitert $s_V|A$, weil $\Phi|A\times I = \Phi_V|A\times I$ ist. ∎

Literatur: Dold [6]

Kapitel III.

Homotopiemengen und Homotopiegruppen

§ 10. Operation des Fundamentalgruppoides.

(10.1) Seien K und X topologische Räume.

Wir definieren eine Kategorie $P^K X$ wie folgt: Objekte sind stetige Abbildungen $f: K \longrightarrow X$, auch geschrieben als (X,f), da wir K als fest gegeben betrachten wollen. Morphismen von (X,f) nach (X,g) sind stetige Abbildungen

$$u: K \times [0,p_u] \longrightarrow X \ , \quad p_u \in \mathbb{R}^+$$

mit

$$u(k,0) = f(k) \ , \ u(k,p_u) = g(k)$$

für alle $k \in K$. Komposition, geschrieben $(u,v) \longmapsto v+u$, ist definiert als

$$(v+u)(k,t) = \begin{cases} u(k,t) \ , & 0 \leq t \leq p_u \ , \ k \in K \\ v(k,t-p_u) \ , & p_u \leq t \leq p_u + p_v \ , \ k \in K \end{cases}$$

(also $p_{u+v} = p_u + p_v$).

$P^K X$ heißt Kategorie der Wege von X unter K und falls K ein Punktraum ist, Kategorie der Wege in X.

Wir definieren nun eine natürliche Äquivalenzrelation (vgl. (0.5)) in $P^K X$ (im wesentlichen die Homotopie relativ zu den Endpunkten). Seien $u: K \times [0,p_u] \longrightarrow X$ und $v: K \times [0,p_v] \longrightarrow X$ Morphismen aus $P^K X$ von (X,f) nach (X,g). u heiße äquivalent zu v, wenn es konstante Morphismen u' und v' von (X,g) nach (X,g) gibt (d.h. $u'(k,t) = u'(k,0)$ und entsprechend für v'), so daß $u'+u$ und $v'+v$ gleichen Definitionsbereich $K \times [0,p]$ haben und (als Abbildungen $K \times [0,p] \longrightarrow X$ aufgefaßt) relativ

$K\times\{0,p\}$ homotop sind.
Der Leser bestätigt, daß damit eine Äquivalenzrelation auf den Morphismenmengen gegeben ist, die mit "+" verträglich ist. Wir können daher zur Quotientkategorie übergehen, die wir mit $\Pi^K X$ bezeichnen. In $\Pi^K X$ ist jeder Morphismus ein Isomorphismus. ($\Pi^K X$ ist ein Gruppoid).
$\Pi^K X$ heißt <u>Fundamentalgruppoid von X unter K</u>. Besonders wichtig ist der Fall, daß K ein Punktraum ist. Wir sprechen dann vom <u>Fundamentalgruppoid</u> $\Pi(X)$ von X. Die Objekte von $\Pi(X)$ "sind" dann einfach die Punkte von X. Zeichnen wir einen Punkt $x \in X$ aus, so bilden die Morphismen in $\Pi(X)$ von x nach x bezüglich Komposition eine Gruppe, die <u>Fundamentalgruppe</u> $\pi_1(X,x)$ von X im Punkte x.

(10.2) Sei $i : K \xrightarrow{\subset} A$ ein Raum unter K. Wir setzen zunächst voraus, daß i eine abgeschlossene Cofaserung ist; später (10.7) schwächen wir ab zu h-Cofaserung.

Einem Morphismus $u: K\times[0,p] \longrightarrow X$ von (X,u_0) nach (X,u_p) aus $P^K X$ wollen wir eine Abbildung

$$\hat{u}: [A,(X,u_0)]^K \longrightarrow [A,(X,u_p)]^K$$

der Homotopiemengen unter K(= Morphismenmengen in $Top^K h$) zuordnen. (A bezeichne kurz das Objekt $i : K \longrightarrow A$.)

Sei $f : A \longrightarrow X$ mit $fi = u_0$ gegeben.
Eine Verschiebung von f längs u ist eine Abbildung $\varphi: A\times[0,p] \longrightarrow X$ mit $\varphi\circ(i\times id) = u$ und $\varphi_0 = f$. Es gibt Verschiebungen von f längs u: Das ist klar für $p = 0$ und folgt für $p > 0$, weil i eine Cofaserung ist. Wir möchten setzen

$$\hat{u}[f]^K = [\varphi_p]^K .$$

Dazu einige Vorbereitungen.

(1) Sei $\psi: f \overset{K}{\simeq} f'$. Sei $\chi: u \simeq u' \text{ rel } K\times\{0,p\}$. Sei φ' eine Verschiebung von f' längs u'. Dann ist $[\varphi_p]^K = [\varphi'_p]^K$.

Beweis. ψ, χ, φ und φ' zusammen definieren eine Abbildung von $K\times[0,p]\times I \cup A\times[0,p]\times\{0,1\} \cup A\times 0\times I$ nach X, die wir auf $A\times[0,p]\times I$ erweitern wollen. Das ist ein Homotopieerweiterungsproblem für

$$j: K\times I \cup A\times\{0,1\} \subset A\times I$$

($[0,p]$ Homotopieintervall); j ist eine Cofaserung nach dem Produktsatz (3.20). Das Ende der erweiterten Homotopie liefert eine Homotopie $\varphi_p \simeq \varphi'_p$ unter K. (Veranschaulichung durch Zeichnung!) ∎

Insbesondere haben wir mit (1) gezeigt, daß durch die Festsetzung $\hat{u}[f]^K = [\varphi_p]^K$ eine Abbildung $\hat{u}$ induziert wird.

(2) Sei u die konstante Homotopie.
Dann ist $\hat{u}$ die Identität, weil man eine konstante Homotopie zur Verschiebung längs u benutzen kann.

(3) Seien u, v aus $P^K X$ und sei $v+u$ definiert. Dann ist

$$(v+u)^\wedge = \hat{v}\,\hat{u}\,.$$

Beweis. Verschiebt man f mit φ längs u und φ_p mit ψ längs v, so ist $\psi + \varphi$ eine Verschiebung von f längs $v + u$. ∎

Aus (1) folgt, daß $\hat{u}$ nur von der Klasse $[u]$ von u in $\Pi^K X$ abhängt. Wir setzen $[u]^\wedge := \hat{u}$. Wegen (2) und (3) erhält man:

Satz. Die Zuordnung $(g: K \longrightarrow X) \longmapsto [A,(X,g)]^K$ und

$[u] \longmapsto [u]^{\wedge}$ definiert einen kovarianten Funktor

$$\Pi^K X \longrightarrow Me$$

von $\Pi^K X$ in die Kategorie der Mengen.

Korollar. Für jedes u ist $\hat{u}$ bijektiv.
Denn $[u]$ ist in $\Pi^K X$ ein Isomorphismus.

Zusatz. Ist K ein Punktraum, so ist $[A,(X,g)]^K$ in kanonischer Weise eine punktierte Menge. $\hat{u}$ ist eine punktierte Abbildung.
Zum Beweis bemerke man, daß sich eine konstante Abbildung $f: A \longrightarrow \{u(0)\} \subset X$ längs eines Weges

$$u:[0,p] = K\times[0,p] \longrightarrow X$$

durch

$$\varphi:(a,t) \longmapsto u(t)$$

verschieben läßt.

(10.3) Der eben konstruierte Funktor mißt den Unterschied zwischen "homotop in Top^K" und "homotop in Top".

Satz. Seien $f : A \longrightarrow (X,g)$ und $f': A \longrightarrow (X,g')$ Morphismen in Top^K. Es ist genau dann $[f] = [f']$, wenn es ein $u \in P^K X$ von (X,g) nach (X,g') gibt mit $[f']^K = \hat{u}[f]^K$.

Beweis. Ist $[f']^K = \hat{u}[f]^K$, so ist $[f']^K = [\varphi_p]^K$, wobei φ eine Verschiebung von f längs u ist. Also $[f] = [\varphi_0] = [\varphi_p] = [f']$. Ist umgekehrt φ eine Homotopie von f nach f', so entsteht f' aus f durch Verschieben längs $u = \varphi\circ(i\times id_I)$. ∎

Ist insbesondere K ein Punktraum und $X \in |Top^o|$, so betrachten wir die Abbildung

$$v: [A,X]^o \longrightarrow [A,X],$$

$v[f]^o = [f]$. (10.2) liefert speziell eine Operation der Fundamentalgruppe $\pi_1(X,o)$ auf $[A,X]^o$.
(Eine Operation einer Gruppe G auf einer Menge M ist eine Abbildung $a: G\times M \longrightarrow M$ mit den Eigenschaften $a(1,m) = m$, $a(g,a(h,m)) = a(gh,m)$.)

Satz. v ist injektiv, genau wenn $\pi_1(X,o)$ trivial auf $[A,X]^o$ operiert. v ist surjektiv, genau wenn X wegweise zusammenhängend ist.

Beweis. Sei X wegweise zusammenhängend, sei $f: A \longrightarrow X$ gegeben. Es gibt einen Weg u von fo nach o. Verschieben wir f längs u , so ist das Ergebnis eine punktierte Abbildung $f': A \longrightarrow X$ mit $[f] = [f']$.
Sei v surjektiv, $f_x: A \longrightarrow \{x\} \subset X$ und $v[f']^o = [f_x]$. Schränken wir eine Homotopie von f' nach f_x auf $o\times I$ ein, so erhalten wir einen Weg von o nach x.
Sei v injektiv. Dann ist nach dem vorangehenden Satz für $z \in \pi_1(X,o)$, $x \in [A,X]^o$ $v(\hat{z}x) = v(x)$, also $\hat{z}x = x$; d.h. $\hat{z}$ operiert trivial für jedes $z \in \pi_1(X,o)$.
Sei $vx = vy$. Dann gibt es ein $z \in \pi_1(X,o)$ mit $\hat{z}x = y$. Operiert $\pi_1(X,o)$ trivial, so ist $x = y$; und folglich v injektiv. ∎

Definition. Ein Raum X heiße A-einfach, genau wenn X wegweise zusammenhängend ist und für jeden Weg $u:[0,p] \longrightarrow X$ $\hat{u}:[A,(X,u(0))]^o \longrightarrow [A,(X,u(p))]^o$ nur von den Endpunkten des Weges u abhängt.

Diese Bedingung ist gleichwertig damit, daß $\pi_1(X, x_o)$ für irgendeinen (und dann auch für jeden) Punkt $x_o \in X$ trivial auf $[A,(X,x_o)]^o$ operiert.
X ist nach dem letzten Satz genau dann A-einfach, wenn

für einen Punkt $x_o \in X$

$$v:[A,(X,x_o)]^o \longrightarrow [A,X]$$

bijektiv ist.

<u>Definition</u>. X heißt <u>n-einfach</u>, wenn X S^n-einfach ist. X heißt <u>einfach</u>, wenn X für jeden wohlpunktierten Raum A A-einfach ist.
Dabei heißt $A \in |Top^o|$ <u>wohlpunktiert</u>, wenn $\{o\} \subset A$ eine abgeschlossene Cofaserung ist.

In diesem Zusammenhang sei auch der folgende Begriff erwähnt. $A \in |Top^o|$ heißt <u>h-wohlpunktiert</u>, wenn $\{o\} \subset A$ eine h-Cofaserung ist.

(10.4) <u>Beispiel</u>. Jedes Element aus $\pi_1(X,o)$ kann durch eine Abbildung $u:[0,1] \longrightarrow X$ mit $u(0) = u(1) = o$ repräsentiert werden. Setzen wir Abbildungen $S^1 \longrightarrow X$ mit der Abbildung $q: I \longrightarrow S^1$, $q(t) = (\cos 2\pi t, \sin 2\pi t)$, zusammen, so wird dadurch eine bijektive Abbildung

$$[S^1,(X,o)]^o \cong \pi_1(X,o)$$

induziert. Identifizieren wir mit dieser Abbildung, so erhält die Operation von $\pi_1(X,o)$ auf $[S^1,(X,o)]^o$ die Form

$$\hat{u}[f] = [u] + [f] - [u]$$

(Beweis als Aufgabe). Als Folgerung erhalten wir:
Ein Raum X ist genau dann 1-einfach, wenn $\pi_1(X,o)$ abelsch ist und X wegweise zusammenhängend .

(10.5) <u>Hilfssatz</u>. Sei $\psi: X\times I \longrightarrow Y$ eine Homotopie, $\psi : \xi \simeq \eta$, und sei $g : K \longrightarrow X$ ein Objekt aus Top^K. Dann ist das folgende Diagramm kommutativ:

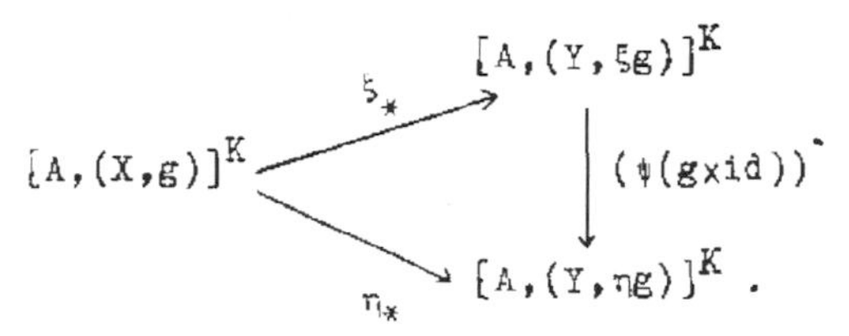

Dabei ist ξ_* (entsprechend η_*) durch $\xi_*[f]^K := [\xi f]^K$ für $f \in [A,(X,g)]^K$ definiert.

<u>Beweis</u>. Sei $[f]^K \in [A,(X,g)]^K$. Dann ist $\psi\circ(f\times id)$ eine Verschiebung von ξf längs $\psi\circ(g\times id)$.■

<u>Satz.</u> Sei $\xi : X \longrightarrow Y$ eine gewöhnliche h-Äquivalenz. Dann ist

$$\xi_*:[A,(X,g)]^K \longrightarrow [A,(Y,\xi g)]^K$$

bijektiv.

<u>Korollar</u>. Sind A,X,Y und ξ punktiert und ist ξ eine (nicht notwendig punktierte) h-Äquivalenz, so ist

$$\xi_*:[A,X]^o \longrightarrow [A,Y]^o$$

bijektiv.

<u>Beweis</u>. Sei ξ' h-invers zu ξ und sei Ψ eine Homotopie von $\xi'\xi$ nach id_X .
Dann ist nach dem Hilfssatz

$$\begin{array}{ccccc} [A,(X,g)]^K & \xrightarrow{\xi_*} & [A,(Y,\xi g)]^K & \xrightarrow{\xi'_*} & [A,(X,\xi'\xi g)]^K \\ & {\scriptstyle id_*}\searrow\cong & & \cong\swarrow{\scriptstyle (\Psi\circ(g\times id))^{\cdot}} & \\ & & [A,(X,g)]^K & & \end{array}$$

kommutativ.
Also hat ξ'_* ein Rechtsinverses. Ähnlich sieht man, daß ξ'_* ein Linksinverses hat. Folglich sind ξ'_* und ξ_* bi-

jektiv. ■

(10.6) Satz.

$K \longrightarrow B$ und $K \longrightarrow A$ seien abgeschlossene Cofaserungen. Gegeben sei $\alpha : B \longrightarrow A$ aus Top^K, $\xi : X \longrightarrow Y$ aus Top und $u: K \times [0,p] \longrightarrow X$ aus $P^K X$.

Dann ist

$$\begin{array}{ccc} [A,(X,u_o)]^K & \xrightarrow{\hat{u}} & [A,(X,u_p)]^K \\ {\scriptstyle [\alpha,\xi]^K} \downarrow & & \downarrow {\scriptstyle [\alpha,\xi]^K} \\ [B,(Y,\xi u_o)]^K & \xrightarrow{(\xi u)\hat{}} & [B,(Y,\xi u_p)]^K \end{array}$$

kommutativ.

Dabei ist $[\alpha,\xi]^K : [f]^K \longmapsto [\xi f \alpha]^K$.

Beweis. Wird f mit φ längs u verschoben, so läßt sich $\xi f \alpha$ mit $\xi\varphi(\alpha \times id_{[0,p]})$ längs ξu verschieben. ■

(10.7) $i : K \longrightarrow A$ ist h-Cofaserung.

Wir wollen (10.2) - (10.6) auf diesen Fall verallgemeinern. Nach Korollar (2.31) gibt es eine abgeschlossene Cofaserung $j : K \longrightarrow B$ und eine h-Äquivalenz $\alpha : B \longrightarrow A$ unter K. Wir definieren

$$\hat{u} : [A,(X,u_o)]^K \longrightarrow [A,(X,u_p)]^K$$

dadurch, daß

$$\begin{array}{ccc} [A,(X,u_o)]^K & \overset{\hat{u}}{\dashrightarrow} & [A,(X,u_p)]^K \\ \simeq \downarrow {\scriptstyle \alpha^*} & & \simeq \downarrow {\scriptstyle \alpha^*} \\ [B,(X,u_o)]^K & \xrightarrow{\hat{u}} & [B,(X,u_p)]^K \end{array}$$

kommutativ sein soll. (α^* ist durch $\alpha^*[f]^K := [f\alpha]^K$ gegeben.) Mit (10.6) folgt, daß diese Definition unabhängig von der Auswahl von $j : K \longrightarrow B$ und α ist.

Die Hilfssätze, Sätze und Korollare aus (10.2) - (10.6) lassen sich jetzt auf den allgemeineren Fall übertragen. Ebenso die Definition von A-einfach; ist ein Raum A-einfach für jeden wohlpunktierten Raum, so auch für jeden h-wohlpunktierten; die Definition von "einfach" ändert also nicht ihren Gehalt.

Bemerkung. Man kann Satz (2.18) als einen Sonderfall der hier dargestellten Theorie ansehen (dort: Vergleich von Isomorphismen in $Top^K h$ und $Toph$; hier: Vergleich von Morphismen in $Top^K h$ und $Toph$).

10.8) Kategorie der Paare.

Zu einer Kategorie $\mathfrak{C}$ haben wir in (0.13) die Kategorie der Paare $\mathfrak{C}(2)$ gebildet. $\mathfrak{C}(2)$ hat als Objekte die Morphismen $a : A \longrightarrow A'$, $g : X \longrightarrow X'$, ... von $\mathfrak{C}$ und als Morphismen $a \longrightarrow g$ für die Paare $(f : A \longrightarrow X$, $f' : A' \longrightarrow X')$ mit $gf = f'a$.

Wir wollen die Kategorie der Paare insbesondere für $\mathfrak{C} = Top^K$ betrachten. In $Top^K(2)$ haben wir einen Homotopiebegriff: Eine Homotopie ist eine Schar (f_t, f_t'), $t \in I$, von Morphismen aus $Top^K(2)$, so daß f_t und f_t' Homotopien in Top^K sind.

Diese Begriffsbildungen lassen sich offenbar verallgemeinern. Wir werden auch die Kategorie $Top^K(n)$ verwenden ($n \geq 1$): Objekte sind $(f_1, \ldots, f_{n-1}, i)$

$$K \xrightarrow[i]{} X_1 \xrightarrow[f_1]{} X_2 \xrightarrow[f_2]{} \ldots \xrightarrow[f_{n-1}]{} X_n$$

und Morphismen kommutative Diagramme

$$\begin{array}{ccccccccc}
K & \xrightarrow{i} & X_1 & \xrightarrow{f_1} & X_2 & \xrightarrow{f_2} & \dots & \xrightarrow{f_{n-1}} & X_n \\
\| & & \downarrow & & \downarrow & & & & \downarrow \\
K & \xrightarrow{j} & Y_1 & \xrightarrow{g_1} & Y_2 & \xrightarrow{g_2} & \dots & \xrightarrow{g_{n-1}} & Y_n .
\end{array}$$

Die Definition eines Homotopiebegriffs in $Top^K(n)$ ist klar.

(10.9) Die Operation des Fundamentalgruppoids läßt sich auf $Top^K(2)$ oder $Top^K(n)$ verallgemeinern. Das skizzieren wir für $Top^K(2)$.

Seien $K \xrightarrow{i} A \xrightarrow{j} A'$ abgeschlossene Cofaserungen, seien $g : X \longrightarrow X'$ und $u: K\times[0,p] \longrightarrow X$ stetige Abbildungen. Wir wollen eine Abbildung

$$\hat{u}:[(j,i)\ ,\ (g,u_o)]^K \longrightarrow [(j,i)\ ,\ (g,u_p)]^K$$

zwischen Homotopiemengen in $Top^K(2)$ definieren.

Sei $[(f,f')]^K$ gegeben (mit $gf = f'j$, $fi = u_o$). Da i und j Cofaserungen sind, kann man zunächst eine Homotopie $\varphi: A\times[0,p] \longrightarrow X$ mit $\varphi_o = f$ und $\varphi\circ(i\times id) = u$ finden und dann eine Homotopie $\varphi': A'\times[0,p] \longrightarrow X'$ mit $\varphi'_o = f'$ und $\varphi'\circ(j\times id) = g\circ\varphi$. (φ,φ') kann als Verschiebung von (f,f') längs u bezeichnet werden. Wir setzen

$$\hat{u}[(f,f')]^K = [(\varphi_p,\varphi'_p)]^K .$$

Man überzeugt sich davon, daß dadurch eine wohlbestimmte Abbildung $\hat{u}$ induziert wird. Auch frühere Sätze lassen sich übertragen.

<u>Satz 1</u>. Die Zuordnung $(h : K \longrightarrow X) \longmapsto [(j,i),\ (g,h)]^K$ und $[u] \longmapsto \hat{u} =: [u]\hat{}$ definiert einen Funktor

$$\Pi^K X \longrightarrow Me .$$

<u>Satz 2</u>. Seien $(f_o, f'_o) : (j,i) \longrightarrow (g,u_o)$ und $(f_1, f'_1) : (j,i) \longrightarrow (g,u_1)$ Morphismen in $Top^K(2)$. Es ist genau dann $[(f_o,f'_o)] = [(f_1,f'_1)]$ in $Top(2)h$, wenn es ein $u \in P^K X$ von (X,u_o) nach (X,u_1) gibt mit

$$[(f_1,f'_1)]^K = \hat{u}[(f_o,f'_o)]^K \quad .$$

Ist speziell K ein Punktraum und sind j und g punktierte Abbildungen, so interessieren wir uns für

$$[j,g]^o \longrightarrow [j,g] \; .$$

Ist diese Abbildung bijektiv, so heißt g <u>j-einfach</u>. Falls j die Inklusion $S^{n-1} \subset E^n$ ist, sagen wir statt j-einfach auch <u>n-einfach</u>.

Auch (10.6) hat hier sein Gegenstück, das wie in (10.7) dazu verwendet werden kann, "abgeschlossene Cofaserung" in den Voraussetzungen durch "h-Cofaserung" zu ersetzen (s. folgende Nummer).

(10.10) Während (10.9) früher Gesagtes fast automatisch verallgemeinert und wir uns daher kurz fassen konnten, müssen wir genauer auf Verallgemeinerungen von (10.5) und (10.7) eingehen.

<u>Satz</u>. Sei

$$(1) \qquad K \xrightarrow{f_o} A_1 \xrightarrow{f_1} A_2 \longrightarrow \dots \xrightarrow{f_{n-1}} A_n$$

eine Folge von h-Cofaserungen f_i , aufgefaßt als ein Objekt aus $Top^K(n)$. Es gibt ein Objekt

$$(2) \qquad K \xrightarrow{g_o} B_1 \xrightarrow{g_1} B_2 \longrightarrow \dots \xrightarrow{g_{n-1}} B_n$$

aus $Top^K(n)$ mit abgeschlossenen Cofaserungen g_i , das in $Top^K(n)$ zu (1) h-äquivalent ist.

Beweis. Durch Induktion nach n. Für $n = 1$ s.(2.31).

Sei

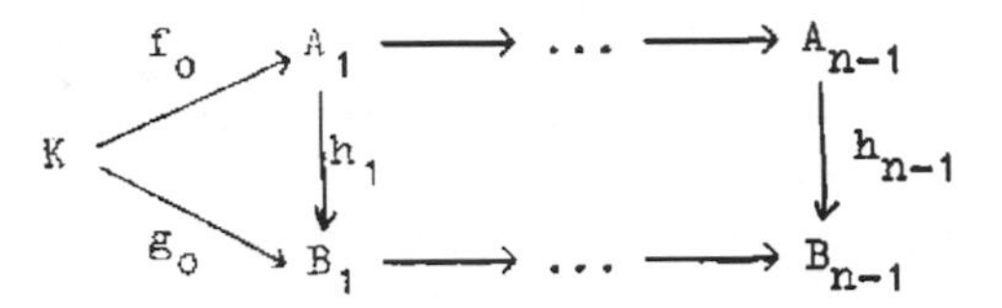

eine h-Äquivalenz in $\mathrm{Top}^K(n-1)$, wobei $n \geq 2$.

Sei

$$\begin{array}{ccc} A_{n-1} & \xrightarrow{f_{n-1}} & A_n \\ {\scriptstyle h_{n-1}}\downarrow & & \downarrow{\scriptstyle h} \\ B_{n-1} & \xrightarrow{i} & B \end{array}$$

ein cokartesisches Quadrat. Dann ist i eine h-Cofaserung und h eine h-Äquivalenz (s.(7.38)(b), (7.43)).

Wir ersetzen i durch eine abgeschlossene Cofaserung g_{n-1}

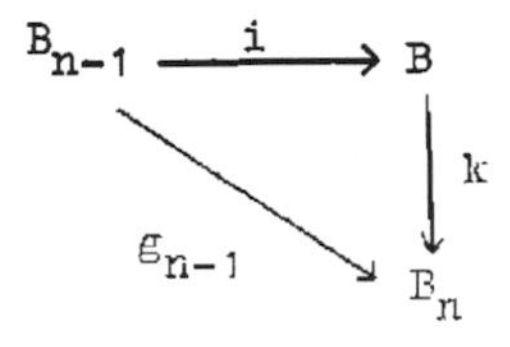

so daß k eine h-Äquivalenz unter B_{n-1} ist.

Sei $h_n = kh$. Wir zeigen: $(h_1,\ldots,h_n)$ ist die gesuchte Äquivalenz. Sei $(h'_1,\ldots,h'_{n-1})$ h-invers in $\mathrm{Top}^K(n-1)$ zu $(h_1,\ldots,h_{n-1})$ und sei φ_{n-1} eine Homotopie von $h'_{n-1}h_{n-1}$ nach $\mathrm{id}_{A_{n-1}}$, die ein Stück weit konstant ist. Dann gibt es $h'_n : B_n \longrightarrow A_n$ und $\varphi_n : h'_nh_n \simeq \mathrm{id}_{A_n}$ mit

$$h'_ng_{n-1} = f_{n-1}h'_{n-1}$$

und

$$\varphi_n(f_{n-1}(a),t) = f_{n-1}\varphi_{n-1}(a,\mathrm{Min}(2t,1)).$$

Daraus folgt dann ohne Mühe, daß $(h_1',\ldots,h_n')$ ein h-Rechtsinverses $(h_1,\ldots,h_n)$ hat (man setze an Homotopien $\varphi_1,\ldots,\varphi_{n-1}$ eine konstante Homotopie an).
Die Existenz von h_n' und φ_n mit den genannten Eigenschaften entnimmt man dem Beweis von Satz (2.32). ■

(10.11) Aus der Kategorie Top(n) seien die Objekte

$$(i_\nu): \quad A_1 \xrightarrow{i_1} A_2 \longrightarrow \ldots \xrightarrow{i_{n-1}} A_n$$

$$(f_\nu): \quad X_1 \xrightarrow{f_1} X_2 \longrightarrow \ldots \xrightarrow{f_{n-1}} X_n$$

$$(g_\nu): \quad Y_1 \xrightarrow{g_1} Y_2 \longrightarrow \ldots \xrightarrow{g_{n-1}} Y_n$$

gegeben und der Morphismus $(\xi_\nu): (f_\nu) \longrightarrow (g_\nu)$. Die i_ν seien h-Cofaserungen, die $\xi_\nu : X_\nu \longrightarrow Y_\nu$ h-Äquivalenzen. (ξ_ν) induziert eine Abbildung zwischen Homotopiemengen

$$(\xi_\nu)_* : [(i_\nu), (f_\nu)] \longrightarrow [(i_\nu),(g_\nu)].$$

Satz. $(\xi_\nu)_*$ ist bijektiv.

Zusatz. Sind die f_ν und g_ν h-Cofaserungen, so ist (ξ_ν) eine h-Äquivalenz in Top(n).

Wir beweisen den Satz durch Induktion nach n. Der Induktionsschritt beruht auf den folgenden Hilfssätzen 2 und 3. Wegen (10.10) kann man sich auf den Fall beschränken, daß die i_ν abgeschlossene Cofaserungen sind.

Hilfssatz 1. In dem kommutativen Diagramm

$$\begin{array}{ccc} A & \xrightarrow{j} & B \\ {\scriptstyle f}\downarrow & & \downarrow{\scriptstyle g} \\ X & \xrightarrow{\xi} & Y \end{array}$$

sei j eine h-Cofaserung und ξ eine h-Äquivalenz. Es gibt eine Abbildung $F : B \longrightarrow X$ mit $Fj = f$ und $\xi F \simeq g$ rel. A.

Beweis. Wir betrachten $f : A \longrightarrow X$ und $gj : A \longrightarrow Y$ als Objekte von Top^A. ξ induziert

$$\xi_* : [(B,j),(X,f)]^A \longrightarrow [(B,j),(Y,gj)]^A .$$

Nach (10.5) ist ξ_* bijektiv. Es gibt also F mit $\xi_*[F]^A = [g]^A$; das ist die Behauptung.

Hilfssatz 2. Gegeben sei ein kommutatives Diagramm

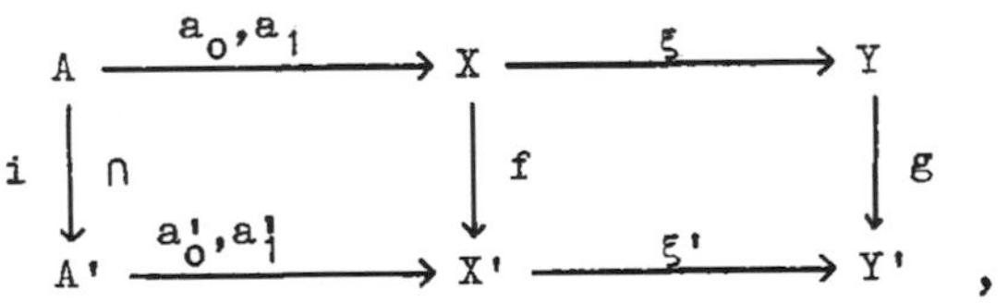

$$\begin{array}{ccccc} A & \xrightarrow{a_o, a_1} & X & \xrightarrow{\xi} & Y \\ i \downarrow \cap & & \downarrow f & & \downarrow g \\ A' & \xrightarrow{a_o', a_1'} & X' & \xrightarrow{\xi'} & Y' \end{array} ,$$

in dem i eine abgeschlossene Cofaserung ist, ξ und ξ' h-Äquivalenzen sind und $(\xi a_o, \xi' a_o')$ homotop zu $(\xi a_1, \xi' a_1')$ ist vermöge einer Homotopie (φ, φ'). Dann gilt:

(a) Es gibt eine Homotopie $\Psi : a_o \simeq a_1$ mit $\xi\Psi \simeq \varphi$ rel $A \times \dot{I}$.

(b) Zu jeder Homotopie Ψ mit der unter (a) genannten Eigenschaft gibt es eine Homotopie $\Psi' : a_o' \simeq a_1'$ mit $\xi'\Psi' \simeq \varphi'$ rel $A' \times \dot{I}$ und $f\Psi = \Psi' \circ (i \times id_I)$.

Beweis. (a) Wir wenden Hilfssatz 1 auf das Diagramm

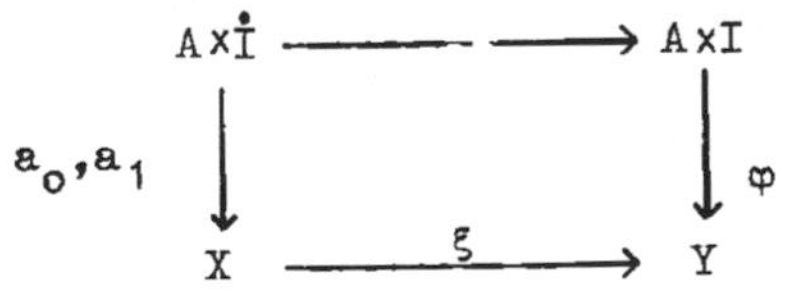

$$\begin{array}{ccc} A \times \dot{I} & \longrightarrow & A \times I \\ a_o, a_1 \downarrow & & \downarrow \varphi \\ X & \xrightarrow{\xi} & Y \end{array}$$

an.

(b) Sei $\Psi : a_o \simeq a_1$ gegeben und eine Homotopie

$\Phi : \varphi \simeq \xi\Psi$ rel $A \times \dot{I}$. Nach Voraussetzung ist ferner
$g\varphi = \varphi'(i \times id_I)$.
Man erkennt, daß

$$g\Phi \ , \ \xi' a_0' \ , \ \xi' a_1' \ , \ \varphi'$$

zusammen eine Abbildung von

$$A \times I \times I \cup A' \times 0 \times I \cup A' \times 1 \times I \cup A' \times I \times 0$$

nach Y' definieren (auf den mittleren Summanden unabhängig von der I-Koordinate), die sich auf $A' \times I \times I$ erweitern läßt. Die Einschränkung dieser Erweiterung auf $A' \times I \times 1$ gibt eine Homotopie $\varphi_1' : \xi' a_0' \simeq \xi' a_1'$ mit $\varphi_1' | A \times I = g\xi\Psi$ und $\varphi_1' \simeq \varphi'$ rel $A' \times \dot{I}$.
Wir bestimmen jetzt nach Hilfssatz 1 ein Ψ' in

$$\begin{array}{ccc} A \times I \cup A' \times \dot{I} & \longrightarrow & A' \times I \\ \tau \downarrow & \overset{\Psi'}{\swarrow} & \downarrow \varphi_1' \\ X' & \xrightarrow{\ \xi'\ } & Y' \end{array} \quad ;$$

dabei ist $\tau | A \times I = f\Psi$, $\tau | A' \times 0 = a_0'$, $\tau | A' \times 1 = a_1'$.
Ψ' hat die behaupteten Eigenschaften. ■

Hilfssatz 3. Gegeben sei ein kommutatives Diagramm

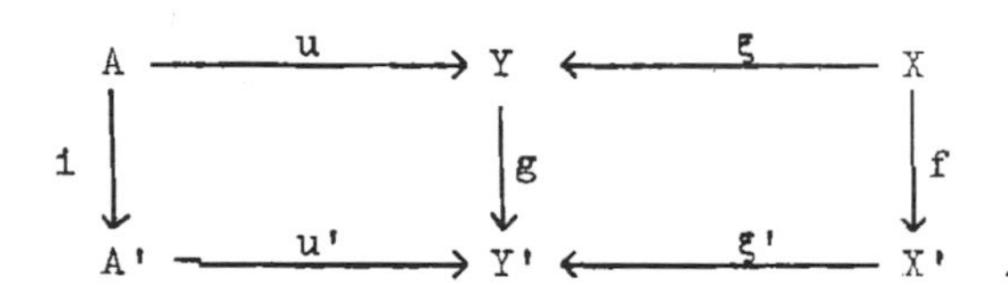

Es sei i eine abgeschlossene Cofaserung, ξ und ξ' seien h-Äquivalenzen, $v : A \longrightarrow X$ sei eine Abbildung und $\varphi : \xi v \simeq u$ eine Homotopie. Dann gibt es eine Abbildung $v' : A' \longrightarrow X'$ und eine Homotopie $\varphi' : \xi' v' \simeq u'$ mit $v' i = fv$ und $\varphi'(ia,t) = g\varphi(a, \mathrm{Min}(2t,1))$.

Beweis. Wir haben bijektive Abbildungen

$$[A',(X',fv)]^A \xrightarrow{\xi'_*} [A',(Y',\xi'fv)]^A \xrightarrow{(g\varphi)} [A',(Y',u'i)]^A.$$

Sei $[v']^A$ so gewählt, daß $(g\varphi)^\wedge \xi'_*[v']^A = [u']^A$ ist.
Das bedeutet: (1) $v'i = fv$. (2) $\xi'v'$ läßt sich längs $g\varphi$ zu einer Abbildung verschieben, die unter A zu u' homotop ist; das ergibt ein φ'. ■

Beweis des Satzes. Wir beweisen mit Hilfssatz 2, daß $(\xi_\nu)_*$ injektiv ist und mit Hilfssatz 3, daß $(\xi_\nu)_*$ surjektiv ist.
Für die Injektivität beweisen wir die schärfere Behauptung durch Induktion nach n: Ist eine Homotopie
$(\omega_\nu): (\xi_\nu a_\nu) \simeq (\xi_\nu b_\nu)$ in $Top(n)$ gegeben, so gibt es eine Homotopie $(\Psi_\nu) : (a_\nu) \simeq (b_\nu)$ mit $\xi_\nu\Psi_\nu \simeq \varphi_\nu$ rel $X_\nu \times \dot{I}$.
Hilfssatz 2 liefert ersichtlich Induktionsanfang und -schritt.
Hilfssatz 3 liefert den Induktionsschritt für den Nachweis der Surjektivität. ■

Beweis des Zusatzes. Da $(\xi_\nu)_* : [(g_\nu),(f_\nu)] \longrightarrow [(g_\nu),(g_\nu)]$ bijektiv ist, gibt es (η_ν) mit $(\xi_\nu\eta_\nu) \simeq id$.
Aus $(\xi_\nu\eta_\nu\xi_\nu) \simeq (id\circ\xi_\nu) = (\xi_\nu\circ id)$ und der Bijektivität von $(\xi_\nu)_*$ folgt $(\eta_\nu\xi_\nu) \simeq id$. ■

(10.12) Wir erwähnen Erweiterungen der Theorie, die der Leser zur Übung selbst durchführen möge.
Einmal die Verallgemeinerung von (10.10) und (10.11) auf unendliche Folgen.
Zum anderen die duale Situation:
Sei $p : E \longrightarrow B$ eine h-Faserung.
Sei $u: f \simeq g$ eine Homotopie von $f : X \longrightarrow B$ nach $g : X \longrightarrow B$.

Man definiere

$$\hat{u}: [(X,f),E]_B \longrightarrow [(X,g),E]_B \ .$$

Man entwickele Eigenschaften analog zu (10.1)-(10.11).

§ 11. Einhängung. Schleifenraum.

(11.1) Einhängung.

Sei $X \in |Top|$. In $X \times I$ identifizieren wir sowohl $X \times 0$ zu einem Punkt als auch $X \times 1$. $\Sigma' X$ sei der entstehende Quotientraum (anschaulich: Doppelkegel über X). $\Sigma' X$ heißt Einhängung von X. $[x,t]$ sei Bild von (x,t) in $\Sigma' X$. Ist $f : X \longrightarrow Y$ eine stetige Abbildung, so wird durch $(\Sigma' f)[x,t] = [fx,t]$ eine wohlbestimmte stetige Abbildung $\Sigma' f : \Sigma' X \longrightarrow \Sigma' Y$ induziert. Wir haben damit einen Funktor

$$\Sigma' : Top \longrightarrow Top$$

$$X \longmapsto \Sigma' X \ , \qquad f \longmapsto \Sigma' f.$$

Σ' ist mit Homotopien verträglich und induziert deshalb einen Funktor $Toph \longrightarrow Toph$, der wieder mit Σ' bezeichnet werde.

Sei $X \in |Top^o|$. Der Quotientraum

$$\Sigma X = X \times I / (X \times 0 \cup X \times 1 \cup o \times I)$$

heißt (reduzierte) Einhängung von X. $[x,t]$ sei Bild von (x,t) in ΣX. Die kanonische Projektion $p : \Sigma' X \longrightarrow \Sigma X$ ist eine Identifizierung. Wir haben wieder Funktoren

$$\Sigma : Top^o \longrightarrow Top^o \ , \ \Sigma : Top^o h \longrightarrow Top^o h.$$

(Die zu einem Punkt identifizierte Menge wird Grundpunkt von ΣX.)

Satz. Sei $X \in |Top^o|$ wohlpunktiert (d.h. $o \longrightarrow X$ sei Cofaserung). Dann ist $p : \Sigma' X \longrightarrow \Sigma X$ eine h-Äquivalenz und ΣX ist wohlpunktiert.

Beweis. Wir betrachten die beiden cokartesischen Quadrate

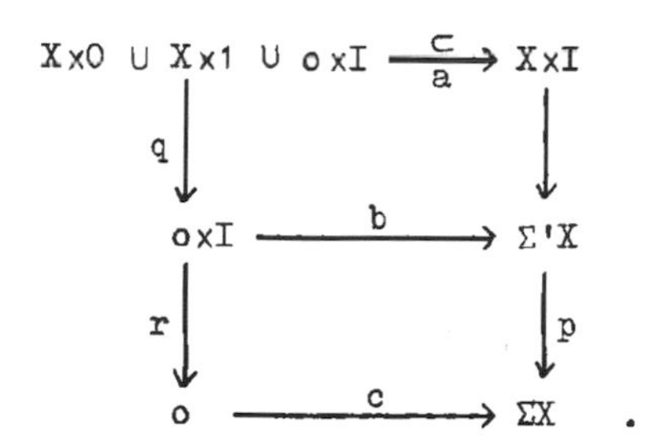

a ist eine Cofaserung, also auch b und dann c (s.(7.38)(a)). r ist eine h-Äquivalenz, also auch p (s.(7.43)).■

Beispiele. (1) $\Sigma' S^n$ ist homöomorph zu S^{n+1}. Ein Homöomorphismus ist $[x,t] \longmapsto (\sin \pi t \cdot x , \cos \pi t)$.

(2) Sei $e_1,\ldots,e_n$ die kanonische Basis des $\mathbb{R}^n$. Sei e_1 Grundpunkt von S^{n-1}. Ein punktierter Homöomorphismus

$$h_n : \Sigma S^{n-1} \longrightarrow S^n$$

wird durch

$$h_n[x,t] = \tfrac{1}{2}(e_1+x) + \cos 2\pi t \cdot \frac{e_1-x}{2} + \sin 2\pi t \left| \frac{e_1-x}{2} \right| e_{n+1}$$

beschrieben ($\mathbb{R}^n \subset \mathbb{R}^{n+1}$ vermöge $e_i \longmapsto e_i$, $i \leq n$).

(11.2) Schleifenraum.

Sei $X \in |\mathrm{Top}^o|$. Der Raum

$$\Omega X = \{w : I \longrightarrow X \mid w(0) = w(1) = o\} \subset X^I$$

mit der von X^I induzierten Topologie heißt Schleifenraum von X.

Sei $PX = \{w\colon [0,e_w] \longrightarrow X \mid 0 \leq e_w < \infty\}$ und $\mathbb{R}^+ = [0,\infty[$. $w \longmapsto (e_w, \tilde{w}\colon \mathbb{R}^+ \longrightarrow X)$, $\tilde{w}(t) = w(\mathrm{Min}(t,e_w))$ liefert eine Injektion $PX \longrightarrow \mathbb{R}^+ \times X^{\mathbb{R}^+}$. PX erhalte die induzierte Topologie. Wir betrachten den Unterraum

$$\Omega' X = \{w\colon [0,e_w] \longrightarrow X \mid w(0) = w(e_w) = o\}$$

von PX . $\Omega'X$ ist auch eine Art Schleifenraum von X ; zum Unterschied von ΩX kann das Parameterintervall einer Schleife in $\Omega'X$ beliebige Länge haben.
Wir definieren eine Verknüpfung "+" in $\Omega'X$ wie folgt: Sind $u : [0,e_u] \longrightarrow X$ und $v : [0,e_v] \longrightarrow X$ aus $\Omega'X$, so werde

$$v+u : [0,e_u + e_v] \longrightarrow X$$

durch

$$(v+u)t = \begin{cases} u(t) & \text{für } t \leq e_u \\ v(t-e_u) & \text{für } t \geq e_u \end{cases}$$

definiert.

Satz. $(\Omega'X, +)$ ist ein topologisches Monoid.

Beweis. Die Verknüpfung ist assoziativ und $k : [0,0] \longrightarrow X$, $k0 = o$, ist neutrales Element. Es bleibt die Stetigkeit von $(u,v) \longmapsto v+u$ nachzuweisen. $\Omega'X$ war als Teilraum von $\mathbb{R}^+ \times X^{\mathbb{R}^+}$ definiert.
Wir haben also in

$$((e_u,\tilde{u}), (e_v,\tilde{v})) \longmapsto (e_u + e_v, \widetilde{v+u})$$

die Stetigkeit der beiden Komponenten-Abbildungen nachzuweisen. Das ist klar für die erste Komponente, weil $(e_u,\tilde{u}) \mapsto e_u$ stetig ist. Die zweite Komponente ist nach Satz (4.6) stetig, wenn die adjungierte Abbildung

$$\mathbb{R}^+ \times \Omega'X \times \Omega'X \longrightarrow X$$

$$(t,(e_u,\tilde{u}), (e_v,\tilde{v})) \longmapsto (\widetilde{v+u})(t)$$

stetig ist. Diese ist aber nach Definition von + auf den abgeschlossenen Teilen $t \leq e_u$ (bzw. $t \geq e_u$) des Definitionsbereiches stetig, da die Bewertungsabbildung

$X^{\mathbb{R}^+} \times \mathbb{R}^+ \longrightarrow X$ stetig ist, weil $\mathbb{R}^+$ lokalkompakt ist (vgl. (4.12), (4.13)). ■

(11.3) Wir vergleichen ΩX und $\Omega' X$.
Die Inklusion $\Omega X \subset \Omega' X$ der Mengen ist eine topologische Einbettung; denn $X^I \longrightarrow \mathbb{R}^+ \times X^{\mathbb{R}^+}$, $w \longmapsto (1, \tilde{w})$, ist eine Einbettung, weil ein Linksinverses existiert.

<u>Satz.</u> ΩX ist Deformationsretrakt von $\Omega' X$.

<u>Beweis</u>. Wir definieren eine Homotopie $\varphi: \Omega' X \times I \longrightarrow \Omega' X$ durch

$$e_{\varphi(w,t)} = (1-t)e_w + t$$

$$\varphi(w,t)(s) = w\left(\frac{e_w}{(1-t)e_w+t} \cdot s\right), \quad e_w > 0,$$

$\varphi(k,t)(s) = o$ (k neutrales Element von $\Omega' X$).
Falls φ stetig ist, handelt es sich um eine Homotopie mit den gewünschten Eigenschaften. Für die Stetigkeit von φ ist die Stetigkeit von

$$\mathbb{R}^+ \times \Omega' X \times I \longrightarrow X$$

$$(s,w,t) \longmapsto \varphi(w,t)(s)$$

entscheidend (vgl. die Stetigkeitsbetrachtung in (11.2)).
Diese Abbildung ist sicherlich für $(s,w,t) \neq (0,k,0)$ stetig, da $(s,e,t) \longmapsto \dfrac{se}{(1-t)e+t}$ für $e > 0$, $t \geq 0$ oder $e \geq 0$, $t > 0$ stetig ist. Für den Punkt $(0,k,0)$ schließt man so: Wegen der Stetigkeit von $b: \Omega' X \times \mathbb{R}^+ \longrightarrow X$, $b(u,t) = \tilde{u}(t)$, gibt es zu einer Umgebung W von $o \in X$ eine Umgebung $U \times V$ von $(k,0)$ mit $b(U \times V) \subset W$. Wir können U so klein wählen, daß für $w \in U$ $e_w \leq 1$ ist, und wir können annehmen, daß V die Form $[0,a[$ hat.

Für $(s,w,t) \in V \times U \times I$ ist dann $\varphi(w,t)(1) \in W$. ■

Bemerkung. ΩX hat als Grundpunkt den konstanten Weg $I \longrightarrow \{o\} \subset X$. $\Omega X \subset \Omega' X$ ist also nicht punktiert. $\xi\colon \Omega' X \longrightarrow \Omega X$, $\xi(w) = \varphi(w,1)$, dagegen ist punktiert und eine gewöhnliche h-Äquivalenz. Falls X h-wohlpunktiert ist, ist ξ eine h-Äquivalenz in Top^o, wie mit dem nächsten Satz folgt.

Satz. Ist X h-wohlpunktiert, so auch ΩX und $\Omega' X$.

Beweis. Wir verwenden die lokale Charakterisierung von h-Cofaserungen (s.(3.13)). Sei V ein Hof von o, der sich in X auf o zusammenziehen läßt. Dann sind ΩV bzw. $\Omega' V$ Höfe von o in ΩX bzw. $\Omega' X$ mit derselben Eigenschaft. (Ist v Hoffunktion für V, so v', $v'(w) = \max_{t \in I} v(w(t))$, Hoffunktion für ΩV.) ■

(11.4) Σ und Ω sind adjungierte Funktoren.

Wir erinnern an die Adjungiertheit

$$Top(X \times I, Y) \cong Top(X, Y^I),$$

bei der einer Abbildung $f\colon X \times I \longrightarrow Y$ die durch $\bar{f}(x)(t) = f(x,t)$ erklärte Abbildung $\bar{f}$ zugeordnet wird (s.(4.18)). Sind X und Y punktiert, so ist $f(X \times \{0,1\}) = \{o\}$ gleichwertig mit $\bar{f}(X) \subset \Omega Y$ und $f(\{o\} \times I) = \{o\}$ gleichwertig mit $\bar{f}(o) = o$.
Es werden also kanonische Bijektionen

$$Top^o(\Sigma X, Y) \cong Top^o(X, \Omega Y)$$

$$[\Sigma X, Y]^o \cong [X, \Omega Y]^o$$

induziert. Für $Y = \Sigma X$ entspricht der Identität von ΣX eine Abbildung $k\colon X \longrightarrow \Omega\Sigma X$.

Das Diagramm

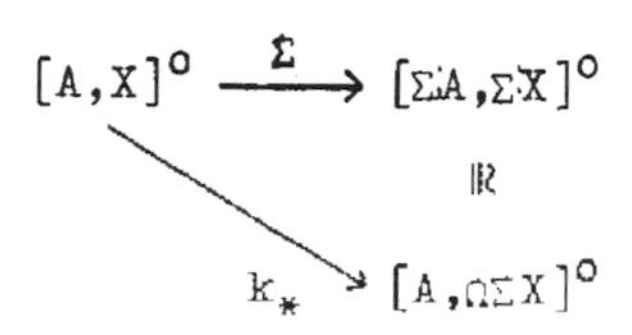

ist kommutativ.

Das Studium von Σ ist damit auf die Untersuchung der Abbildung k zurückgeführt.

§ 12. H-Räume. Co-H-Räume.

(12.1) Sei Y ein topologischer Raum.

Eine stetige Abbildung

$$\mu: Y \times Y \longrightarrow Y$$

heiße Verknüpfung in Y. μ heißt h-assoziativ, wenn das folgende Diagramm bis auf Homotopie kommutativ ist:

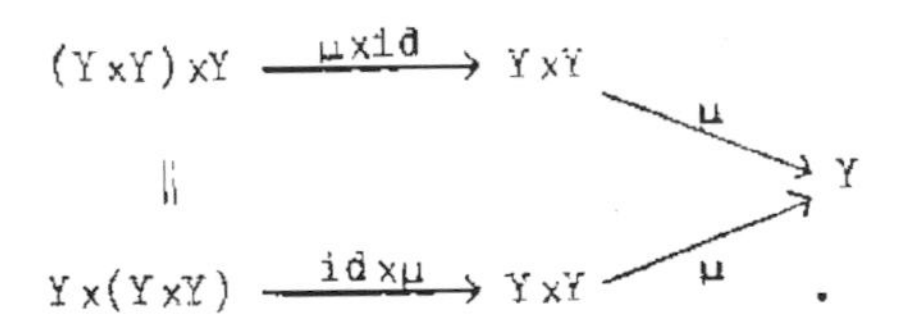

Sei $T: Y \times Y \longrightarrow Y \times Y$ die Vertauschung der Faktoren, $T(x,y) = (y,x)$. μ heißt h-kommutativ, wenn das folgende Diagramm bis auf Homotopie kommutativ ist:

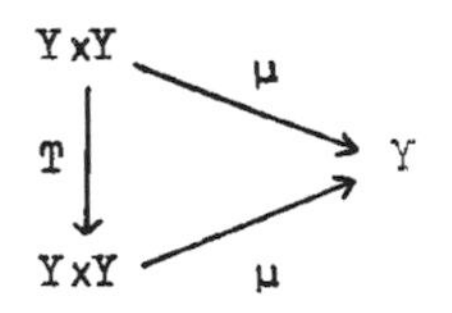

Sei $n \in Y$ und $\nu_n : Y \longrightarrow Y$ die Abbildung mit dem konstanten Wert n. n heißt h-neutrales Element für μ, wenn das folgende Diagramm bis auf Homotopie kommutativ ist:

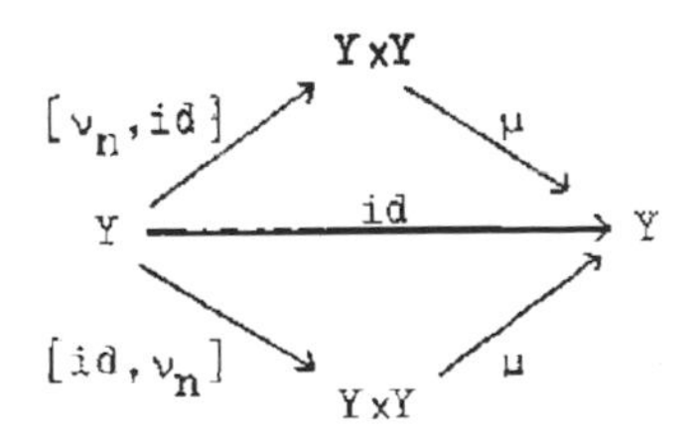

(Wir bezeichnen mit $[f,g]: A \longrightarrow B \times C$ die Abbildung mit den Komponenten $f : A \longrightarrow B$, $g : A \longrightarrow C$.)

Mit n ist auch jedes Element aus der Wegekomponente von n h-neutral für μ. Sind n und m h-neutral für μ, so folgt mit $\nu_m\nu_n = \nu_m$, $\nu_n\nu_m = \nu_n$

$$\nu_m \simeq \mu[\nu_n, id]\nu_m = \mu[\nu_n\nu_m, \nu_m] = \mu[\nu_n, \nu_m] = \mu[\nu_n, \nu_m\nu_n]$$
$$= \mu[id, \nu_m]\nu_n \simeq \nu_n \ ;$$

Also liegen n und m in derselben Wegekomponente von Y.

Sei μ eine Verknüpfung mit h-neutralem Element n. Eine Abbildung $\iota : Y \longrightarrow Y$ heißt <u>h-Inverses für μ</u>, wenn das folgende Diagramm bis auf Homotopie kommutativ ist:

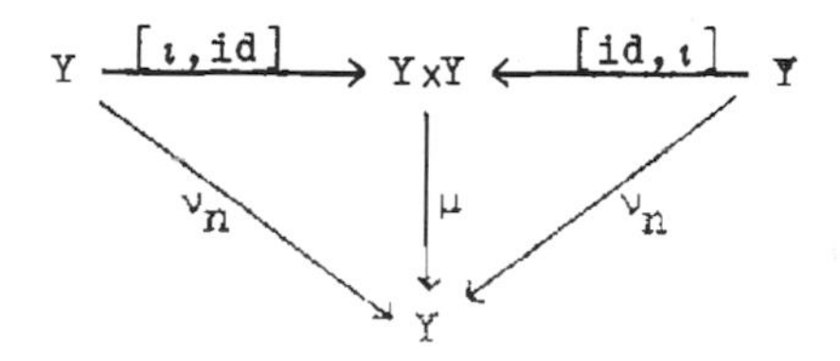

Ist nur das rechte bzw. linke Dreieck h-kommutativ, so heißt ι h-Rechtsinverses bzw. h-Linksinverses für μ.

Analoge Begriffe können wir in der Kategorie Top^o formulieren. Für eine Verknüpfung gilt dann $\mu(o,o) = o$ und ein h-neutrales Element ist notwendig die konstante Abbildung auf den Grundpunkt o. Von den obigen Diagrammen ist zu verlangen, daß sie kommutativ bis auf punktierte Homotopie sind.

<u>Definition</u>. Ein Paar (Y,μ), bestehend aus $Y \in |Top|$ und einer Verknüpfung μ in Y, die ein h-neutrales Element besitzt, heißt <u>H-Raum</u>. Analog wird der Begriff <u>punktierter H-Raum</u> erklärt.

<u>Bemerkung</u>. Für den kategorientheoretischen Aspekt dieser Begriffsbildungen s. Brinkmann-Puppe [4],7.

Uns beschäftigt hier hauptsächlich die geometrische Seite der Theorie.

Beispiele für H-Räume.

1. Topologische Gruppen.
2. Topologische Monoide. Speziell $\Omega'X$ mit der Verknüpfung $\mu(u,v) = v+u$ (s.(11.2)). $(\Omega'X,\mu)$ ist sogar ein punktierter H-Raum mit streng assoziativer Verknüpfung. Außerdem gilt: Die punktierte Abbildung $\iota: \Omega'X \longrightarrow \Omega'X$, $\iota w = -w$, $-w(t) := w(e_w - t)$, ist ein punktiertes h-Inverses für μ. Die Homotopie $\varphi: \Omega'X\times I \longrightarrow \Omega'X$,
$$\varphi(w,t) = -(w|[0,te_w]) + w|[0,te_w],$$
etwa zeigt, daß ι ein h-Rechtsinverses ist.
3. ΩX mit der Verknüpfung $\mu(u,v) = (v+u)_I$ ist ein h-assoziativer H-Raum mit h-Inversem (in Top^o). Beweis als Aufgabe.

(12.2) Eine Verknüpfung μ in Y induziert eine Verknüpfung
$$\mu_*: [A,Y]\times[A,Y] \longrightarrow [A,Y]$$
für jedes A : Wir setzen
$$\mu_*([f],[g]) = [\mu\circ[f,g]].$$
Ist μ h-assoziativ (h-kommutativ), so ist μ_* assoziativ (kommutativ).
Ist n h-neutral für μ , so ist die Klasse der konstanten Abbildung $\nu_A : A \longrightarrow Y$ mit dem Wert n ein neutrales Element für μ_*. Ist ι ein h-Inverses für μ , so ist $[\iota f]$ invers zu $[f] \in [A,Y]$ bezüglich μ_*. Alle diese Aussagen bestätigt man seht leicht (s. Brinkmann-Puppe [4], 7.6). Analoges gilt für punktierte Verknüpfungen und Homotopiemengen.

Die Beispiele 2. und 3. aus (12.1) geben die

<u>Folgerung</u>: Sei $A \in |Top|$, $B \in |Top^o|$, $X \in |Top^o|$.

Dann "sind"

$$[A,\Omega X]\ ,\ [A,\Omega' X]$$
$$[B,\Omega X]^o,\ [B,\Omega' X]^o$$

Gruppen.

Die Verknüpfung μ_* ist <u>natürlich</u>, d.h. ist $\alpha : B \longrightarrow A$ eine stetige Abbildung, so ist

$$\alpha^*: [A,Y] \longrightarrow [B,Y]$$

ein Homomorphismus bezüglich μ_*. Besitzt μ ein h-neutrales Element, so erhält α^* die neutralen Elemente, $\alpha^*[\nu_A] = [\nu_B]$.

(12.3) Sei μ eine Verknüpfung in Y und μ' eine Verknüpfung in Y'. Für $\xi : Y \longrightarrow Y'$ sei

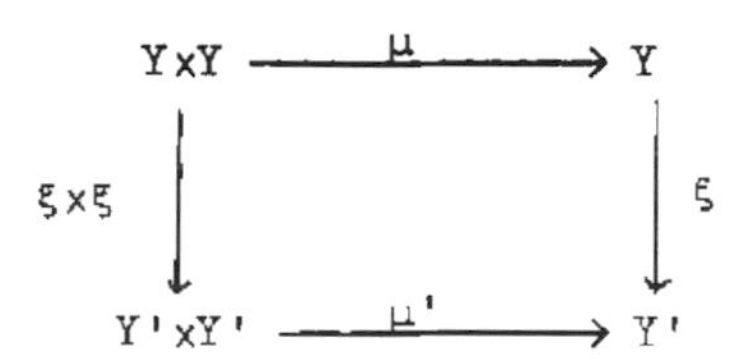

h-kommutativ. Wir sagen dann, ξ ist ein <u>Homomorphismus bis auf Homotopie</u> von (Y,μ) nach (Y,μ').

Der induzierte Morphismus

$$\xi_* : ([A,Y],\mu_*) \longrightarrow ([A,Y'],\mu'_*)$$

ist ein Homomorphismus. Neutrale Elemente bleiben ohne zusätzliche Bedingung nicht erhalten, wohl aber im punktierten Fall.

<u>Satz</u>. Die in (11.3) definierte Abbildung $\xi : \Omega' X \longrightarrow \Omega X$, $\xi(w) = w_I$, ist ein punktierter Homomorphismus bis auf Homotopie.

Beweis. Wir haben zu zeigen, daß die Abbildungen $(u,v) \longmapsto (v+u)_I$ und $(u,v) \longmapsto (v_I + u_I)_I$ punktiert homotop sind. Eine Homotopie

$$\varphi: \Omega' X \times \Omega' X \times I \longrightarrow \Omega X$$

wird durch

$$\varphi(u,v,t) = (v_t + u_t)_I$$

gegeben; dabei ist u_t der Weg

$$u_t(s) = u\left(\frac{se_u}{1-t+te_u}\right),\ 0 \leq s \leq 1-t+te_u =: e_{u_t}\ . ■$$

Folgerungen. (1). $\xi_*: [A,\Omega' X] \longrightarrow [A,\Omega X]$ ist für jedes A ein Isomorphismus.

(2) $\xi_*: [B,\Omega' X]^o \longrightarrow [B,\Omega X]^o$ ist ein Isomorphismus, falls B oder X h-wohlpunktiert ist.

Beweis. ξ ist eine Homotopieäquivalenz. ξ ist eine punktierte h-Äquivalenz, falls X h-wohlpunktiert ist (s.(11.3)). Falls B h-wohlpunktiert ist, läßt sich (10.7) anwenden. ■

(12.4) Satz. Sei (Y,μ) ein H-Raum mit h-neutralem Element n. Sei $\{n\} \longrightarrow Y$ eine h-Cofaserung. Dann gibt es eine zu μ homotope Abbildung μ', so daß (Y,μ') ein punktierter H-Raum ist. $[\mu']^o$ ist durch μ eindeutig bestimmt. Ist μ assoziativ (kommutativ) bis auf Homotopie, so ist μ' assoziativ (kommutativ) bis auf punktierte Homotopie. Ist $\iota : Y \longrightarrow Y$ h-neutral für μ, so gibt es ein punktiertes $\iota': Y \longrightarrow Y$, das h-neutral für μ' ist; $[\iota']^o$ ist durch $[\iota'] = [\iota]$ eindeutig bestimmt.

Zusatz. Ist außerdem $Y \vee Y := Y\times\{n\} \cup \{n\}\times Y \subset Y\times Y$ eine h-Cofaserung, so gibt es μ' mit

$\mu'(n,y) = \mu'(y,n) = y$ für alle $y \in Y$.
Dann ist also n ein (streng) neutrales Element für μ'.
Die Bedingung über $Y \vee Y \subset Y \times Y$ ist z.B. erfüllt, wenn $\{n\} \longrightarrow Y$ eine abgeschlossene Cofaserung ist (s.(3.20)).

Beweis. Seien $\alpha, \beta: Y \longrightarrow Y$ durch $\alpha(y) = \mu(y,n)$, $\beta(y) = \mu(n,y)$ definiert. Weil n h-neutral für μ ist, gibt es Homotopien $\varphi: \alpha \simeq id$, $\psi: \beta \simeq id$. Wir verwenden die Wege u und v, die durch $u(t) = \varphi(n,t)$, $v(t) = \psi(n,t)$ definiert sind.
Mit den Bezeichnungen aus § 10 ist dann

$$[\alpha]^o = (-u)\hat{}[id]^o , \quad [\beta]^o = (-v)\hat{}[id]^o$$

(Es ist klar, welche Punkte als Grundpunkte anzusehen sind.).
Sei $\gamma \in (v+(-u))\hat{}[id]^o$. Damit definieren wir $\mu_1: Y \times Y \longrightarrow Y$ durch $\mu_1(x,y) = \mu(x,\gamma y)$. $Y \times Y$ ist mit dem Grundpunkt (n,n) h-wohlpunktiert (s.(3.25)). Deshalb können wir $\hat{u}[\mu_1]^o$ bilden. Sei μ' ein Repräsentant dieser Klasse; es ist $\mu'(n,n) = n$. Wir zeigen, daß n ein punktiertes h-Neutrales für μ' ist. Es ist die Klasse von $y \longmapsto \mu'(y,n)$ gleich $\hat{u}[\alpha]^o = \hat{u}(-u)\hat{}[id]^o = [id]^o$; also ist n rechtsneutral. Es ist die Klasse von $y \longmapsto \mu'(n,y)$ gleich $\hat{u}[\beta\gamma]^o$. Nun folgt aber mit (10.6)
$[\beta\gamma]^o = \gamma^*[\beta]^o = \gamma^*(-v)\hat{}[id]^o = (-v)\hat{}[\gamma]^o = (-v)\hat{}(v+(-u))[id]^o = (-u)\hat{}[id]^o$,
also $\hat{u}[\beta\gamma]^o = [id]^o$ und das bedeutet:
n ist linksneutral. Schließlich, wenn man nicht auf Grundpunkte achtet, gilt

$$\mu' \simeq \mu_1 \simeq \mu ,$$

und zwar die rechte Homotopie, weil $\gamma \simeq id$ ist.
Damit ist die Existenz einer Abbildung μ' mit den gewünschten Eigenschaften gezeigt.

Die weiteren Behauptungen des Satzes beweisen wir in (12.6). Der Zusatz ist klar.

(12.5) Satz. Sei (Y,μ) ein H-Raum mit neutralem Element n. Sei Y punktiert durch einen Grundpunkt, der in der Wegekomponente von n liegt. Sei A h-wohlpunktiert. Dann operiert $\pi_1(Y)$ trivial auf $[A,Y]^o$.

Beweis. Wir wählen eine punktierte Abbildung $\xi: Y_1 \longrightarrow Y$, die eine gewöhnliche h-Äquivalenz mit Inversem η ist und so daß $o \longrightarrow Y_1$ eine abgeschlossene Cofaserung ist. Y_1 ist ein H-Raum mit der Verknüpfung $\mu_1 = \eta \circ \mu \circ (\xi \times \xi)$ und dem h-neutralen Element o. $\xi_*: [A,Y_1]^o \longrightarrow [A,Y]^o$ ist bijektiv (10.7), insbesondere auch für $A = S^1$. Wegen (10.7) genügt es, die Behauptung für $[A,Y_1]^o$ zu beweisen. Nach dem Zusatz in (12.4) können wir μ_1 durch eine Verknüpfung μ_1' ersetzen, die ein streng neutrales Element o hat. Sei nun $f : A \longrightarrow Y_1$ und $u: [0,p] \longrightarrow Y_1$ mit $u(0) = u(p) = o$ gegeben. $\varphi = \mu_1' \circ (f \times u)$ ist eine Verschiebung von f längs u, $\varphi_p = f$. ∎

Korollar 1. $\pi_1(Y)$ ist abelsch. (s.(10.4))

Korollar 2. Die Abbildungen

$$[A,\Omega X]^o \longrightarrow [A,\Omega X]$$

$$[A,\Omega' X]^o \longrightarrow [A,\Omega' X]$$

sind injektiv (s.(10.3)). Für h-wohlpunktiertes A und wegzusammenhängendes ΩX stimmen also die obigen vier Gruppen überein.

(12.6) Zum Beweis von Satz (12.4).

Wir wissen aus (12.5), daß für einen h-wohlpunktierten Raum A

$$[A,Y]^{o} \longrightarrow [A,Y]$$

injektiv ist. Das wenden wir für $A = Y \times Y$ an, falls μ h-kommutativ ist. Dann haben nämlich $[\mu'T]^{o}$ und $[\mu']^{o}$ dasselbe Bild $[\mu T] = [\mu]$, sind also gleich. Ähnlich behandelt man h-assoziative μ. Auch die Eindeutigkeit von $[\mu']^{o}$ folgt so.

Ist ι ein h-Inverses für μ, so gilt

$$\iota\nu_n \simeq \mu[id,\nu_n]\circ\iota\nu_n = \mu[\iota\nu_n,\nu_n] = \mu[\iota,id]\nu_n \simeq \nu_n\nu_n = \nu_n \ .$$

Also gibt es einen Weg w in Y von $\iota(n)$ nach n. $\iota' \in \hat{w}[\iota]$ ist eine Abbildung mit $\iota'(n) = n$ und $[\iota'] = [\iota]$. ι' ist punktiertes Inverses, da zum Beispiel $[\mu'[\iota',id]]^{o}$ und $[\nu_n]^{o}$ dasselbe Bild $[\nu_n]$ in $[Y,Y]$ haben.∎

(12.7) Der folgende Satz besagt unter anderem, daß H-Räume in vielen Fällen ein h-Inverses haben.

<u>Satz</u>. (a) Sei (Y,μ) ein H-Raum. Y habe eine numerierbare nullhomotope Überdeckung. Dann sind äquivalent:

(I) Für jedes $x \in Y$ ist $l_x : Y \longrightarrow Y$, $l_x(y) = \mu(x,y)$ (bzw. $r_x: Y \longrightarrow Y$, $r_x(y) = \mu(y,x)$) eine h-Äquivalenz.

(II) In $([A,Y],\mu_*)$ ist für jedes $a \in [A,Y]$ die Linkstranslation (bzw. Rechtstranslation) bijektiv.

(b) Ist Y wegweise zusammenhängend, so ist l_x und r_x eine h-Äquivalenz.

(c) Ist μ h-assoziativ und $([\text{Punkt},Y],\mu_*)$ eine Gruppe, so ist l_x und r_x eine h-Äquivalenz.

Folgerungen. (a) Ist die Linkstranslation bijektiv, so gibt es insbesondere Rechtsinverse. Aus (II) folgt also, daß μ ein h-Rechtsinverses (h-Linksinverses) hat.

(b) Ist μ h-assoziativ (oder h-kommutativ und (II) erfüllt) und gibt es ein h-Rechtsinverses ι_r und ein h-Linksinverses ι_l für μ, so ist $\iota_l \simeq \iota_r$ und μ hat ein h-Inverses.

(c) Ist μ h-assoziativ, ist [Punkt,Y] eine Gruppe und hat Y eine numerierbare nullhomotope Überdeckung, so ist für jedes A $([A,Y],\mu_*)$ eine Gruppe.

Beweis des Satzes. (a) Sei $f : Y\times Y \longrightarrow Y\times Y$ die Abbildung $f(x,y) = (x,\mu(x,y))$. $pr_1 : Y\times Y \longrightarrow Y$ ist eine Faserung und f eine fasernweise Abbildung $pr_1 \longrightarrow pr_1$.
Die von f induzierte Abbildung f_*,
$f_* : [A,Y\times Y] = [A,Y]\times[A,Y] \longrightarrow [A,Y]\times[A,Y]$,
hat die Gestalt $(a,b) \longmapsto (a,\mu_*(a,b))$.
(II) $\Rightarrow$ (I). Aus der Voraussetzung folgt, daß f_* bijektiv ist. Das gilt für jedes A. Also ist f eine h-Äquivalenz und dann sogar eine h-Äquivalenz über Y (s.(6.21)); insbesondere ist l_x eine h-Äquivalenz.
(I) $\Rightarrow$ (II). Aus der Voraussetzung und Satz (9.3) folgt, daß f eine h-Äquivalenz ist, also f_* bijektiv, also $b \longmapsto \mu_*(a,b)$ bijektiv.

(b) Sei w ein Weg von x nach n. Es ist $l_{w(t)}$ eine Homotopie von l_x nach l_n. n ist h-neutral, also $l_n \simeq id$.

(c) Weil [Punkt,Y] eine Gruppe ist, gibt es zu jedem $x \in Y$ ein x', so daß $\mu(x',x)$ in der Wegekomponente von n liegt. Weil μ h-assoziativ ist, gilt

$1_{x'} \circ 1_x \simeq 1_{\mu(x',x)}$. Zusammen genommen:

$$1_{x'} \circ 1_x \simeq 1_{\mu(x',x)} \simeq 1_n \simeq \mathrm{id} .$$

1_x hat ein h-Linksinverses. Ähnlich folgt die Existenz eines h-Rechtsinversen.

1_x ist mithin eine h-Äquivalenz. ■

(12.8) Seien A und X aus $|Top^o|$. Wir haben eine kanonische Bijektion (s.(11.4))

$$[\Sigma A, X]^o \cong [A, \Omega X]^o .$$

In (12.2) haben wir in $[A,\Omega X]^o$ eine Gruppenstruktur eingeführt, die wir mit der Bijektion auf $[\Sigma A, X]^o$ übertragen können. Diese Verknüpfung in $[\Sigma A, X]^o$ läßt sich folgendermaßen explizit beschreiben:

Seien $f,g\colon \Sigma A \longrightarrow X$ gegeben. Wir definieren $g+f : \Sigma A \longrightarrow X$ durch

$$(g+f)[a,t] = \begin{cases} f[a,2t] & , \ t \le \frac{1}{2} \\ g[a,2t-1] & , \ t \ge \frac{1}{2} \end{cases} .$$

Die Verknüpfung ist durch $[g]^o + [f]^o = [g+f]^o$ gegeben.

Wir geben noch eine weitere Beschreibung der Verknüpfung in $[\Sigma A, X]^o$ an. Sind $X,Y \in |Top^o|$, so bezeichnen wir mit $X \vee Y$ ihre Summe (= ihr Coprodukt) in Top^o .

Sind $f : X \longrightarrow Z$, $g : Y \longrightarrow Z$ aus Top^o gegeben, so sei $\langle f,g\rangle\colon X \vee Y \longrightarrow Z$ die Abbildung, die auf X gleich f und auf Y gleich g ist.

Es seien $i_1, i_2\colon \Sigma A \longrightarrow \Sigma A \vee \Sigma A$ die Injektionen der Summanden.

Mit der Abbildung

$$\gamma : \Sigma A \longrightarrow \Sigma A \vee \Sigma A ,$$

definiert durch

$$\gamma[a,t] = \begin{cases} i_1[a,2t] & , \quad t \leq \frac{1}{2} \\ i_2[a,2t-1] & , \quad t \leq \frac{1}{2} \end{cases} ,$$

ist $[g]^o + [f]^o = [g+f]^o = [\langle f,g\rangle \cdot \gamma]^o$.

(12.9) Die Verhältnisse aus (12.8) führen dazu, folgende Definitionen zu treffen, die dual zu denen aus (12.1) sind. Sei C ein punktierter Raum. Eine stetige Abbildung (aus Top^o)

$$\gamma : C \longrightarrow C \vee C$$

heißt <u>Co-Verknüpfung</u> in C. γ heißt <u>h-assoziativ</u>, wenn das Diagramm

$$\begin{array}{ccccc} & & C\vee C & \xrightarrow{\gamma \vee id} & (C\vee C)\vee C \\ & \overset{\gamma}{\nearrow} & & & \| \\ C & & & & \\ & \underset{\gamma}{\searrow} & & & \\ & & C\vee C & \xrightarrow{id \vee \gamma} & C\vee(C\vee C) \end{array}$$

bis auf punktierte Homotopie kommutativ ist. γ besitzt ein <u>h-neutrales Element</u>, wenn mit der konstanten Abbildung $\nu : C \longrightarrow C$ das Diagramm

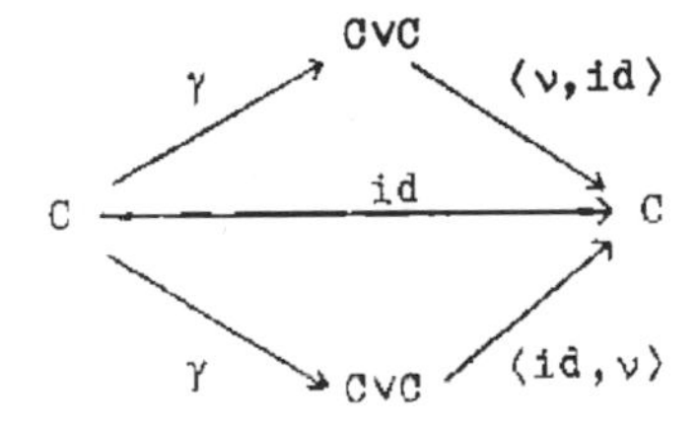

bis auf punktierte Homotopie kommutativ ist. Der Leser formuliere, wann γ <u>h-kommutativ</u> heißt und wann ein <u>h-Inverses</u> existiert.

<u>Definition</u>. Ein Paar (C,γ), bestehend aus $C \in |Top^o|$ und

einer Co-Verknüpfung γ in C mit h-neutralem Element, heißt (punktierter) Co-H-Raum.

Aus (12.8) entnimmt man, daß $(\Sigma A,\gamma)$ ein h-assoziativer Co-H-Raum ist. γ besitzt ein h-Inverses.

Auch weitere Begriffsbildungen, die sich auf H-Räume beziehen, lassen sich auf Co-H-Räume übertragen.
So induziert ein $\alpha : B \longrightarrow A$ aus Top^o einen Homomorphismus $\Sigma\alpha : \Sigma B \longrightarrow \Sigma A$ von Co-H-Räumen, und $\Sigma\alpha$ induziert für jedes $X \in |Top^o|$ einen Homomorphismus

$$(\Sigma\alpha)^* : [\Sigma A,X]^o \longrightarrow [\Sigma B,X]^o ,$$

$(\Sigma\alpha)^*[f]^o = [f\circ\Sigma\alpha]^o$. Dieser Homomorphismus ist "natürlich in X". Wir haben ferner ein kommutatives Diagramm von Homomorphismen

$$\begin{array}{ccc} [A,\Omega X]^o & \xrightarrow{\alpha^*} & [B,\Omega X]^o \\ \wr\Vert & & \wr\Vert \\ [\Sigma A,X]^o & \xrightarrow{(\Sigma\alpha)^*} & [\Sigma B,X]^o . \end{array}$$

Ebenso liefert $\xi : X \longrightarrow Y$ aus Top^o ein kommutatives Diagramm von Homomorphismen

$$\begin{array}{ccc} [\Sigma A,X]^o & \xrightarrow{\xi_*} & [\Sigma A,Y]^o \\ \wr\Vert & & \wr\Vert \\ [A,\Omega X]^o & \xrightarrow{(\Omega\xi)_*} & [A,\Omega Y]^o . \end{array}$$

$\Omega\xi$ ist ein Homomorphismus von H-Räumen.

12.10) Satz. Sei (C,γ) ein punktierter Co-H-Raum und (M,μ) ein punktierter H-Raum. Dann stimmen die durch γ und μ induzierten Verknüpfungen in $[C,M]^o$ überein und sind kommutativ und assoziativ.

Beweis. Wir schreiben die Verknüpfungen in $[C,M]^o$ als $+_\gamma$ und $+_\mu$. Wir arbeiten in Top^oh. $0 : C \longrightarrow M$, repräsentiert durch die konstante Abbildung, ist neutral für beide Verknüpfungen. Wir haben die Projektion $p_k: M\times M \longrightarrow M$ auf die Faktoren und die Injektionen $i_l : C \longrightarrow C\vee C$ der Summanden $(k,l = 1,2)$. Für $f : C\vee C \longrightarrow M\times M$ setzen wir $f_{kl} = p_k \circ f \circ i_l$. Es ist $\mu f = p_1 f +_\mu p_2 f$ und $f\gamma = fi_1 +_\gamma fi_2$. Es folgt

$$(f_{11} +_\gamma f_{12}) +_\mu (f_{21} +_\gamma f_{22}) = (\mu f)\gamma = \mu(f\gamma)$$
$$= (f_{11} +_\mu f_{21}) +_\gamma (f_{12} +_\mu f_{22}).$$

Setzen wir $f_{12} = f_{21} = 0$, so folgt die Gleichheit der Verknüpfungen. Damit folgt die Kommutativität, wenn wir $f_{11} = f_{22} = 0$ einsetzen. $f_{12} = 0$ zeigt die Assoziativität. ∎

Korollar 1. Die beiden Gruppenstrukturen in $[\Sigma A, \Omega X]^o$ sind gleich und abelsch.

Daraus erhalten wir vermöge der Adjungiertheit $[\Sigma A, \Omega X]^o \cong [\Sigma^2 A, X]^o$ $(\Sigma^2 A = \Sigma(\Sigma A))$, daß die beiden sogleich zu beschreibenden Verknüpfungen in $[\Sigma^2 A, X]^o$ gleich sind. Nämlich: Sind $f,g: \Sigma^2 A \longrightarrow X$ gegeben, so können wir bilden

$$(g +_1 f)[a,s,t] = \begin{cases} f[a,2s,t] & \text{für } s \leq \frac{1}{2} \\ g[a,2s-1,t] & \text{für } s \geq \frac{1}{2} \end{cases}$$

(kommt von ΣA) und

$$(g +_2 f)[a,s,t] = \begin{cases} f[a,s,2t] & \text{für} \quad t \leq \frac{1}{2} \\ g[a,s,2t-1] & \text{für} \quad t \geq \frac{1}{2} \end{cases}$$

(kommt von ΩX).

Korollar 2. $\Sigma_* : [\Sigma A,X]^o \longrightarrow [\Sigma^2 A,\Sigma X]^o$ ist ein Homomorphismus.

Beweis. $\Sigma(g+f) = \Sigma g +_1 \Sigma f$. Nach der voranstehenden Bemerkung können wir $+_1$ als Verknüpfung verwenden.■

Korollar 3. Die beiden Verknüpfungen in $\Omega^2 X$ sind homotop und h-kommutativ. Entsprechend für die Co-Verknüpfungen in $\Sigma^2 A$.

Ein Beweis beruht auf der Bemerkung, daß eine "in Y" natürliche Verknüpfung in $[Y,Z]^o$ eine H - Raum - Struktur in Z induziert, die h-kommutativ (h-assoziativ,....) ist, falls die Verknüpfung in $[Y,Z]^o$ kommutativ (assoziativ,...) ist. Für eine ausführliche Behandlung dieser Fragen: Brinkmann-Puppe [4], 7.8.

(12.11) Sei (C,γ) ein Co-H-Raum.
C sei h-wohlpunktiert. X sei ein topologischer Raum und $u: [0,p] \longrightarrow X$ ein Weg.

Satz. $\hat{u}: [C,(X,u(0))]^o \longrightarrow [C,(X,u(p))]^o$ ist ein Homomorphismus.

Beweis. Sei zunächst $\{o\} \subset C$ eine abgeschlossene Cofaserung. Seien $f,g : C \longrightarrow (X,u(0))$ gegeben und sei φ (bzw. ψ) eine Verschiebung von f (bzw. g) längs u. Dann wird durch $\langle\varphi_t,\psi_t\rangle\circ\gamma$ eine Verschiebung von g+f längs u mit dem Ende $\varphi_p + \psi_p$ definiert.

Ist C nur als h-wohlpunktiert vorausgesetzt, so können wir einen Co-H-Raum (C',γ') finden und eine punktierte h-Äquivalenz $C' \longrightarrow C$, die ein Homomorphismus von Co-H-Räumen bis auf Homotopie ist (vgl. Beweis von (12.5), Anfang) und wobei ferner $\{o\} \subset C'$ eine abgeschlossene Cofaserung ist. Mit (10.7) folgt die Behauptung in diesem Fall. ∎

Literatur: Brinkmann-Puppe [4].

§ 13. Homotopiegruppen.

(13.1) In (11.1) haben wir einen Homöomorphismus

$$h_n : \Sigma S^{n-1} \longrightarrow S^n$$

angegeben. Damit definieren wir einen Homöomorphismus

$$\Sigma^k S^{n-k} \cong S^n$$

durch $h_n \cdot (\Sigma h_{n-1}) \cdot \ldots \cdot (\Sigma^{k-1} h_{n-k+1})$.

Mit diesen fest gewählten Homöomorphismen haben wir für $X \in |Top^o|$ Isomorphismen

$$[S^n, X]^o \cong [\Sigma S^{n-1}, X]^o \cong [\Sigma^k S^{n-k}, X]^o.$$

Genauer: Für $n \geq 1$ definieren wir auf $[S^n, X]^o$ eine Gruppenstruktur durch die erste Bijektion. Nach (12.10) können wir in $[\Sigma^k S^{n-k}, X]^o$ irgendeine der k " Einhängungskoordinaten " zur Definition der Addition benutzen. $\Sigma^i h_{n-i}$ induziert für $i \geq 1$ einen Homomorphismus. Für $n = 0$ können wir $[S^o, X]^o$ mit der Menge der Wegekomponenten von X identifizieren; $[S^o, X]^o$ ist eine punktierte Menge, mit der Komponente des Grundpunktes als Grundpunkt.

Definition. Wir setzen $\pi_n(X) = [S^n, X]^o$.

$\pi_n(X)$ heißt n-te Homotopiegruppe des (punktierten) Raumes X.

$\pi_n(X)$ ist eine Gruppe für $n \geq 1$ und eine abelsche Gruppe für $n \geq 2$. Die Gruppenstruktur wurde zunächst mit einem festen Homöomorphismus $h_n : \Sigma S^{n-1} \cong S^n$ definiert. Wir werden später sehen, inwieweit diese Struktur unabhängig von der Auswahl eines Homöomorphismus $\Sigma S^{n-1} \cong S^n$ ist (vgl.(16.3)).

$\pi_1(X)$ ist mit der in (10.1) definierten Fundamentalgruppe $\pi_1(X,o)$ kanonisch isomorph (vgl.(10.4)).

Die Kette von Isomorphismen

$$[S^n,X]^o \cong [\Sigma^{k+1}S^{n-k-1},X]^o \cong [\Sigma S^{n-k-1},\Omega^k X]^o \cong [S^{n-k},\Omega^k X]^o$$

liefert für $n > k$ einen Isomorphismus (Benutzung von (12.10))

$$\pi_n(X) \cong \pi_{n-k}(\Omega^k X).$$

Für $n = k > 0$ kann man natürlich eine Gruppenstruktur in $\pi_o(\Omega^n X)$ durch die H-Raum-Struktur von $\Omega^n X$ definieren; dann bleibt der zuletzt genannte Isomorphismus auch für $k = n$ bestehen.

Es dürfte klar sein, wie man für $n \geq 1$ π_n als Funktor von $Top^o h$ in die Kategorie der Gruppen auffassen kann.

(13.2) Wir geben jetzt eine abgewandelte Beschreibung für die Homotopiegruppen eines Raumes X.

Sei für $n \geq 1$

$$I^n = \{(t_1,\ldots,t_n) | t_i \in I\}$$

und

$$\partial I^n = \{(t_1,\ldots,t_n) | t_i = 0 \text{ oder } 1 \text{ für mindestens ein } i\} \subset I^n.$$

Wir fassen I^o als Einpunktraum $\{z\}$ auf, ∂I^o als die leere Menge und $I^o/\partial I^o$ als $\{o,z\}$. Durch die Vorschrift $o \longmapsto 1$, $z \longmapsto -1$ identifizieren wir $I^o/\partial I^o$ mit S^o. Für $n \geq 1$ sei ∂I^n der Grundpunkt von $I^n/\partial I^n$. Wir wenden die Definition der Einhängung an (s.(11.1)) und erhalten kanonische Homöomorphismen

$$\Sigma(I^n/\partial I^n) \cong I^n \times I/\partial I^n \times I \cup I^n \times \partial I$$
$$\cong I^{n+1}/\partial I^{n+1}.$$

Setzen wir diese Homöomorphismen mit den zu Beginn des Paragraphen angegebenen zusammen, so bekommen wir (kanonisch)

$$I^n/\partial I^n \cong \Sigma^n(I^o/\partial I^o) \cong \Sigma^n(S^o) \cong S^n.$$

Elemente von $\pi_n(X)$ können auf diese Weise durch Abbildungen

$$f : (I^n, \partial I^n) \longrightarrow (X,o)$$

repräsentiert werden. Die Gruppenstruktur in $\pi_n(X)$ wird durch die Vorschrift

$$(g+f)(t_1,\dots,t_n) = \begin{cases} f(t_1,\dots,t_{i-1},2t_i,t_{i+1},\dots,t_n), & t_i \leq \frac{1}{2} \\ g(t_1,\dots,t_{i-1},2t_i-1,t_{i+1},\dots,t_n), & t_i \geq \frac{1}{2} \end{cases}$$

(für irgendein i mit $1 \leq i \leq n$) induziert.

(13.3) <u>Relative Homotopiegruppen.</u>

Sei $g : X' \longrightarrow X$ aus Top^o und $A \in |Top^o|$.

Wir setzen

$$CA = A \times I / A \times 1 \cup o \times I$$

und haben eine Einbettung (!)

$$i : A \cong A \times 0 \subset CA.$$

Wir betrachten die Homotopiemenge $[i,g]^o$, d.h. in der Kategorie $Top^o(2)$(vgl.(10.8)) Homotopieklassen von Paaren (f',f), die das Diagramm

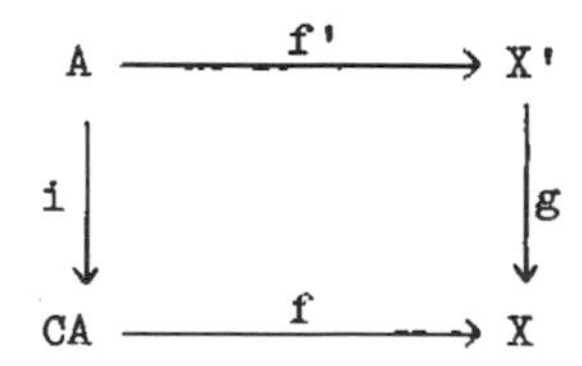

kommutativ machen.

Wir betrachten den Hilfsraum

$$F_g = \{(x',u) | u(0) = g(x'),\ u(1) = o\} \subset X' \times X^I.$$

Einem Paar (f',f) ordnen wir die Abbildung $\overline{f} : A \longrightarrow F_g$ zu, die durch $\overline{f}(a) = (f'(a),u)$, $u(t) = f[a,t]$ definiert ist. Man bestätigt, daß dadurch eine bijektive Abbildung

$$[i,g]^o \cong [A,F_g]^o$$

induziert wird. Ist A eine Einhängung, $A = \Sigma A'$, so können wir diesen Mengen eine Gruppenstruktur aufprägen.

Durch $[a,t] \longmapsto (1-t)a + te_1$

wird ein Homöomorphismus $CS^{n-1} \cong E^n$ angegeben, der das Diagramm

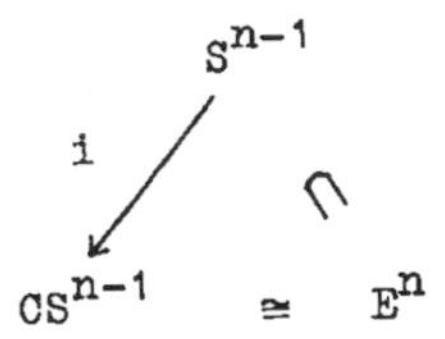

kommutativ macht. Wir verwenden diesen Homöomorphismus in der folgenden Definition.

Definition. Wir setzen

$$\pi_n(g) = [S^{n-1} \subset E^n, g]^o \cong [S^{n-1} \xrightarrow{i} E^n, g]^o \cong \pi_{n-1}(F_g).$$

Ist speziell $g : X' \subset X$, so schreiben wir auch $\pi_n(X,X')$ für $\pi_n(g)$ und bezeichnen $\pi_n(X,X')$ als n-te (relative) Homotopiegruppe des Paares (X,X').

$\pi_n(g)$ ist definiert für $n \geq 1$ und " ist " eine Gruppe für $n \geq 2$ (abelsch für $n \geq 3$).

(13.4) Wir geben jetzt eine andere Beschreibung für die relativen Homotopiegruppen eines Paares (X,X') an.

Wir haben kanonische Homöomorphismen

$$S^{n-1} \cong I^{n-1}/\partial I^{n-1}$$

$$CS^{n-1} \cong I^{n-1} \times I/\partial I^{n-1} \times I \cup I^{n-1} \times 1 .$$

Wir setzen

$$J^{n-1} = \partial I^{n-1} \times I \cup I^{n-1} \times 1 .$$

Dann können wir Elemente von $\pi_n(X,X')$ durch Abbildungen

$$f : (I^n, \partial I^n, J^{n-1}) \longrightarrow (X, X', o)$$

repräsentieren. Die Gruppenstruktur wird durch folgende Vorschrift induziert:

$$(g+f)(t_1,\dots,t_n) = \begin{cases} f(t_1,\dots,t_{i-1},2t_i,t_{i+1},\dots,t_n) & , t \leq \frac{1}{2} \\ g(t_1,\dots,t_{i-1},2t_i-1,t_{i+1},\dots,t_n), & t \geq \frac{1}{2} \end{cases}$$

für jedes i mit $1 \leq i \leq n-1$.

Der Leser verfolge selbst den Weg von der Definition in (13.3) zu dieser Vorschrift.

Die kanonische Projektion

$$p: (I^n, \partial I^n, o) \longrightarrow (I^n/J^{n-1}, \partial I^n/J^{n-1}, o) ,$$

mit irgendeinem $o \in J^{n-1}$ links, ist eine h-Äquivalenz von punktierten Paaren. (Beweis: J^{n-1} ist punktiert zusammenziehbar. Also liegen nach Satz (2.36), übertragen auf die Kategorie Top^o, einzelne h-Äquivalenzen vor. Jetzt wende man das Analogon zu Satz (2.32) für Top^o an.) Daraus entnimmt man einen durch p induzierten Isomorphismus

$$\pi_n(X,X') \cong [I^n, \partial I^n ; X, X']^o .$$

§ 14. Die Faserfolge.

In diesem Abschnitt sei $g : X \longrightarrow Y$ eine punktierte Abbildung.

(14.1) Wir haben die Räume

$$W_g = \{(x,u) | u(0) = g(x)\} \subset X \times Y^I$$
$$F_g = \{(x,u) | u(1) = o,\ u(0) = g(x)\} \subset W_g$$

schon früher betrachtet ((5.22) ; (13.3)).

Sie treten in dem folgenden Diagramm auf:

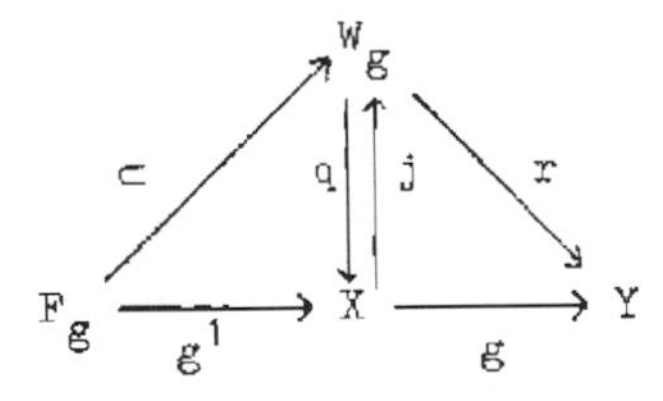

Darin sind die Abbildungen definiert durch

$$r(x,u) = u(1)$$
$$q(x,u) = x$$
$$g^1 = q | F_g$$
$$j(x) = (x, g(x))$$

($g(x)$ konstanter Weg mit Bild $\{g(x)\}$).

Es gelten die Aussagen (Satz (5.27), übertragen auf die Kategorie Top^o):

$g = rj$, $qj = id_X$, $jq \simeq id_{W_g}$, j ist eine h-Äquivalenz, r ist eine Faserung in Top^o .

(14.2) Satz. Sei $A \in |Top^o|$ und seien g, g^1 wie in (14.1). Dann ist die Folge von punktierten Mengen

$$[A,F_g]^o \xrightarrow[g^1_*]{} [A,X]^o \xrightarrow[g_*]{} [A,Y]^o$$

exakt (d.h. Kern g_* = Bild g^1_* , wobei Kern $g_* = g_*^{-1}(o)$ ist).

<u>Beweis</u>. Es ist Bild $g_*^1 \subset$ Kern g_* , weil gg^1 punktiert nullhomotop ist. Eine Nullhomotopie $\varphi_t\colon F_g \times I \longrightarrow Y$ wird durch $\varphi_t(x,u) = u(t)$ gegeben.

Sei umgekehrt ein $f : A \longrightarrow X$ gegeben. so daß gf punktiert nullhomotop ist. Sei $\varphi\colon A \times I \longrightarrow Y$ eine punktierte Nullhomotopie von gf.

Wir erklären $f' : A \longrightarrow F_g$ durch $f'(a) = (f(a), \varphi^a)$, mit dem durch $\varphi^a(t) = \varphi(a,t)$ gegebenen Weg φ^a. f' ist stetig und es gilt $g^1 f' = f$.■

(14.3) Sei $g : X \longrightarrow Y$ eine punktierte h-Faserung, sei $F = g^{-1}(o)$ und $i : F \longrightarrow X$ die Inklusion. In dem Diagramm

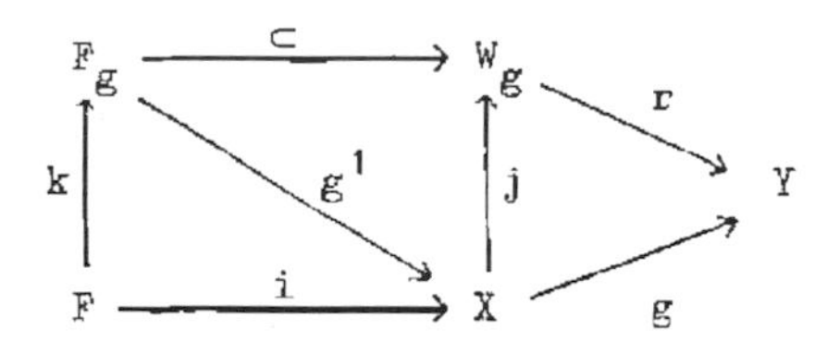

sei k durch j induziert (es ist $j(F) \subset F_g$ wegen $rj = g$). Es ist $g^1 k = i$. j ist eine punktierte h-Äquivalenz, also nach Satz (6.21), übertragen auf Top^o , sogar eine punktierte h-Äquivalenz über Y. Folglich ist k eine punktierte h-Äquivalenz.

<u>Folgerung</u>. Die Folge

$$[A,F]^o \xrightarrow[i_*]{} [A,X]^o \xrightarrow[g_*]{} [A,Y]^o$$

ist exakt.

<u>Bemerkung</u>. Setzt man nur voraus, daß g eine h-Faserung in Top ist, so kann man nur schließen, daß k eine gewöhnliche h-Äquivalenz ist.

In

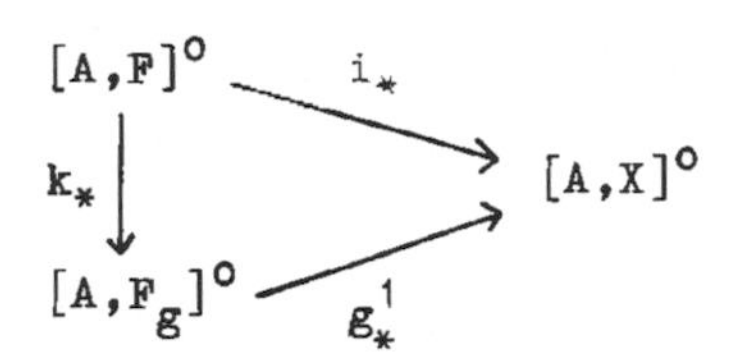

ist aber nach (10.5) und (10.7) k_* jedenfalls dann bijektiv, wenn A h-wohlpunktiert ist. Für diese A ist also die Sequenz aus der Folgerung oben exakt.

(14.4) <u>Satz</u>. Die Abbildung $g^1 : F_g \longrightarrow X$ (aus (14.1)) ist eine punktierte Faserung.

<u>Beweis.</u> Sei $WY \subset Y^I$ der Teilraum der im Grundpunkt endenden Wege. Sei $t : WY \longrightarrow Y$ die Projektion $tu = u(0)$. Dann ist t eine punktierte Faserung und g^1 von t durch g induziert. ■

Den Raum

$$(g^1)^{-1}(o) = \{(x,u) \mid x = o, u(0) = g(x) = o, u(1) = o\} = o \times \Omega Y$$

können wir mit ΩY identifizieren. Sei $i^1 : \Omega Y \longrightarrow F_g$ die Einbettung. Wenden wir die Konstruktion aus (14.3) auf g^1 statt g an und dann den letzten Satz, so erhalten wir das

<u>Korollar</u>. In dem Diagramm

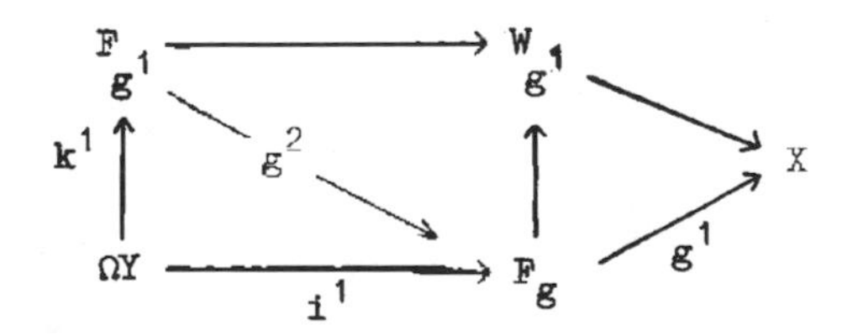

ist k^1 eine punktierte h-Äquivalenz. (k^1 ist analog zu k, g^2 analog zu g^1 gebildet.)

(14.5) Die Faser von $g^2 : F_{g^1} \longrightarrow F_g$ über dem Grundpunkt kann mit ΩX identifiziert werden; $i^2 : \Omega X \longrightarrow F_{g^1}$ sei die Einbettung.

Allgemein wollen wir unter $(-1) : \Omega Z \longrightarrow \Omega Z$ die Abbildung verstehen, die jeden Weg in sein Negatives überführt.

Satz. Das Diagramm

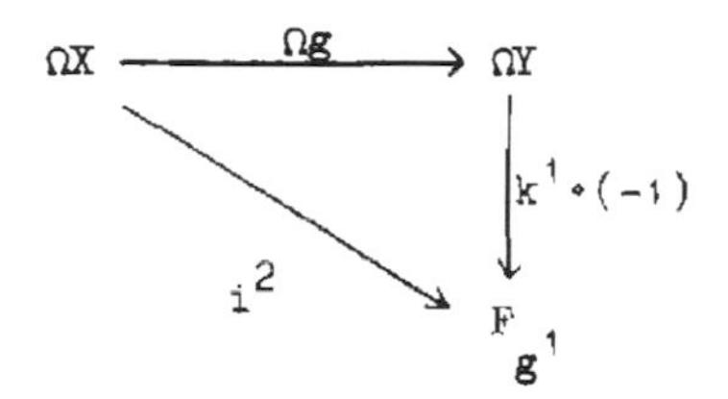

ist kommutativ bis auf punktierte Homotopie.

Beweis. Nach Definition ist

$$F_{g^1} = \{((x,v),u) \mid (x,v) \in F_g,\ u \in X^I, u(0)= g^1(x,v), u(1)= o\}.$$

Nun ist aber $g^1(x,v) = x$ und nach Definition von F_g $v(1) = o$ und $v(0) = g(x)$. Deshalb können wir F_{g^1} auch mit dem Raum

$$\{(v,u) \mid v(0) = g(u(0)),\ v(1) = o,\ u(1) = o\} \subset Y^I x X^I$$

identifizieren (vermöge $(v,u) \longmapsto ((u(0),v),u))$.

Die Abbildung i^2 hat dann die Form $i^2(u) = (o,u)$ und die Abbildung $k^1 \circ (-1) \circ \Omega g$ die Form $u \longmapsto (-(gu),o)$.

Eine punktierte Homotopie

$$\varphi: \Omega X x I \longrightarrow F_{g^1}$$

mit $\varphi_o = i^2$ und $\varphi_1 = k^1 \circ (-1) \circ \Omega g$ kann durch

$$(u,t) \longmapsto (-(gu|[0,t])_I\ ,\ (u|[t,1])_I)$$

definiert werden. Der untere Index I bedeutet hier wieder: Normierung des Parameterintervalles auf I. ∎

(14.6) Wir iterieren die bisher beschriebenen Prozesse und erhalten das folgende große Diagramm. Es ist h-kommutativ((14.5), Satz). Stufe (II) geht aus Stufe (I) durch Anwenden des Funktors Ω hervor. Die Glieder mit $F, \Omega F, \ldots$ treten nur dann auf, wenn g eine h-Faserung ist.

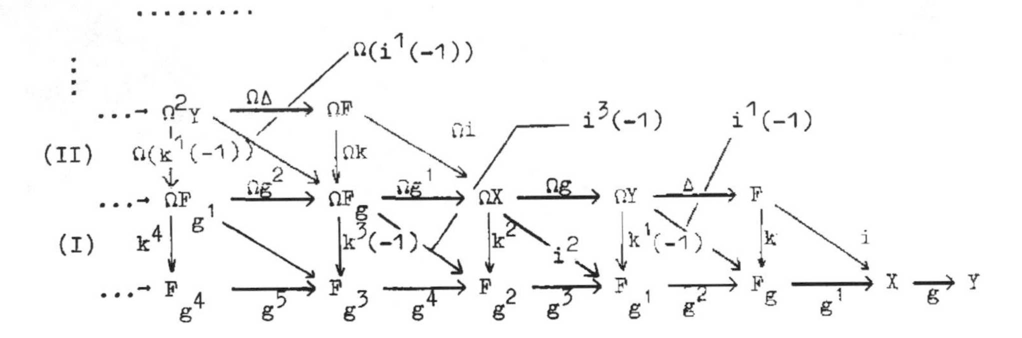

Die senkrechten Abbildungen sind punktierte h-Äquivalenzen (falls g eine Faserung in Top^o ist; ist g nur Faserung in Top, so sind $k, \Omega k, \ldots$ punktierte Abbildungen und h-Äquivalenzen in Top). Die Abbildung Δ wird gewählt, etwa durch Zusammensetzen von $i^1(-1)$ mit einem h-Inversen von k.

Falls g nur eine h-Faserung in Top ist, wird Δ im allgemeinen nicht punktiert sein, bildet jedoch den Grundpunkt wieder in die Wegekomponente des Grundpunktes ab; d.h. man kann Δ jedenfalls dann punktiert wählen, wenn Y und damit ΩY h-wohlpunktiert ist (vgl.(10.2),(10.7),(11.3)).

Die voranstehende Diskussion ergibt den folgenden Satz.

Satz. Die Folge $Y \xleftarrow{g} X \xleftarrow{g^1} F_g \xleftarrow{g^2} F_{g^1} \longleftarrow \ldots$

ist punktiert h-äquivalent zu der Folge

$$Y \xleftarrow{g} X \xleftarrow{g^1} F_g \longleftarrow \Omega Y \xleftarrow{\Omega g} \Omega X \longleftarrow \ldots$$

und, falls g eine punktierte h-Faserung mit Faser F ist, auch zu

$$Y \xleftarrow{g} X \xleftarrow{i} F \xleftarrow{\Delta} \Omega Y \xleftarrow{\Omega g} \Omega X \longleftarrow \ldots\ldots \;.$$

(Mit h-äquivalent meinen wir hier natürlich nicht " h-äquivalent in der Kategorie der Folgen " sondern nur "äquivalent in der Kategorie der Folgen über $\mathrm{Top}^o h$ ".)

Korollar 1. Für jedes $A \in |\mathrm{Top}^o|$ sind exakt:

$$\begin{array}{ccccccccccc} [A,Y]^o & \longleftarrow & [A,X]^o & \longleftarrow & [A,F_g]^o & \longleftarrow & [A,\Omega Y]^o & \longleftarrow & [A,\Omega X]^o & \longleftarrow & \ldots \\ & & & & \cong & & \cong & & \cong & & \\ & & & & [A \subset CA, g]^o & \longleftarrow & [\Sigma A, Y]^o & \longleftarrow & [\Sigma A, X]^o & \longleftarrow & \ldots . \end{array}$$

Speziell für $A = S^o$ und $g : X \subset Y$ erhalten wir die exakte Folge

$$\pi_o(Y) \longleftarrow \pi_o(X) \longleftarrow \pi_1(Y,X) \longleftarrow \pi_1(Y) \longleftarrow \pi_1(X) \longleftarrow \ldots \;.$$

Von der vierten Stelle an bestehen die Folgen aus Gruppen und Homomorphismen.

Korollar 2. Sei entweder g eine punktierte h-Faserung oder g eine h-Faserung und A h-wohlpunktiert. Dann sind exakt:

$$\begin{array}{ccccccccccc} [A,Y]^o & \longleftarrow & [A,X]^o & \longleftarrow & [A,F]^o & \xleftarrow{\partial} & [A,\Omega Y]^o & \longleftarrow & [A,\Omega X]^o & \longleftarrow & \ldots \\ & & & & & & \cong & & \cong & & \\ & & & & & & [\Sigma A, Y]^o & \longleftarrow & [\Sigma A, X]^o & \longleftarrow & \ldots . \end{array}$$

Speziell für $A = S^o$ erhalten wir die exakte Folge

$$\pi_o(Y) \longleftarrow \pi_o(X) \longleftarrow \pi_o(F) \longleftarrow \pi_1(Y) \longleftarrow \pi_1(X) \longleftarrow \ldots \;.$$

Bemerkung 1. $\partial : [A,\Omega^n Y]^o \longrightarrow [A,\Omega^{n-1}F]^o$ ist durch die Abbildung $\Omega^{n-1}\Delta$ induziert, falls g als punktierte h-Faserung vorausgesetzt wird. Im allgemeinen müssen wir aber ∂

durch

$$[A,\Omega^n Y]^o \longrightarrow [A,\Omega^{n-1}F_g]^o \xleftarrow{\cong} [A,\Omega^{n-1}F]^o$$

definieren.

Bemerkung 2. Will man nur die exakte Folge der Homotopiegruppen haben, so muß man nicht unbedingt verlangen, daß $X \longrightarrow Y$ eine h-Faserung ist.
Es genügt anzunehmen, daß $X \longrightarrow Y$ die Deckhomotopieeigenschaft für alle Würfel I^n, $n \geq o$, hat, d.h. daß $X \longrightarrow Y$ eine Serre-Faserung ist (vgl.(5.18)).

(14.7) Sei $p : E \longrightarrow B$ eine Faserung und eine punktierte Abbildung. Sei $f : B' \longrightarrow B$ eine punktierte Abbildung.
Wir nehmen an, daß das Diagramm

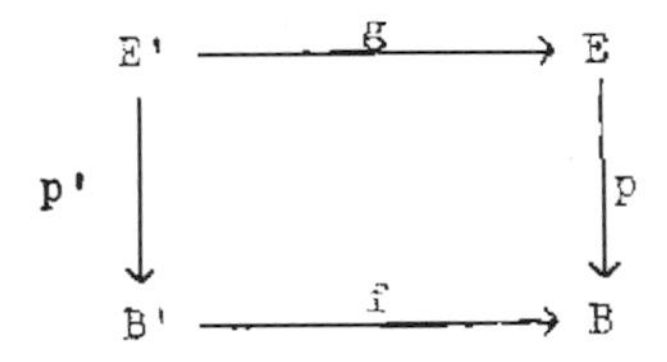

kartesisch ist. E' und p' sind punktiert und p' ist eine Faserung. Sei $i : A \longrightarrow CA$ wie in (13.3). Das Paar (p',p) induziert eine Abbildung

$$(p',p)_* : [i,g]^o \longrightarrow [i,f]^o .$$

Satz. $(p',p)_*$ ist bijektiv, falls A h-wohlpunktiert ist.

Beweis. Aus (13.3) entnimmt man, daß es genügt, die Abbildung

$$q_* : [A,F_g]^o \longrightarrow [A,F_f]^o$$

zu untersuchen. Dabei ist $q : F_g \longrightarrow F_f$ die Abbildung $(x,u) \longmapsto (p'x, pu)$. Die Behauptung ergibt sich aus dem folgenden Satz.

<u>Satz</u>. Ist p eine Faserung, so ist q schrumpfbar. Insbesondere ist q eine h-Äquivalenz.

<u>Beweis</u>. Die Abbildung $p : E \longrightarrow B$ liefert eine Abbildung $Wp : WE \longrightarrow WB$ (siehe (14.4)). Sei $f_1 : F_f \longrightarrow WB$ durch $f_1(y,w) = w$ definiert und $g_1 : F_g \longrightarrow WE$ entsprechend. Das Diagramm

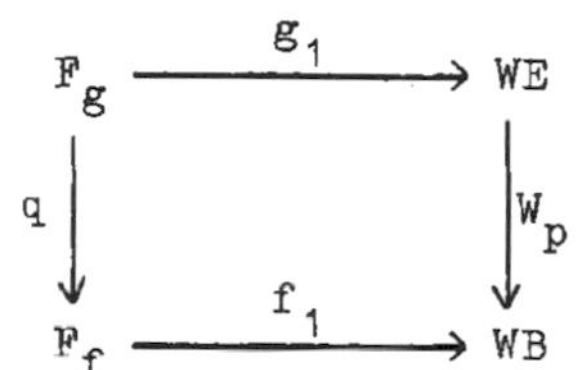

ist kartesisch. Weil p eine Faserung ist, können wir einen Schnitt s von Wp wie folgt konstruieren:
Die Homotopie
$\varphi: WB \times I \longrightarrow B$, $\varphi(w,t) = w(t)$ läßt sich zu einer Homotopie $\Phi: WB \times I \longrightarrow E$ mit $\Phi(w,1) = o$ hochheben. Die zu Φ adjungierte Abbildung sei $s : WB \longrightarrow WE$.
s ist ein Schnitt von Wp. Nun ist aber Wp eine Faserung. (Zum Beweis betrachte man adjungierte Abbildungen und wende den folgenden Satz von Strøm auf die abgeschlossene Cofaserung $X \times 1 \subset X \times I$ an.

<u>Satz</u>. (Strøm [26], Theorem 4).
Sei $p : E \longrightarrow B$ eine Faserung und $A \subset X$ eine abgeschlossene Cofaserung. Dann kann jedes kommutative Diagramm in Top von der Form

$$\begin{array}{ccc} (X \times 0) \cup (A \times I) & \xrightarrow{\varphi} & E \\ \cap & & \downarrow p \\ X \times I & \xrightarrow{\Phi} & B \end{array}$$

durch eine Homotopie $\bar{\Phi}: X \times I \longrightarrow E$ ergänzt werden, so daß

$p\overline{\Phi} = \Phi$ und $\overline{\Phi}|(X\times 0) \cup (A\times I) = \varphi$.)

Ferner ist $s \circ Wp$ eine h-Äquivalenz, weil WE zusammenziehbar ist. Nach Satz (6.21) hat also $s \circ Wp$ über WB ein h-Linksinverses t. Mit anderen Worten:

ts ist ein Schnitt von Wp und $ts \circ Wp$ ist homotop zur Identität in Top_{WB} ; das heißt aber gerade:

Wp ist schrumpfbar. Es folgt nach (7.19) die Schrumpfbarkeit des induzierten Objektes q.■

Wir erwähnen noch den folgenden Spezialfall.

Satz. Sei $p : E \longrightarrow B$ eine Faserung und punktiert, sei $o \in B' \subset B$ und sei $E' = p^{-1}B'$. Dann induziert p einen Isomorphismus von Homotopiegruppen

$$\pi_n(E,E') \cong \pi_n(B,B').$$

Bemerkung. Diese Eigenschaft einer Abbildung p dient im wesentlichen zur Definition des Begriffes " Quasi-Faserung ". Siehe Dold-Thom [8].

(14.8) Die duale Cofaserfolge ist ausführlich in Puppe [19] dargestellt. Dort findet man auch Aussagen über zusätzliche algebraische Strukturen am Anfang der Folge. Für Beziehungen zwischen Cofaser- und Faserfolge siehe [18].

Literatur: Dold - Thom [8], Nomura [18], Puppe [19].

§ 15. Der Ausschneidungssatz von Blakers-Massey.

Sei Y ein topologischer Raum.

Seien Y_1 und Y_2 offene Teilräume von Y, die Y überdecken, $Y = Y_1 \cup Y_2$. Wir setzen $Y_o = Y_1 \cap Y_2$.

Es sei

$$\pi_i(Y_1, Y_o) = 0 \quad \text{für } 0 < i < p,\ p \geq 1,$$
$$\pi_i(Y_2, Y_o) = 0 \quad \text{für } 0 < i < q,\ q \geq 1,$$

für jede Wahl des Grundpunktes in Y_o.

Unter diesen Voraussetzungen gilt der

Ausschneidungs-Satz *). Die durch die Inklusion induzierte Abbildung

$$\iota : \pi_n(Y_2, Y_o) \longrightarrow \pi_n(Y, Y_1)$$

ist ein Isomorphismus für $1 \leq n < p+q-2$ und ein Epimorphismus für $1 \leq n \leq p+q-2$.

Wir beweisen den Satz in (15.3). Die Abschnitte (15.1) und (15.2) bringen vorbereitende Hilfssätze.

(15.1) Seien Paare $A' \subset A$ und $X' \subset X$ gegeben. Eine Abbildung $f : (A, A') \longrightarrow (X, X')$ heiße kompressibel, wenn f relativ A' zu einer Abbildung g mit $g(A) \subset X'$ homotop ist.
f heiße nullhomotop ($f \simeq 0$), wenn f als Abbildung von Paaren zu einer konstanten Abbildung k mit $k(A) \subset X'$ homotop ist.

*) Ein Satz dieser Art wurde von Blakers und Massey bewiesen in [1], vgl. auch Spanier [24], p.484.

<u>Hilfssatz</u>. (a) Sei f kompressibel und A zusammenziehbar. Dann ist f nullhomotop.

(b) Sei f nullhomotop und $A' \subset A$ eine Cofaserung. Dann ist f kompressibel.

<u>Beweis</u>. (a) Einfach. (b) Nach Voraussetzung gibt es eine Homotopie $\varphi: (A \times I, A' \times I) \longrightarrow (X, X')$ von f zu einer konstanten Abbildung k. Weil $A' \subset A$ eine Cofaserung ist, gibt es eine Homotopie $\psi: A \times I \longrightarrow X'$ mit $\psi(a,t) = \varphi(a,1-t)$ für $a \in A'$ und $\psi(a,0) = k(a)$ für $a \in A$. Sei $g = \psi_1$. Wir definieren $F: A \times I \longrightarrow X$ durch

$$F(a,t) = \begin{cases} \varphi(a,2t) & \text{für} \quad t \leq \frac{1}{2} \\ \psi(a,2t-1) & \text{für} \quad t \geq \frac{1}{2} \end{cases}$$

und wenden - der Produktsatz (3.20) erlaubt uns das - die HEE auf das Paar

$$A' \times I \cup A \times \dot{I} \subset A \times I$$

an, um eine Deformation von F nach $\tilde{F}: f \simeq g \text{ rel } A'$ zu erhalten (vgl. Beweis von Satz (2.18)). ∎

(15.2) Unter einem <u>achsenparallelen Würfel im $\mathbb{R}^n$</u>, $n \geq 1$, verstehen wir im folgenden eine Punktmenge der Form

$$W(a,\delta,L) = W = \{x \in R^n \mid a_i \leq x_i \leq a_i + \delta \text{ für } i \in L,\ a_i = x_i \text{ für } i \notin L\}$$

für irgendein $a = (a_1, \ldots, a_n) \in \mathbb{R}^n$, $\delta > 0$, $L \subset \{1, \ldots, n\}$ (L darf leer sein).

Eine <u>Seite</u> von W ist eine Punktmenge der Form

$$W' = \{x \in W \mid x_i = a_i \text{ für } i \in L_0,\ x_j = a_j + \delta \text{ für } j \in L_1\}$$

für gewisse $L_0 \subset L$, $L_1 \subset L$ (W' kann leer sein).

Mit ∂W bezeichnen wir die Vereinigung aller echten Seiten von W. Die folgenden Teilmengen eines Würfels W werden bedeutsam sein:

$K_p(W) = \{x \in W | x_i < a_i + \frac{\delta}{2}$ für mindestens p Werte $i \in L\}$.

$G_p(W) = \{x \in W | x_i > a_i + \frac{\delta}{2}$ für mindestens p Werte $i \in L\}$;

dabei ist $1 \leq p \leq n$. (Anschauliche Sprechweise: $K_p(W)$ ist die Teilmenge von W der Punkte, für die mindestens p Koordinaten " klein " sind.) Für $p > \dim W$ verstehen wir unter $K_p(W)$ und $G_p(W)$ die leere Menge.

<u>Hilfssatz</u>. Gegeben sei $A \subset Y$, $f : W \longrightarrow Y$ und $p \leq \dim W$. Sei

$$f^{-1}(A) \cap W' \subset K_p(W') \text{ für alle } W' \subset \partial W.$$

Dann gibt es eine zu f relativ ∂W homotope Abbildung g mit

$$g^{-1}(A) \subset K_p(W).$$

(Ein analoger Satz gilt mit G_p anstelle von K_p.)

<u>Beweis</u>. Wir können $W = I^n$ annehmen, $n \geq 1$.
Sei $h: I^n \longrightarrow I^n$ die folgende Abbildung:
Sei $x = (\frac{1}{4},\ldots,\frac{1}{4})$. Für eine in x beginnende Halbgerade y betrachten wir ihre Schnittpunkte $P(y)$ mit dem Rand von $[0,\frac{1}{2}]^n$ und $Q(y)$ mit dem Rand von I^n. h bildet die Strecke von $P(y)$ nach $Q(y)$ auf den Punkt $Q(y)$ ab und die Strecke von x nach $P(y)$ affin auf die Strecke von x nach $Q(y)$. (Siehe Zeichnung.)

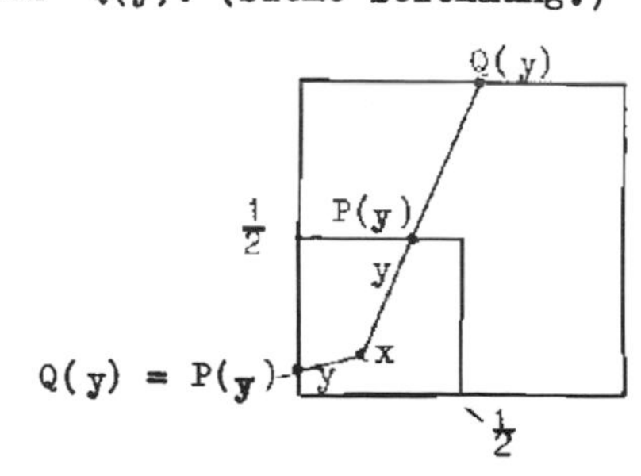

Es ist $h \simeq id_{I^n}$ rel ∂I^n. Wir setzen $g = fh$.
Sei $x \in I^n$ und $g(x) \in A$. Ist $x_i < \frac{1}{2}$ für alle i, so ist $x \in K_n(I^n) \subset K_p(I^n)$. Ist $x_i \geq \frac{1}{2}$ für mindestens ein i, dann ist $h(x) \in \partial I^n$, also $h(x) \in W'$ mit $\dim W' = n-1$. Da auch $h(x) \in f^{-1}(A)$ gilt, ist nach Voraussetzung $h(x) \in K_p(W')$. Also ist für mindestens p Koordinaten $\frac{1}{2} > h(x)_i = \frac{1}{4} + t(x_i - \frac{1}{4})$. Nach Definition von h ist aber $t \geq 1$ (da ein i mit $x_i \geq \frac{1}{2}$ existiert). Es folgt $h(x)_i \geq x_i$; und für mindestens p Koordinaten ist $\frac{1}{2} > x_i$.∎

(15.3) <u>Beweis des Ausschneidungssatzes</u>. Wir zeigen die Epimorphie für $n \leq p + q - 2$.
Zunächst überzeugen wir uns davon, daß es genügt, ein

$$f: (I^n, \partial I^n, J^{n-1}) \longrightarrow (Y, Y_1, o)$$

in eine Abbildung g zu deformieren, für die

$$(*) \quad \mathrm{pr}\, g^{-1}(Y-Y_2) \cap \mathrm{pr}\, g^{-1}(Y-Y_1) = \emptyset$$

ist. ($\mathrm{pr}: I^n \longrightarrow I^{n-1}$, $\mathrm{pr}(x_1,\ldots,x_n) = (x_1,\ldots,x_{n-1})$.)
Ist nämlich ein g mit dieser Eigenschaft gegeben, so wählen wir (Satz von Urysohn) eine stetige Funktion $\tau: I^{n-1} \longrightarrow [0,1]$, die auf der abgeschlossenen Menge $\mathrm{pr}\, g^{-1}(Y-Y_2)$ den Wert 1 annimmt und auf $\partial I^{n-1} \cup \mathrm{pr}\, g^{-1}(Y-Y_1)$ den Wert Null. (Das ist möglich, weil $g^{-1}(Y-Y_2) = g^{-1}(Y_1-Y_o)$ mit J^{n-1} leeren Durchschnitt hat.)
Sei $\varphi: I^n \longrightarrow I^n$ durch

$$\varphi(x_1,\ldots,x_n) = (x_1,\ldots,x_{n-1}, \tau+(1-\tau)x_n),$$

$\tau = \tau(x_1,\ldots,x_{n-1})$, definiert und g_o durch $g_o = g \circ \varphi$.
Dann kann g_o als eine Abbildung

$$g_o: (I^n, \partial I^n, J^{n-1}) \longrightarrow (Y_2, Y_o, o)$$

aufgefaßt werden. Man verifiziert $\iota[g_o] = [g]$.

Wir zeigen nun, daß eine zu f homotope Abbildung g mit der oben genannten Eigenschaft existiert.

I^n wird so in Würfel W zerlegt, daß entweder $f(W) \subset Y_1$ oder $f(W) \subset Y_2$ gilt. Seien $W_1, W_2, \ldots, W_r$ diejenigen Würfel W, für die $f(W) \subset Y_1$ aber $f(W) \not\subset Y_2$.
Seien $W_1', W_2', \ldots, W_s'$ diejenigen W mit $f(W) \subset Y_2$ aber $f(W) \not\subset Y_1$. Die Indizierung sei so gewählt, daß $\dim W_i \leq \dim W_{i+1}$ und $\dim W_i' \leq \dim W_{i+1}'$ ist.
Wir setzen noch

$$U_i = \bigcup_{f(W) \subset Y_i} W \qquad , \quad i = 0,1,2.$$

Wir konstruieren jetzt eine Familie von Abbildungen $f_k: I^n \longrightarrow Y$, $k = 0,1,\ldots,r$, mit den Eigenschaften:

(a) $f(W) \subset Y_i \Rightarrow f_k(W) \subset Y_i$.

(b) $f_k^{-1}(Y_1 - Y_o) \cap W_j \subset K_p(W_j)$ für alle $j \leq k$.

(c) $f_k \simeq f$ als Abbildung von Tripeln.

Wir setzen $f_o = f$. Sei f_{k-1} schon konstruiert. Für jede echte Seite W von W_k gilt nach Induktionsvoraussetzung (b) $f_{k-1}^{-1}(Y_1 - Y_o) \cap W \subset K_p(W)$.

Zwischenbehauptung. Es gibt eine Homotopie $\psi: W_k \times I \longrightarrow Y_1$ rel ∂W_k mit $\psi_o = f_{k-1}|W_k$ und

$$\psi_1^{-1}(Y_1 - Y_o) \subset K_p(W_k).$$

Beweis. 1.Fall: $\dim W_k = 0$. Wir müssen $f_{k-1}(W_k)$ innerhalb Y_1 mit einem Punkt aus Y_o verbinden (denn $K_p(W_k) = \emptyset$). Da $n > 0$ ist, gibt es in I^n einen Weg von W_k zu einem Punkt aus J^{n-1}. Das Bild dieses Weges bei f_{k-1} verbindet $f_{k-1}(W_k)$ mit einem Punkt aus Y_o; ein geeignetes Anfangsstück verläuft ganz in Y_1 und endet in Y_o.

2. Fall: $0 < \dim W_k < p$. Für jede Seite W von W_k ist dann $K_p(W) = \emptyset$ und folglich nach Induktionsvoraussetzung (b) $f_{k-1}(W) \subset Y_o$. Wir erhalten demnach aus f_{k-1} eine Abbildung

$$(W_k, \partial W_k) \longrightarrow (Y_1, Y_o).$$

Da $\pi_i(Y_1, Y_o) = 0$ ist für $i = \dim W_k$ (und jede Wahl des Grundpunktes), läßt sich der Hilfssatz aus (15.1) anwenden. Er liefert die gewünschte Homotopie ψ.

3. Fall: $\dim W_k \geq p$. Wir wenden den Hilfssatz aus (15.2) an.

Damit ist die Zwischenbehauptung bewiesen. Die gewonnene Homotopie ψ setzen wir zu einer Homotopie $\Psi: I^n \times I \longrightarrow Y$ von f_{k-1} fort, und zwar konstant auf $U_2 \cup W_1 \cup \ldots \cup W_{k-1}$ (das ist möglich, weil diese Menge keine inneren Punkte von W_k enthält) und danach rekursiv auf $W_{k+1}, \ldots, W_r$ mit Werten in Y_1 (das ist möglich, weil $\partial W_j \subset W_j$ eine Cofaserung ist). Es sei $\Psi_1 = f_k$. Ψ ist eine Homotopie rel U_2, wegen $J^{n-1} \subset U_2$ also auch rel J^{n-1}. $\Psi(\partial I^n \times I) \subset Y_1$. Mithin ist Ψ eine Homotopie in der Kategorie der Raumtripel und (a), (b) und (c) sind für f_k erfüllt.

Wir setzen $g_o = f_r$ und konstruieren rekursiv eine Familie $g_o, \ldots, g_s$ von Abbildungen $I^n \longrightarrow Y$ mit den Eigenschaften:

(a') $g_o(W) \subset Y_i \Rightarrow g_l(W) \subset Y_i$.

(b') $g_l^{-1}(Y_2 - Y_o) \cap W_j' \subset G_q(W_j')$ für alle $j \leq l$.

(c') $g_l \simeq g_o$ rel U_1

(Beachte: $U_1 \supset \partial I^n \supset J^{n-1}$). Wir definieren $g = g_s$. Dann ist $g \simeq f$ als Abbildung von Tripeln. Es bleibt für g die Aussage (*) nachzuweisen.

Sei $y \in pr\, g^{-1}(Y_1 - Y_0)$ und etwa $y = pr(x)$, $x \in g^{-1}(Y_1 - Y_0)$, $x \in W$.
Dann ist $x \in K_p(W)$, $y \in K_{p-1}(pr(W))$, d.h. y hat mindestens $p-1$ kleine Koordinaten. Ebenso folgt aus $y \in pr\, g^{-1}(Y_2 - Y_0)$, daß y mindestens $q-1$ große Koordinaten hat. Wegen $n-1 < p-1 + q-1$ können nicht beide Relationen gleichzeitig bestehen.

Wir zeigen die Injektivität für $n < p+q-2$. Seien f und g zwei Abbildungen $(I^n, \partial I^n, J^{n-1}) \longrightarrow (Y_2, Y_0, o)$.
Ihre Zusammensetzung mit der Inklusion
$u: (Y_2, Y_0, o) \longrightarrow (Y, Y_1, o)$ sei homotop.
Wir wählen eine Homotopie

$$\varphi: (I^n \times I,\ \partial I^n \times I,\ J^{n-1} \times I) \longrightarrow (Y, Y_1, o)$$

zwischen $\varphi_0 = uf$ und $\varphi_1 = ug$. Es genügt, φ relativ J^n in eine Abbildung ψ zu deformieren, die

$$t\psi^{-1}(Y - Y_2) \cap t\psi^{-1}(Y - Y_1) = \emptyset$$

erfüllt ($t = pr \times id : I^n \times I \longrightarrow I^{n-1} \times I$). Wählen wir nämlich eine Funktion $\tau: I^{n-1} \times I \longrightarrow [0,1]$, die auf $\partial(I^{n-1} \times I) \cup t\psi^{-1}(Y - Y_1)$ Null ist und auf $t\psi^{-1}(Y - Y_2)$ gleich Eins, so können wir die Zusammensetzung von ψ mit

$$(x_1, \dots, x_n, x_{n+1}) \longmapsto (x_1, \dots, x_{n-1}, \tau + (1-\tau)x_n, x_{n+1})$$

als eine Homotopie von f nach g auffassen.
Die Deformation von φ in ψ geschieht wie beim Beweis der Epimorphie. Wir müssen hier $n+1 \leq p+q-2$ voraussetzen.■

(15.4) Sei $A \subset X$ eine h-Cofaserung, $A \neq \emptyset$.
Wir wählen einen Grundpunkt in A und betrachten die Abbildung

$$p: (X, A) \longrightarrow (X/A, o).$$

die A zu einem Punkt identifiziert, als Abbildung von

punktierten Raumpaaren.

<u>Satz</u>. Sei $\pi_i(A) = 0$ für $0 \leq i \leq m$, $m \geq 1$.
Sei $\pi_i(X,A) = 0$ für $0 < i \leq n$. Dann ist

$$p_* : \pi_i(X,A) \longrightarrow \pi_i(X/A,o)$$

ein Isomorphismus für $i \leq n+m$ und ein Epimorphismus für $i = n+m+1$.

<u>Beweis</u>. Wir bezeichnen mit $C'A$ den Kegel $A\times I/A\times 0$ und mit $X \cup C'A$ den Quotientraum $X + C'A/\sim$, $a \sim (a,1)$. In dem cokartesischen Diagramm

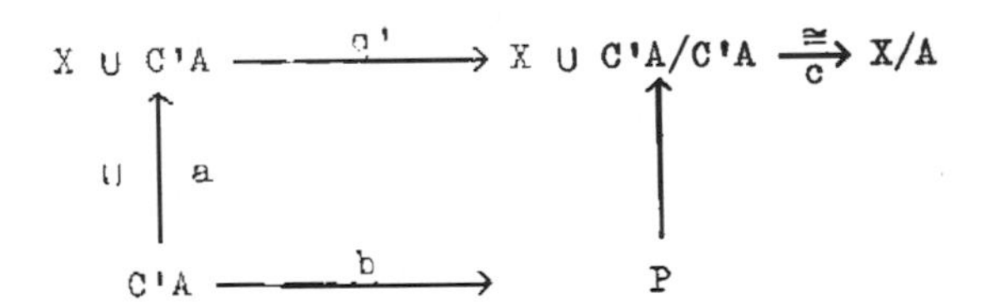

sei P ein Punktraum und c der kanonische Homöomorphismus. a ist eine h-Cofaserung, b eine h-Äquivalenz, folglich q' eine h-Äquivalenz und mithin auch $q := cq'$. (Vgl.(7.43)). Nach (10.11) ist

$$q_* : \pi_i(X \cup C'A, C'A) \longrightarrow \pi_i(X/A,o)$$

ein Isomorphismus (für irgendeine Wahl des Grundpunktes in $C'A$). Wir setzen $Y = X \cup C'A$, Q Spitze des Kegels, $Y_2 = Y - Q$, A_1 Grundfläche des Kegels und $Y_1 = C'A$. Wir haben die von Inklusionen induzierten Abbildungen

$$\begin{array}{ccccc}
\pi_i(X,A) & \xrightarrow[\cong]{\alpha} & \pi_i(Y_2, Y_1 \cap Y_2) & \xrightarrow{\beta} & \pi_i(Y,Y_1) \\
 & & \uparrow \cong & & \uparrow \cong \\
 & & \pi_i(Y_2, Y_2 \cap (Y_2 - A_1)) & \xrightarrow{e} & \pi_i(Y, Y_2 - A_1).
\end{array}$$

Die eingezeichneten Isomorphismen rühren daher, daß die Inklusionen h-Äquivalenzen sind. e ist nach dem Ausschneidungssatz isomorph für $i \leq n+m$ und epimorph für $i = n+m+1$. (Da A wegweise zusammenhängend ist, kann man irgendeinen Punkt von $C'A$ als Grundpunkt wählen, und zwar so, daß die Inklusionen jeweils punktierte Abbildungen sind.)

Mit dem kommutativen Diagramm

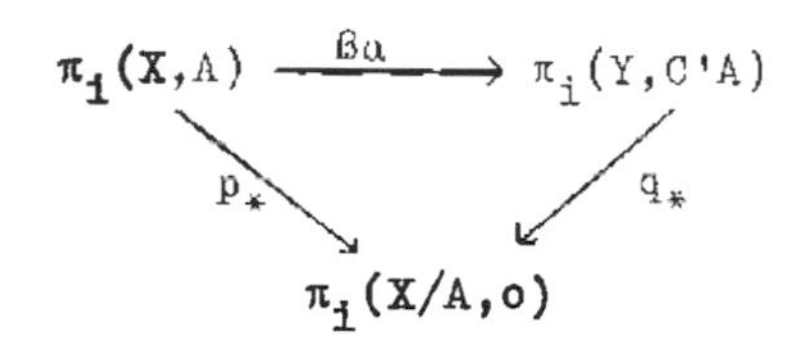

folgt jetzt die Behauptung. ■

§ 16. Einhängungssätze.

In diesem Paragraphen sei Y ein h-wohlpunktierter Raum mit

$$\pi_i(Y) = 0 \quad \text{für} \quad 0 \leq i \leq n \, , \, n \geq 0 \, .$$

Wir untersuchen die Einhängungsabbildung (vgl.(11.4))

$$\Sigma(X,Y) = \Sigma : [X,Y]^o \longrightarrow [\Sigma X, \Sigma Y]^o.$$

(16.1) Sei $(S_k^j, k \in K)$ eine Familie von punktierten j-Sphären und $B = \bigvee_{k \in K} S_k^j$ ihre Summe (Coprodukt) in Top^o.

Satz. $\Sigma(B,Y)$ ist bijektiv für $0 \leq j \leq 2n$ und surjektiv für $j = 2n + 1$.

Beweis. Wir führen diesen Satz auf den Ausschneidungssatz in § 15 zurück.

Zunächst können wir annehmen, daß B eine Sphäre ist, da Σ und $[-,Y]^o$ mit der Summenbildung verträglich sind.

Wir erinnern daran, daß $\Sigma'Y$ der Doppelkegel über Y war (11.1). Wir betrachten die Teilmengen

$$C_-Y = \{[y,t] \mid t < 1\}$$
$$C_+Y = \{[y,t] \mid t > 0\}$$

von $\Sigma'Y$. Sei $p: \Sigma'Y \longrightarrow \Sigma Y$ die kanonische Projektion (11.1).

Wir bezeichnen mit σ die Zusammensetzung

$$\begin{array}{ccccc}
\pi_j(Y) & \xrightarrow[c]{\cong} & \pi_j(C_-Y \cap C_+Y) & \xrightarrow[\Delta^{-1}]{\cong} & \pi_{j+1}(C_-Y, C_-Y \cap C_+Y) \\
\downarrow \sigma & & & & \downarrow a \\
\pi_{j+1}(\Sigma Y) & \xleftarrow[p_*]{\cong} & \pi_{j+1}(\Sigma'Y) & \xleftarrow[b^{-1}]{\cong} & \pi_{j+1}(\Sigma'Y, C_+Y).
\end{array}$$

a und b sind durch Inklusionen induziert, c durch die Abbildung $y \longmapsto [y, \frac{1}{2}]$. Aus der exakten Homotopiefolge (14.6) entnimmt man, daß Δ ein Isomorphismus ist, weil C_-Y und C_+Y zusammenziehbar sind (mit direktem Nachweis für $j = 0$). b ist ein Isomorphismus, weil die Inklusion $(\Sigma'Y,o) \longrightarrow (\Sigma'Y,C_+Y)$ einzeln aus h-Äquivalenzen besteht. p_* ist ein Isomorphismus, weil p eine h-Äquivalenz ist ((11.1),(10.5)). Aus dem Ausschneidungssatz folgt, daß a ein Isomorphismus ist für $j+1 < (n+2)+(n+2)-2$ und ein Epimorphismus für $j+1 = (n+2)+(n+2)-2$.

Es bleibt die Gleichheit $\sigma = \Sigma(S^j,Y)$ zu zeigen. Wir haben die Räume $C'S^j = S^j \times I/S^j \times 0$, CS^j, $CS^j/S^j = \Sigma S^j$. Wir benutzen die Tatsache, daß wir Elemente aus Homotopiegruppen von (A,B) durch Abbildungen

$$(C'S^j,S^j) \longrightarrow (A,B)$$

oder

$$(CS^j,S^j) \longrightarrow (A,B)$$

beschreiben können (s.§ 13). Sei $f : S^j \longrightarrow Y$ gegeben. Das Element $c[f]$ ist gleich $\Delta[g]$, wobei $g: C'S^j \longrightarrow C_-Y$ durch $g[s,t] = [f(s), \frac{t}{2}]$ definiert ist. Weiter: $a[g]$ wird durch h repräsentiert, $h[s,t] = [f(s),t]$. Schließlich $p_*b^{-1}[h]$ wird durch $l: (C'S^j,S^j) \longrightarrow (\Sigma Y,o)$ repräsentiert, wobei l die Zusammensetzung von Σf mit der Projektion $(C'S^j,S^j) \longrightarrow (CS^j/S^j,o)$ ist. l und Σf repräsentieren aber dasselbe Element.■

(16.2) Ist $(Y_k | k \in K)$ eine Familie topologischer Räume, so bezeichnen wir mit $\bigoplus_{k \in K} Y_k$ die topologische Summe (= " disjunkte Vereinigung ") der Y_k.

Wir sagen: Ein Raum X entsteht aus dem Raum A durch Anheften von n-Zellen $(n \geq 1)$, wenn es ein cokartesisches

Quadrat der Form

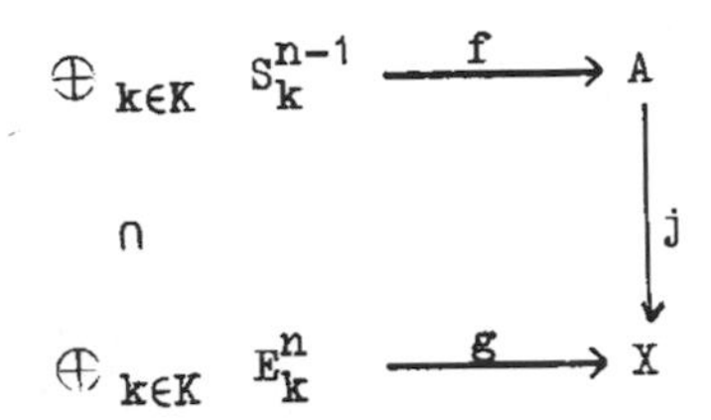

gibt (S_k^{n-1} (n-1)-Sphäre, E_k^n n-Vollkugel).
Wir sagen: Der Raum X besitzt eine CW-Zerlegung der Dimension n, falls eine Folge

$$X^0 \subset X^1 \subset \dots \subset X^n = X$$

von Räumen existiert, so daß

(a) X^0 diskret ist und

(b) X^{i+1} aus X^i durch Anheften von $(i+1)$-Zellen hervorgeht, $0 \leq i < n$.

Satz. X habe eine CW-Zerlegung der Dimension j. Dann ist $\Sigma(X,Y)$ bijektiv für $j \leq 2n$ und surjektiv für $j \leq 2n+1$.

Beweis. Wir können die Einhängung auf die Abbildung $Y \longrightarrow \Omega\Sigma Y$ zurückführen. Wegen (16.1) folgt der zu beweisende Satz aus dem folgenden.

Satz. Sei $f : A \longrightarrow B$ eine punktierte Abbildung, so daß $f_* : \pi_j(A) \longrightarrow \pi_j(B)$ ein Isomorphismus ist für $0 \leq j < n$ und ein Epimorphismus für $j = n$. Dann ist $f_*: [X,A]^0 \longrightarrow [X,B]^0$ bijektiv, wenn X eine CW-Zerlegung der Dimension $< n$ hat, und surjektiv, wenn X eine CW-Zerlegung der Dimension n hat.
Einen einfachen Beweis findet man in Spanier [24], 7.6.23, p.405.

(16.3) Die bisher bewiesenen Sätze liefern die folgenden Aussagen über die Homotopiegruppen der Sphären.

<u>Satz.</u> (a) $\pi_i(S^n) = 0$ für $0 \leq i < n$.

(b) $\Sigma: \pi_i(S^n) \cong \pi_{i+1}(S^{n+1})$ für $i \leq 2n-2$.

(c) $\pi_n(S^n) \cong \mathbb{Z}$, $n \geq 1$. Die Identität id_{S^n} ist ein erzeugendes Element von $\pi_n(S^n)$.

<u>Beweis</u>. (a) folgt aus (16.1) wegen $\pi_0(S^n) = 0$ für $n > 0$.

(b) folgt aus (16.1) und (a).

Zu (c). Wir entnehmen aus (16.1), daß in

$$\pi_1(S^1) \xrightarrow{\Sigma} \pi_2(S^2) \xrightarrow{\Sigma} \pi_3(S^3) \xrightarrow{\Sigma} \dots$$

die erste Abbildung surjektiv ist und alle weiteren bijektiv. Für $n = 1$ kann die Aussage (c) bekanntlich leicht aus der Betrachtung der Überlagerung $\mathbb{R} \longrightarrow S^1$ gewonnen werden (siehe z.B.Spanier [24],1.8.12,p.54). Für den Fall $n = 2$ betrachten wir die Hopfsche Faserung $H : S^3 \longrightarrow S^2$ mit Faser S^1 (siehe z.B.Steenrod [25], 20.1,p.105):
Wir fassen S^3 als die Menge $\{(z_0,z_1) \mid |z_0|^2+|z_1|^2 = 1\}$ von Paaren (z_0,z_1) komplexer Zahlen auf und $S^2 = \mathbb{C} \cup \{\infty\}$ als die komplexe Zahlenkugel. Dann ist H durch $H(z_0,z_1) = z_0/z_1$ definiert. H ist lokal trivial mit einer zu S^1 homöomorphen Faser. Aus dem Stück

$$\pi_2(S^3) \longrightarrow \pi_2(S^2) \longrightarrow \pi_1(S^1) \longrightarrow \pi_1(S^3)$$

der exakten Faserfolge und $\pi_2(S^3) = 0$, $\pi_1(S^3) = 0$ entnehmen wir, daß $\pi_2(S^2)$ isomorph zu $\mathbb{Z}$ ist. Dann muß aber $\Sigma: \pi_1(S^1) \longrightarrow \pi_2(S^2)$ ein Isomorphismus sein.
Mit $\Sigma[id] = [id]$ folgen die Behauptungen. Damit ist (c) bewiesen. ■

Der zu $\mathbb{Z} \longrightarrow \pi_n(S^n)$, $k \longmapsto k[id]$, inverse Isomorphismus heißt Grad. Es ist $Grad[f] \cdot Grad[g] = Grad[f \cdot g]$. Mit anderen Worten: Hat $f : S^n \longrightarrow S^n$ den Grad k, so ist $f_* : \pi_n(S^n) \longrightarrow \pi_n(S^n)$ die Multiplikation mit k. Ferner gilt:

$$f^* : [S^n, X]^o \longrightarrow [S^n, X]^o$$

ist (in der additiv geschriebenen Gruppe $[S^n, X]^o$) die Abbildung $f^* z = kz$, falls f den Grad k hat. Es folgt, daß die in (13.1) definierte Gruppenstruktur in $[S^n, X]^o$ für $n \geq 2$ von dem gewählten Homöomorphismus $S^n \cong \Sigma S^{n-1}$ unabhängig ist.

<u>Bemerkung</u>. Die Aussage (b) des letzten Satzes ist der von H. Freudenthal 1937 bewiesene Einhängungssatz (s.[10]). Literatur: Spanier [24], Steenrod [25].

§ 17. Der Satz von James.

In diesem Abschnitt wird zu einem punktierten Raum X ein Raum JX konstruiert, der (unter gewissen Voraussetzungen über X) h-äquivalent zu $\Omega\Sigma X$ ist. Der Raum JX hat gegenüber $\Omega\Sigma X$ den Vorteil, daß er sich leicht und übersichtlich aus X konstruieren läßt. Eine Zellenzerlegung von X liefert zum Beispiel unmittelbar eine Zellenzerlegung von JX.

(17.1) Die Konstruktion von James. Sei $X \in |Top^o|$. Wir betrachten die Menge der endlichen Worte

$$x_1 \ldots x_n$$

von Punkten $x_i \in X$. Auf dieser Menge führen wir die durch

$$x_1 \ldots x_{i-1} o\, x_i \ldots x_n \sim x_1 \ldots x_{i-1} x_i \ldots x_n$$

$(x_1, \ldots, x_n$ beliebig, o Grundpunkt von $X)$ erzeugte Äquivalenzrelation ein und nennen die Quotientmenge JX.
Sei X^n das n-fache kartesische Produkt von X mit sich. Wir haben eine surjektive Abbildung

$$p : \bigoplus_{n=1}^{\infty} X^n \longrightarrow JX ,$$

die einem Punkt $(x_1, \ldots, x_n)$ der topologischen Summe die Klasse des Wortes $x_1 \ldots x_n$ zuordnet. JX erhalte die Quotienttopologie.

Die Menge JX trägt eine Verknüpfung (Multiplikation), die auf Repräsentanten durch Hintereinanderschreiben der Worte erklärt ist. Die Verknüpfung ist assoziativ und hat die Klasse des Grundpunktes als neutrales Element. JX wird auf diese Weise zu einem Monoid.

Ist $g : X \longrightarrow Y$ eine stetige punktierte Abbildung und $g^n : X^n \longrightarrow Y^n$ ihr n-faches Produkt, so gibt es genau eine stetige Abbildung

$$Jg : JX \longrightarrow JY ,$$

die das Diagramm

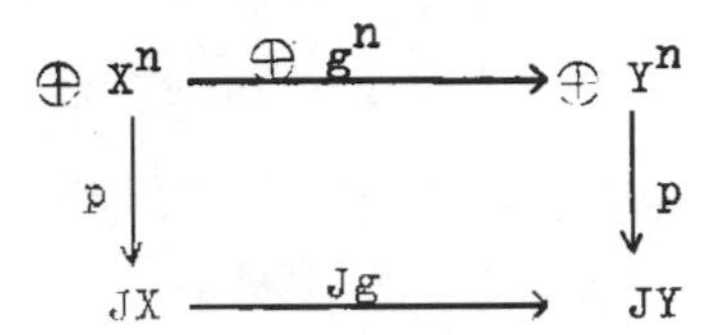

kommutativ macht. Jg respektiert die Monoidstrukturen. Ist $\varphi_t : X \longrightarrow Y$ eine punktierte Homotopie von φ_o nach φ_1, so ist $J(\varphi_t)$ eine punktierte Homotopie von $J(\varphi_o)$ nach $J(\varphi_1)$.

Sei $\iota : X \longrightarrow JX$ die Abbildung, die dem Punkt $x \in X$ die Klasse des Wortes x zuordnet. Sei M ein topologisches Monoid, d.h. ein punktierter topologischer Raum zusammen mit einer assoziativen stetigen Multiplikation, die den Grundpunkt als neutrales Element hat.

Satz. (Universelle Eigenschaft von J.)
Ist $f : X \longrightarrow M$ eine punktierte stetige Abbildung, so gibt es genau eine stetige Abbildung $h : JX \longrightarrow M$, die das Diagramm

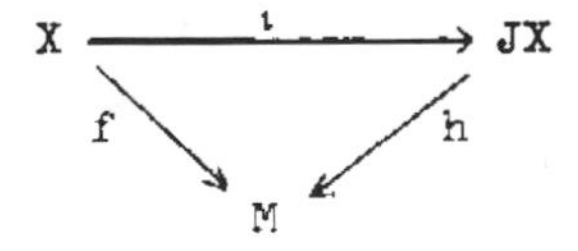

kommutativ macht und die Monoidstrukturen respektiert.

Beweis. Die Eindeutigkeit von h folgt, weil JX von Bild ι erzeugt wird. Die Existenz von h folgt daraus,

daß die stetige Abbildung $H : \oplus X^n \longrightarrow M$,
$H(x_1,\dots,x_n) = fx_1\dots fx_n$, über $p : \oplus X^n \longrightarrow JX$ faktorisiert werden kann. ■

Wir beweisen nun einige topologische Eigenschaften der Konstruktion J. Sei $J_m(X) = p(X^m)$. Die Abbildung p induziert $p_m : X^m \longrightarrow J_mX$. Wir geben J_mX zunächst die Identifizierungstopologie vermöge p_m.

Hilfssatz 1. Sei $a = a_1\dots a_k \in J_mX$.
Sei $a_i \neq o$ für $i = 1,\dots,k$ und sei $L_o = \{i \mid a_i \notin \overline{\{o\}}\}$.
Eine Umgebungsbasis von a wird durch die sogleich definierten Mengen $U_1\dots U_kU^{m-k}$ gegeben. Sei U_i eine offene Umgebung von a_i , U eine offene Umgebung von o und sei $o \notin U_i$ für $i \in L_o$. Wir setzen

$$U_1\dots U_kU^{m-k} = p_m \bigcup_\lambda (U_1^\lambda \times\dots\times U_m^\lambda),$$

wobei

$$L_o \subset L \subset \{1,\dots,k\} ,$$

$\lambda : L \longrightarrow \{1,\dots,m\}$ monoton zunehmend
und

$$U_j^\lambda = \begin{cases} U_i & \text{für } j = \lambda(i) \\ U & \text{für } j \notin \text{Bild } \lambda. \end{cases}$$

Beweis. Es ist $a \in U_1\dots U_kU^{m-k}$. Diese Menge ist offen, weil

$$\bigcup_\lambda (U_1^\lambda \times\dots\times U_m^\lambda)$$

offen und saturiert ist. Sei W eine offene Umgebung von a in J_mX. Dann ist $p_m^{-1}W$ offen in X^m und saturiert.
Setzen wir

$$a_j^\lambda = \begin{cases} a_i , & \text{für } j = \lambda(i) \\ o , & \text{für } j \notin \text{Bild } \lambda , \end{cases}$$

so ist $a_1^\lambda \ldots a_m^\lambda \in p_m^{-1}W$. Es gibt offene Umgebungen V_j^λ von a_j^λ, so daß

$$V_1^\lambda x \ldots x V_m^\lambda \subset p_m^{-1}W.$$

Sei

$$U_i' = \bigcap_\lambda V_{\lambda(i)}^\lambda ,$$

$$U = \bigcap_{j \notin \text{Bild } \lambda} V_j^\lambda ,$$

$$U_i = \begin{cases} U_i' \cap (X - \overline{\{o\}}) & \text{für } i \in L_o \\ U_i' & \text{für } i \notin L_o. \end{cases}$$

Dann ist $a_i \in U_i$, $o \in U$ und $U_1 \ldots U_k U^{m-k} \subset W$. ∎

<u>Hilfssatz 2</u>. $J_m X \subset JX$ ist eine topologische Einbettung. Sie ist abgeschlossen, falls o in X abgeschlossen ist.

<u>Beweis</u>. Das kommutative Diagramm

$$\begin{array}{ccc} X^m & \subset & \bigoplus_{n=1}^{\infty} X^n \\ p_m \downarrow & & \downarrow p \\ J_m X & \subset & JX \end{array}$$

zeigt, daß $J_m X \subset JX$ stetig ist.

Sei nun A eine offene Umgebung von a in $J_m X$. Wir konstruieren eine offene Umgebung B von a in JX, so daß

$$B \cap J_m X \subset A$$

ist. Sei $a = a_1 \ldots a_k$, $a_i \neq o$ für $i = 1, \ldots, k$. Nach Hilfssatz 1 gibt es eine in A enthaltene Umgebung von a der Form $U_1 \ldots U_k U^{m-k}$. Sei

$$B' = \bigoplus_{n=|L_o|}^{\infty} \bigcup_\lambda U_1^\lambda x \ldots x U_n^\lambda$$

(wobei $L_o \subset L \subset \{1, \ldots, k\}$,

$\lambda : L \longrightarrow \{1, \ldots, n\}$ monoton wachsend, $|L_o|$ Anzahl der Elemente von L_o und U_j^λ definiert wie früher). B' ist offen und saturiert in $\overset{\infty}{\underset{n=1}{\oplus}} X^n$. $B = p(B')$ ist eine offene Umgebung von a in JX mit $B \cap J_mX \subset A$. Ist $1 < k$ und o abgeschlossen in X , so ist $B \cap J_1X = \emptyset$. Es folgt, daß in diesem Fall $JX - J_1X$ offen ist. ∎

Hilfssatz 3. JX ist topologischer direkter Limes der Unterräume $J_1X \subset J_2X \subset \ldots$.

Beweis. p läßt sich schreiben als

$$\overset{\infty}{\underset{n=1}{\oplus}} X^n \xrightarrow{\oplus p_n} \overset{\infty}{\underset{n=1}{\oplus}} J_nX \longrightarrow JX.$$

Da p eine Identifizierung ist, ist die zweite Abbildung $\overset{\infty}{\underset{n=1}{\oplus}} J_nX \longrightarrow JX$ eine Identifizierung. ∎

Hilfssatz 4. (a) Für jeden topologischen Raum Y ist

$$p_m \times id_Y : X^m \times Y \longrightarrow J_mX \times Y$$

eine Identifizierung.

(b) Die Monoidstruktur auf JX induziert eine stetige Abbildung

$$\mu : J_mX \times J_nX \longrightarrow J_{m+n}X.$$

Beweis. (a) Sei $B \subset J_mX \times Y$ und $A = (p_m \times id)^{-1}B$ offen in $X^m \times Y$. Wir müssen zeigen, daß B offen ist. Sei $(a,y) \in B$ und sei $a = a_1 \ldots a_k$ mit $a_i \neq o$ für $i = 1,\ldots,k$.
Wir definieren a_j^λ wie im Beweis von Hilfssatz 1. Dann ist $(a_1^\lambda,\ldots,a_m^\lambda,y) \in A$. Es gibt offene Umgebungen V_j^λ von a_j^λ und W^λ von y , so daß

$$V_1^\lambda \times \ldots \times V_m^\lambda \times W^\lambda \subset A.$$

Wir definieren U_1 und U wie im Beweis von Hilfssatz 1

und setzen $W = \cap W^{\lambda}$. Dann ist

$$(a,y) \in U_1 \ldots U_k U^{m-k} \times W \subset B.$$

(b) Aus (a) folgt, daß

$$(p_m \times p_n) = (p_m \times id) \circ (id \times p_n)$$

eine Identifizierung ist. Wir haben ein kommutatives Diagramm

$$\begin{array}{ccc} X^m \times X^n & \longrightarrow & X^{m+n} \\ {\scriptstyle p_m \times p_n} \downarrow & & \downarrow {\scriptstyle p_{m+n}} \\ J_m X \times J_n X & \dashrightarrow & J_{m+n} X. \end{array}$$

Es folgt die Stetigkeit der gestrichelten Abbildung. ∎

<u>Bemerkungen.</u>

1) $JX \longrightarrow JX$, $x \longmapsto xa$, $a \in JX$, ist stetig.

2) $X \times JX \longrightarrow JX$, $(x,y) \longmapsto xy$, ist <u>nicht</u> stetig, falls X der Raum der rationalen Zahlen ist.

<u>Hilfssatz 5.</u> Ist Z h-wohlpunktiert, so auch JZ.

<u>Beweis.</u> Da J mit punktierten Homotopien verträglich ist, können wir wegen (2.31) ohne wesentliche Einschränkung annehmen, daß $\{o\} \subset Z$ eine abgeschlossene Cofaserung ist. Wir haben eine Filterung von JZ

$$\{o\} =: J_o Z \subset J_1 Z \subset J_2 Z \subset \ldots .$$

Wir zeigen zunächst, daß $J_{n-1}Z \subset J_n Z$ eine Cofaserung ist. Man betrachte das Diagramm

$$\begin{array}{ccc} \bigcup_{i=1}^{n} Z^{i-1} \times \{o\} \times Z^{n-i} & \subset & Z^n \\ {\scriptstyle q'} \downarrow & & \downarrow {\scriptstyle q} \\ J_{n-1} Z & \subset & J_n Z \end{array}$$

(darin sind q' und q Einschränkungen der Abbildung p aus (17.1)). Bei der oberen Inklusion handelt es sich um $(Z,\{o\})^n$, das n-fache Produkt der (abgeschlossenen) Cofaserung $\{o\} \longrightarrow Z$ mit sich, also nach Satz (3.20) um eine Cofaserung. Durch Zurückgehen auf die Definition der Cofaserung zeigt man, daß auch unten eine Cofaserung steht, wenn man bedenkt:

(1) q ist eine Identifizierung;

(2) haben zwei Punkte bei q dasselbe Bild, so auch bei q'.

Es ist $\bigoplus_{n=1}^{\infty} J_nZ \longrightarrow JZ$ eine Identifizierung (Hilfssatz 3). Man geht wiederum auf die Definition der Cofaserung zurück und schließt, daß $\{o\} \longrightarrow JZ$ eine Cofaserung ist. ■

(17.2) Die natürliche Transformation $J \longrightarrow \Omega'\Sigma$.

Sei $u : X \longrightarrow I$ eine stetige Funktion mit $u^{-1}(0) = \{o\}$. Mit Hilfe von u definieren wir eine punktierte Abbildung

$$f_u : X \longrightarrow \Omega'\Sigma X$$

durch

$$f_u(x) : [0,u(x)] \longrightarrow \Sigma X$$

$$f_u(x)(t) = \begin{cases} \left[x, \frac{t}{u(x)}\right], & x \neq o \\ o, & x = o . \end{cases}$$

(Siehe Definition von Ω' und Σ in (11.2),(11.1).)
Man hat sich davon zu überzeugen, daß f_u stetig ist (siehe Beweis des nächsten Hilfssatzes). Die universelle Eigenschaft von JX (17.1) liefert uns eine Abbildung

$$h_u : JX \longrightarrow \Omega'\Sigma X ,$$

die das Diagramm

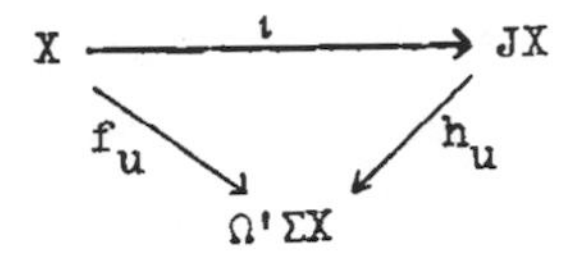

kommutativ macht.

Hilfssatz 6. Sei $g : X \longrightarrow Y$ eine punktierte Abbildung. Sei $u : X \longrightarrow I$ (bzw. $v : Y \longrightarrow I$) eine Funktion mit $u^{-1}(0) = \{o\}$(bzw. $v^{-1}(0) = \{o\}$). Dann ist das Diagramm

$$\begin{array}{ccc} JX & \xrightarrow{Jg} & JY \\ \downarrow{\scriptstyle h_u} & & \downarrow{\scriptstyle h_v} \\ \Omega'\Sigma X & \xrightarrow{\Omega'\Sigma g} & \Omega'\Sigma Y \end{array}$$

kommutativ bis auf punktierte Homotopie (von Homomorphismen).

Beweis. Wir definieren zunächst eine Abbildung

$$\varphi : X\times I \longrightarrow \Omega'\Sigma Y$$

durch

$$\varphi(x,s) : [0,(1-s)u(x) + sv(g(x))] \longrightarrow \Sigma Y$$

$$\varphi(x,s)(t) = \begin{cases} [gx, t/((1-s)ux + svgx)] & \text{für } gx \neq o \\ o & \text{für } gx = o\ . \end{cases}$$

Behauptung: φ ist stetig. Der Leser wiederhole die Definition der Topologie von $\Omega'\Sigma Y$ (siehe (11.2)). Er erkennt dann, daß es darauf ankommt, die Stetigkeit von $X\times I\times \mathbb{R}^+ \longrightarrow \Sigma Y$, $(x,s,t) \longmapsto [gx,t/((1-s)ux + s\cdot vgx)]$ nachzuweisen. Fraglich ist nur die Stetigkeit in Punkten (x,s,t) mit $gx = o$. Sei U eine Umgebung des Grundpunktes von ΣY. Dann gibt es eine Umgebung V von o in Y , so daß $[v,t] \in U$ für alle $(v,t) \in V\times I$.

Sei $W = g^{-1}V$. Dann ist $W \times I \times R^{+}$ eine Umgebung von (x,s,t) und $\varphi(W \times I \times R^{+}) \subset U$.

Zur adjungierten Abbildung $\overline{\varphi} : X \longrightarrow (\Omega'\Sigma Y)^{I}$ von φ können wir eine Abbildung $\overline{\psi}$ finden, die das Diagramm

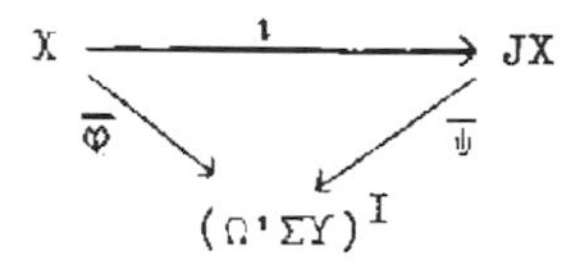

kommutativ macht. Wir können nämlich $(\Omega'\Sigma Y)^{I}$ die Struktur eines topologischen Monoids geben: Das Produkt zweier Elemente w_1, w_2 ist der durch $t \longmapsto w_2(t) + w_1(t)$ definierte Weg. (Man zeige: Die Multiplikation ist stetig.)
Die zu $\overline{\psi}$ adjungierte Abbildung $\psi : JX \times I \longrightarrow \Omega'\Sigma Y$ ist eine Homotopie der gewünschten Art. ∎

Sei nun $\mathfrak{A}$ die volle Unterkategorie von $Top^{o}h$ mit den Objekten: $X \in |\mathfrak{A}|$ genau dann, wenn es einen Isomorphismus $i : X \longrightarrow X'$ in $Top^{o}h$ gibt und eine Funktion $u : X' \longrightarrow I$ existiert mit $u^{-1}(0) = \{o\}$.

Für $X \in |\mathfrak{A}|$ definieren wir eine punktierte Homotopieklasse

$$\eta_X : JX \longrightarrow \Omega'\Sigma X$$

durch das kommutative Diagramm

$$\begin{array}{ccc} JX & \xrightarrow{\ \eta_X\ } & \Omega'\Sigma X \\ {\scriptstyle Ji}\downarrow & & \downarrow{\scriptstyle \Omega'\Sigma i} \\ JX' & \xrightarrow[\ [h_u]^{o}\ ]{} & \Omega'\Sigma X' \end{array}$$

(Wir fassen hier J und $\Omega'\Sigma$ als Funktoren

$Top^{o}h \longrightarrow Top^{o}h$ auf.)

Hilfssatz 7. η_X hängt nicht von der Auswahl von X', i und u ab. Die η_X, $X \in |\mathfrak{A}|$, liefern eine natürliche Transformation

$$\eta : J|\mathfrak{A} \longrightarrow \Omega'\Sigma|\mathfrak{A}$$

von Funktoren $\mathfrak{A} \longrightarrow Top^{o}h$.

Beweis: Formale Folgerung aus Hilfssatz 6. ■

(17.3) Wir formulieren den Satz von James.

Satz. Sei $X \in |Top^{o}|$ ein Raum mit den Eigenschaften:

(a) X sei wegweise zusammenhängend.

(b) X habe eine numerierbare nullhomotope Überdeckung (s.(8.1), (9.2)).

(c) X sei h-wohlpunktiert (s.(10.3), p.164).

Dann ist $\eta_X : JX \longrightarrow \Omega'\Sigma X$ ein Isomorphismus in $Top^{o}h$.

Bemerkung: Der Satz wurde ursprünglich von I.M.James in folgender Form bewiesen: X sei ein abzählbarer CW-Komplex mit genau einer Nullzelle. Dann induziert η_X einen Isomorphismus aller Homotopiegruppen. Siehe James [14]. Eine ausführliche Gegenüberstellung unserer Fassung des Satzes von James und der Fassung, in der James den Satz bewiesen hat, findet man in Puppe [22], pp.52, 53.

Der Beweis des Satzes ist lang und wird in mehrere Schritte ((17.3)-(17.9)) unterteilt. Zunächst (in (17.3)) bringen wir Vorbereitungen, die den eigentlichen Beweis erleichtern: Einmal genügt es zu zeigen, daß η_X ein Isomorphismus in Toph ist; zum anderen ersetzen wir X durch einen Raum mit "schöner" Umgebung des Grundpunktes. In (17.4) konstruieren wir ein größeres Diagramm und formulieren einige Hilfssätze über die auftretenden Objekte. In (17.5) beweisen wir den Satz von James, wobei wir die Hilfssätze aus (17.4) voraussetzen. Diese Hilfssätze werden dann in (17.6)-(17.9) bewiesen.

Nun zu den angekündigten Vorbereitungen.
Mit X sind auch JX und $\Omega'\Sigma X$ h-wohlpunktiert. Für JX haben wir das in Hilfssatz 5 bewiesen. Für $\Omega'\Sigma X$ schließt man so: zunächst ist mit X auch ΣX h-wohlpunktiert (Man ersetze X durch einen wohlpunktierten Raum, der zu X in $Top^o h$ isomorph ist und wende den Satz aus (11.1) an (p.176).) und dann $\Omega'\Sigma X$ nach einem Satz in (11.3)(p.180). Ist η_X ein Isomorphismus in $Toph$, so folgt wegen Satz (2.18), daß η_X ein Isomorphismus in $Top^o h$ ist.
An Stelle von X betrachten wir nun den Raum

$$X' = (I + X) \;/\; \{1,o\}.$$

(" X mit einem Stachel im Grundpunkt ".)
Als neuen Grundpunkt wählen wir $0 \in I$. Hat X die Eigenschaften (a) bis (c), wie sie im Satz von James vorausgesetzt werden, so auch X'. Das ist klar für (a) und (c). Wegen (c) sind insbesondere X und X' punktiert h-äquivalent. Deshalb folgt (b) für X' aus dem nächsten Hilfssatz.

Hilfssatz 8. Wird X von Y dominiert (in Top) und hat Y eine numerierbare nullhomotope Überdeckung, so auch X.

Beweis. Sei (V_λ) eine numerierbare nullhomotope Überdeckung von Y. Seien $f : X \longrightarrow Y$, $g : Y \longrightarrow X$ Abbildungen mit $gf \simeq id_X$. Die $U_\lambda = f^{-1}(V_\lambda)$ bilden dann eine numerierbare

Überdeckung von X. Sie ist auch nullhomotop. Denn $U_\lambda \xrightarrow{f} V_\lambda \xrightarrow{\subset} Y \xrightarrow{g} X$ ist einerseits nullhomotop und andererseits homotop zur Inklusion $U_\lambda \subset X$. ■

Der Raum X' hat eine kanonische Funktion $u : X' \longrightarrow I$ mit $u^{-1}\{0\} = \{o\}$, definiert auf dem Summanden I als die Identität und auf dem Summanden X als konstante Abbildung. Wir schreiben künftig X statt X' und verstehen unter der Funktion $u : X \longrightarrow I$ immer die eben angegebene.

(17.4) Wir definieren zunächst einige Objekte, die später in einem großen Diagramm erscheinen.
Sei für $Z \in |Top^o|$ der Raum

$$W'Z = \{w \mid w(0) = o\} \subset PZ$$

(vgl.(11.2)) der Raum der Wege mit beliebigem Parameterintervall und dem Grundpunkt als Anfangspunkt. Sei

$$r : W'Z \longrightarrow Z \ , \quad r(w) = w(e_w) \ ,$$

die Abbildung, die jedem Weg w seinen Endpunkt zuordnet.
Sei $C'X = X \times I \ / \ (X \times 0) \cup (o \times I)$.
Auf $JX \times C'X$ führen wir die durch

$$(z,x,1) \sim (zx,o)$$

definierte Äquivalenzrelation ein. Der entstehende Quotientraum sei Y.
Wir betrachten $h = h_u : JX \longrightarrow \Omega'\Sigma X$ und $k : C'X \longrightarrow W'\Sigma X$; k ist definiert durch

$$k(x,t) : [0,tu(x)] \longrightarrow \Sigma X \ ,$$

$$k(x,t)(s) = \left[x, \frac{s}{u(x)}\right] .$$

Wir definieren g durch das kommutative Diagramm

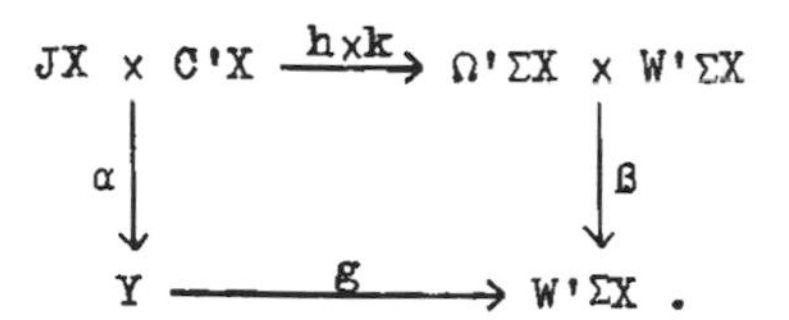

Dabei ist α die eben erklärte Identifizierung und β die Abbildung

$$\beta(u,w) = w + u .$$

Der Beweis des Satzes von James beruht auf dem folgenden Diagramm, dessen einzelne Teile, soweit noch nicht geschehen, sogleich erklärt werden.

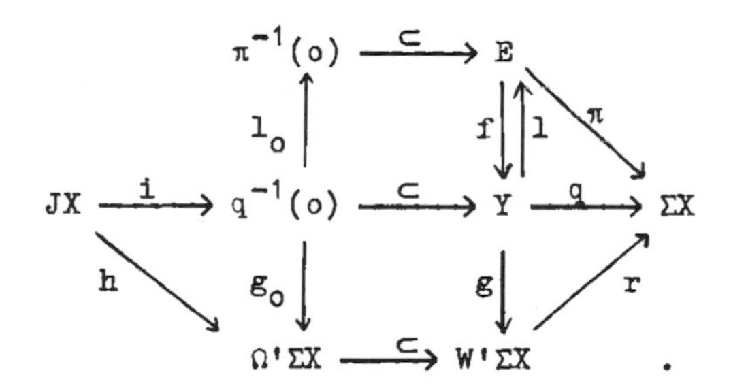

Es ist $q = rg$, also $q[z,x,t] = [x,t]$.

Es ist $i(z) = [z,o]$.

Hilfssatz 9. r ist eine Faserung. $W'\Sigma X$ ist zusammenziehbar.

Hilfssatz 10. Die Abbildung i ist eine h-Äquivalenz.

Hilfssatz 11. Y ist zusammenziehbar.

Hilfssatz 12. Es gibt eine h-Faserung $\pi : E \longrightarrow \Sigma X$, Inklusionen $l : Y \subset E$, $l_o : q^{-1}(o) \subset \pi^{-1}(o)$ mit $\pi l = q$, so daß Y starker Deformationsretrakt von E und $q^{-1}(o)$ starker Deformationsretrakt von $\pi^{-1}(o)$ ist.

In dem großen Diagramm sei f eine Abbildung mit
$fl = id_Y$, $lf \simeq id_E$ rel Y .

Wir beenden diesen Abschnitt mit dem
<u>Beweis von Hilfssatz 9</u>. Sei $Z = \Sigma X$.
In dem Diagramm

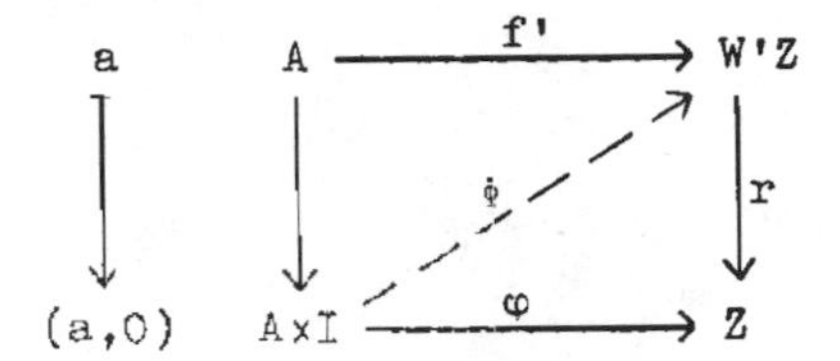

definieren wir Φ durch

$$\Phi(a,t) = \varphi^a|[0,t] + f'(a) \qquad \text{(vgl.(5.34))}.$$

Eine Zusammenziehung $\varphi : W'Z \times I \longrightarrow W'Z$ wird durch

$$\varphi(w,t) = w|[0,te_w]$$

beschrieben. ∎

(17.5) <u>Beweis des Satzes von James</u>.

Wir gehen auf das Diagramm in (17.4) und die Hilfssätze 9 bis 12 zurück. Wegen

$$lf \simeq id_E \text{ rel } Y$$

ist

$$rgf = qf = \pi lf \simeq \pi \text{ rel } Y .$$

Sei $\varphi : E \times I \longrightarrow \Sigma X$ eine Homotopie $rgf \simeq \pi$ rel Y. Da r eine Faserung ist, können wir φ hochheben zu $\Phi : E \times I \longrightarrow W'\Sigma X$ mit $\Phi_0 = gf$. Es ist $r\Phi_1 = \pi$. Da j eine h-Äquivalenz ist und Y zusammenziehbar (Hilfssatz 11), ist auch E zusammenziehbar. Deshalb ist Φ_1 eine h-Äquivalenz, als Abbildung zwischen zusammenziehbaren Räumen, und folglich nach Satz (6.21) eine h-Äquivalenz über ΣX. Mithin induziert Φ_1 eine h-Äquivalenz

$$\psi : \pi^{-1}(o) \longrightarrow \Omega'\Sigma X .$$

Da φ eine Homotopie relativ Y war, gilt insbesondere

$$r\Phi(q^{-1}(o)\times I) = \varphi(q^{-1}(o)\times I) = \{o\} ,$$

also $\Phi(q^{-1}(o)\times I) \subset \Omega'\Sigma X$, d.h. Φ induziert eine Homotopie

$$\Phi' : q^{-1}(o)\times I \longrightarrow \Omega'\Sigma X .$$

Es ist $\Phi_0' = g_0$, da $\Phi_0 = gf$ und $fl = id_Y$.
Folglich gilt

$$g_0 = \Phi_0' \simeq \Phi_1' = \psi l_0 .$$

Da ψ und l_0 h-Äquivalenzen sind, ist auch g_0 eine h-Äquivalenz; und da auch i eine h-Äquivalenz ist (Hilfssatz 10), so schließlich auch h. ∎

17.6) Beweis von Hilfssatz 10.

Wir betrachten das Diagramm

$$\begin{array}{ccccc} JX & \xrightarrow{d} & JX \times X & \subset & JX \times C'X \\ & \searrow^{i} & \downarrow{\alpha'} & & \downarrow{\alpha} \\ & & q^{-1}(o) & \subset & Y \end{array} ,$$

in dem d durch $d(z) = (z,o)$ definiert ist. Die durch α induzierte Abbildung α' ist eine Identifizierung, weil $JX \times X$ abgeschlossen und saturiert in $JX \times C'X$ ist.
Wegen der speziellen Gestalt des Raumes X gibt es eine offene Umgebung U von o und eine Abbildung $\rho : X \longrightarrow X$ mit $\rho \simeq id_X$ rel o und $\rho(U) = o$.
Die Abbildung

$$j : JX \times X \longrightarrow JX \quad ,$$

$j(z,x) = (J\rho)z\cdot\rho x = (J\rho)(zx)$ ist stetig, weil

$$V_m = \{x_1 \dots x_n \mid \text{alle } x_i \text{ bis auf höchstens } m \text{ sind in } U\}$$

offen in JX ist, weil $JX = \bigcup_m V_m$ ist und weil $j|V_m xX$ stetig ist, wie aus

$$\begin{array}{ccc} V_m xX & \xrightarrow{\ j\ } & JX \\ {\scriptstyle J\rho \times \rho}\downarrow & & \uparrow{\scriptstyle \mu} \\ J_m X \times X & \xrightarrow{\ \tau\ } & X \times J_m X \end{array}$$

mit Hilfssatz 4 (b) folgt (τ ist die Vertauschung der Faktoren.). j induziert j' mit $j = j'\circ\alpha'$. Die Abbildung j' ist h-invers zu i. Es ist nämlich

$$j'i = J\rho \simeq J(id_X) = id_{JX}$$

und aus dem Diagramm

$$\begin{array}{ccc} JX \times X & \xrightarrow{\ J\rho \times \rho\ } & JX \times X \\ {\scriptstyle \alpha'}\downarrow & & \downarrow{\scriptstyle \alpha'} \\ q^{-1}(o) & \xrightarrow{\ ij'\ } & q^{-1}(o) \end{array}$$

entnimmt man, daß die Homotopie $\rho \simeq id$ eine Homotopie $J\rho \times \rho \simeq id$ und dann $ij' \simeq id$ induziert.■

(17.7) <u>Beweis von Hilfssatz 11.</u>

Sei $Z_m = J_m X \times (C'X-(X-o)) \cup J_{m-1}X \times C'X$.
Dabei fassen wir $X \cong X\times 1 \subset C'X$ als Teilraum von $C'X$ auf (vgl.(13.3)).
Wir betrachten das Diagramm

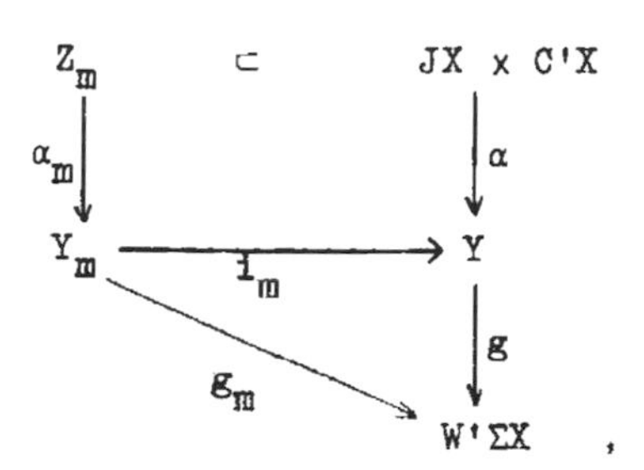

in dem i_m injektiv ist und α_m von α induziert ist. Wir geben Y_m die Identifizierungstopologie vermöge α_m. Wir definieren $g_m = gi_m$.

Hilfssatz 13. g_m ist eine Einbettung.

Folgerung. i_m ist eine Einbettung.

Wir nehmen Hilfssatz 13 zunächst an und beweisen Hilfssatz 11.

Die im Beweis von Hilfssatz 9 angebene Zusammenziehung

$$\varphi : W'\Sigma X \times I \longrightarrow W'\Sigma X$$

induziert eine Zusammenziehung von $g(Y)$ und folglich eine (vielleicht nicht stetige) Abbildung

$$\psi : Y \times I \longrightarrow Y$$

mit $g\psi(z,s) = \varphi(gz,s)$ (g ist injektiv!).

Es ist $\psi(Y_m \times I) \subset Y_m$ und die durch ψ induzierte Abbildung $\psi_m : Y_m \times I \longrightarrow Y_m$ ist stetig, wie aus dem Diagramm

$$\begin{array}{ccc} Y_m \times I & \xrightarrow{g_m \times id} & W'\Sigma X \times I \\ \downarrow{\scriptstyle \psi_m} & & \downarrow{\scriptstyle \varphi} \\ Y_m & \xrightarrow[g_m]{} & W'\Sigma X \end{array}$$

mittels Hilfssatz 13 folgt. Sei $\rho : X \longrightarrow X$ eine Abbildung wie in (17.6). Das Diagramm

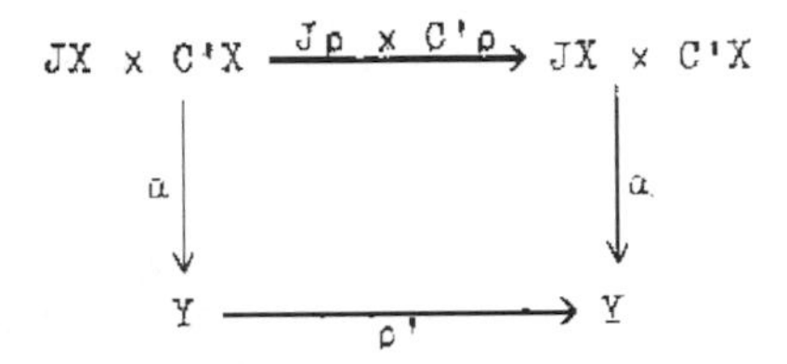

definiert eindeutig eine stetige Abbildung ρ' und eine Homotopie $\rho \simeq id_X$ induziert eine Homotopie $\rho' \simeq id_Y$. Wir zeigen: $\psi' = \psi(\rho' \times id_I): Y \times I \longrightarrow Y$ ist stetig. Sei $V_m \subset JX$ wie in (17.6) erklärt. Dann bilden die Mengen $V_m \times C'X \times I$ eine offene Überdeckung von $JX \times C'X \times I$. Es genügt zu zeigen, daß in

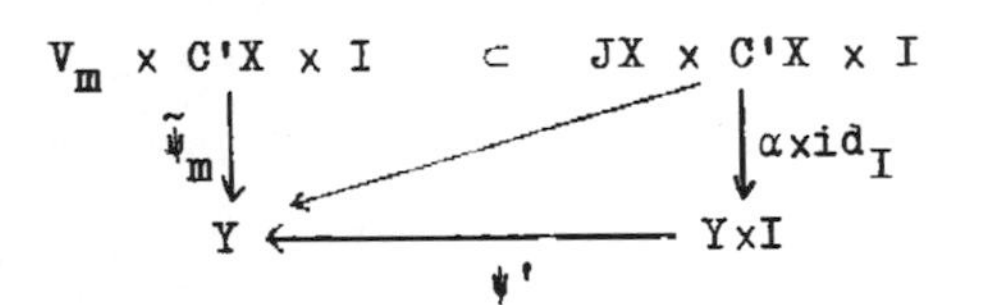

die Abbildung $\tilde{\psi}_m = \psi' \circ (\alpha \times id_I) | V_m \times C'X \times I$ stetig ist. ($\alpha \times id_I$ ist eine Identifizierung.) Das folgt aus dem kommutativen Diagramm

$$\begin{array}{ccc} V_{m-1} \times C'X \times I & \xrightarrow{J\rho \times C'\rho \times id} & Z_m \times I \\ \Big\downarrow \tilde{\psi}_{m-1} & & \Big\downarrow \alpha_m \times id \\ Y \supset Y_m & \xleftarrow[\psi_m]{} & Y_m \times I \end{array} .$$

Es folgt

$$id_Y \simeq \rho' = \psi'_0 \simeq \psi'_1 = 0 ,$$

und damit ist Hilfssatz 11 bewiesen. ∎

Beweis von Hilfssatz 13.

Sei $\gamma_m = g_m \alpha_m$. Wir haben zu zeigen: Ist $(a,b,t_o) \in Z_m$ und A eine offene saturierte Umgebung von (a,b,t_o), dann gibt es eine offene Menge B in $W'\Sigma X$ mit $(a,b,t_o) \in \gamma_m^{-1}(B) \subset A$.

Zur Konstruktion von B unterscheiden wir verschiedene Fälle.

1. Fall. $a = a_1 \ldots a_n$, $a_i \neq o (i = 1,\ldots,n)$, $(b,t_o) \in C'X-X$. Sei $a_{n+1} = b$. Es gibt offene Umgebungen U_i von a_i in X und U von o in X und ε mit $0 < 4\varepsilon < \mathrm{Min}(t_o, 1-t_o)$, so daß $U \cap U_i = \emptyset$ und

$$U_1 \ldots U_n U^{m-n} x U_{n+1} x]t_o - \varepsilon, t_o + \varepsilon[\subset A$$

(siehe Hilfssatz 1). Sei $t_1 = t_o + 2\varepsilon$. Wir definieren $B \subset W'\Sigma X$ als die Menge aller Wege w mit

(a) $|e_w - u(a,b,t_o)| < \delta$

(b) $w(u(a_1 \ldots a_i)) \in UxI \cup Xx(I-[\varepsilon, 1-\varepsilon])$, $i \leq n$,

(c) $w(u(a_1 \ldots a_{i-1}) + t_1 u(a_i)) \in U_i x]t_1 - \varepsilon, t_1 + \varepsilon[$, $i \leq n$,

(d) $w(u(a,b,t_o) + \delta) \in U_{n+1} x]t_o - \varepsilon, t_o + \varepsilon[$.

(Zur Bezeichnung: Durch $(a,b,t_o) \longmapsto u(a,b,t_o) = \sum_{i=1}^{n} u(a_i) + t_o u(b)$ wird eine stetige Funktion $u : JX \times C'X \longrightarrow R^+$ definiert. Wir verstehen unter $a_1 \ldots a_i$ für $i = 0$ den Grundpunkt. Wir erweitern $w : [0,e_w] \longrightarrow \Sigma X$ zu $w : R^+ \longrightarrow \Sigma X$ durch $w(t) = w(e_w)$ für $t \geq e_w$.) Es ist $\gamma_m(a,b,t_o) \in B$ und B ist offen in $W'\Sigma X$ (s. Definition der Topologie von $W'\Sigma X$ in (17.4), (11.2) und Definition der Kompakt-Offen-Topologie in (4.1)).

Behauptung: Für genügend kleine U_i, ε, δ ist $\gamma_m^{-1} B \subset A$.

Beweis. Sei $(x,y,t) \in Z_m$, $x = x_1 \ldots x_m$ und $\gamma_m(x,y,t) = w \in B$. Dann ist nach (a) $e_w < u(a,b,t_o) + \delta$ und folglich nach (d)

$(y,t) = w(e_w) = w(u(a,b,t_o) + \delta) \in U_{n+1} \times]t_o - \varepsilon, t_o + \varepsilon[$.

Wegen (c) trifft w die Mengen

$$U_1 \times]t_1 - \varepsilon, t_1 + \varepsilon[\; , \ldots , U_n \times]t_1 - \varepsilon, t_1 + \varepsilon[$$

in dieser Reihenfolge und wegen (b) muß w von $U_i \times]t_1 - \varepsilon, t_1 + \varepsilon[$ nach $U_{i+1} \times]t_1 - \varepsilon, t_1 + \varepsilon[$ über den Grundpunkt laufen. (Man beachte die spezielle Gestalt der Wege in gY !) Es gibt dann j_i, $1 \leq j_1 < \ldots < j_n \leq n$, so daß $x_{j_i} \in U_i$. Sei $j \neq j_1, \ldots, j_n$. Dann ist

$$u(x_j) \leq u(x,y,t) - \sum_{i=1}^{n} u(x_{j_i}) - tu(y)$$

$$\leq u(a,b,t_o) - \sum_{i=1}^{n} u(a_i) - t_o u(b) + \varepsilon' = \varepsilon'$$

für gegebenes $\varepsilon' > 0$, falls nur δ, U_i und ε genügend klein sind. Sei ε' so gewählt, daß $u^{-1}[0,\varepsilon'[\subset U$ ist. Dann ist

$$(x,y,t) \in U_1 \ldots U_n U^{m-n} \times U_{n+1} \times]t_o - \varepsilon, t_o + \varepsilon[\; .$$

Die vorstehende Diskussion gilt sinngemäß auch für $n = 0$, d.h. $a = o$.

2. Fall. $(b,t_o) \in X$. Wir haben die Äquivalenzen $(a,b,t_o) \sim (a,o)$, falls $t_o = 0$ oder $b = o$, und $(a,b,t_o) \sim (ab,o)$, falls $t_o = 1$ ist. Wir betrachten deshalb nur (a,o).

Sei zunächst $a \neq o$, also $n \geq 1$. Dann ist $(a,o) \sim (a_1 \ldots a_{n-1}, (a_n, 1))$, wobei wieder $a_1 \ldots a_{n-1} = o$ für $n = 1$ ist. Es gibt offene Umgebungen U_i von a_i in X, U von o in X und V von o in $C'X$ und ein

ε mit $0 < \varepsilon < \frac{1}{2}$, so daß $U_i \cap U = \emptyset$,

$$Z_m \cap U_1 \ldots U_n U^{m-n} \times V \subset A$$

und

$$U_1 \ldots . U_{n-1} U^{m-n} \times U_n \times]1-\varepsilon, 1[\subset A$$

(man benutze Hilfssatz 1 ; für $n = 1$ ist $U_1 \ldots U_{n-1} U^{m-n} = U^{m-n}$ zu setzen). Wir unterscheiden im folgenden in der Bezeichnung nicht zwischen Teilmengen von $X \times I$, $C'X$ und ΣX. Wir können annehmen, daß V die Gestalt

$$V = U \times I \cup V_o$$

mit

$$X \times 0 \subset V_o \subset X \times [0, \varepsilon[$$

hat. Sei

$$V_1 = \{(x,t) \mid (x,1-t) \in V_o\}$$

und

$$V' = V \cup V_1 .$$

Sei $B \subset W'\Sigma X$ die Menge der Wege w mit

(a) $|e_w - u(a)| < \delta$

(b) $w(u(a_1 \ldots a_i)) \in V'$ $\quad 1 \leq i \leq n$

(c) $w(u(a_1 \ldots a_{i-1}) + \frac{1}{2}u(a_i)) \in U_i \times]\varepsilon, 1-\varepsilon[$, $\quad 1 \leq i \leq n$

(d) $w(u(a) + \delta) \in V'$.

Dann ist B offen in $W'\Sigma X$ und $\gamma_m(a,o) \in B$.

Wir verifizieren: Für genügend kleine U_i, ε, δ ist $\gamma_m^{-1}(B) \subset A$.

<u>Beweis</u>. Sei $(x,y,t) \in Z_m$, $x = x_1 \ldots x_m$, und $\gamma_m(x,y,t) = w$ sei aus B. Dann gilt $e_w < u(a) + \delta$ wegen (a) und folglich $(y,t) = w(e_w) \in V'$ wegen (d). Sei $x_{m+1} = y$. Ähnlich wie im 1. Fall folgt aus (b) und (c), daß es j_i, $1 \leq j_1 < \ldots < j_n \leq m+1$ gibt, so daß $x_{j_i} \in U_i$ und entwe-

der

(1) $j_n \leq m$

oder

(2) $j_n = m+1$ und $t > \varepsilon$

ist.

Fall (1). Sei $j \neq j_1,\ldots,j_n,m+1$. Dann ist für gegebenes $\varepsilon' > 0$

$$u(x_j) \leq u(x,y,t) - \sum_{i=1}^{n} u(x_{j_i})$$

$$\leq u(a) - \sum_{i=1}^{n} u(a_i) + \varepsilon' = \varepsilon' ,$$

falls δ und U_i klein genug sind.

Wir können ε' so klein wählen, daß $x_j \in U$ folgt. Ebenso kann man erreichen: $tu(y) \leq \varepsilon'$. Wir wählen ε' so klein, daß daraus folgt: $y \in U$ oder $t < \frac{1}{2}$ und deshalb $(y,t) \in V'-V_1 \subset V$. Insgesamt: $(x,y,t) \in U_1\ldots U_n U^{m-n} \times V$.

Fall (2). Es ist wegen $U \cap U_n = \emptyset$ und $t > \varepsilon$

$$(y,t) \in V'-((U\times I) \cup V_0) \subset V_1$$

und demnach sogar $t > 1-\varepsilon$. Sei $j \neq j_1,\ldots,j_n$. Dann ist bei gegebenem $\varepsilon' > 0$

$$u(x_j) \leq u(x,y,t) - \sum_{i=1}^{n-1} u(x_{j_i}) - tu(y)$$

$$\leq u(a) - \sum_{i=1}^{n} u(a_i) + \varepsilon' = \varepsilon' ,$$

falls nur δ, U_i und ε klein genug sind. Man erreicht $x_j \in U$ und folglich

$$(x,y,t) \in U_1\ldots U_{n-1} U^{m-n} \times U_n \times]1-\varepsilon,1] .$$

Sei schließlich $a = o$. Dann gibt es U und V wie oben mit $Z_m \cap (U^m \times V) \subset A$. Wir definieren B als die Menge der Wege w mit

(a) $e_w < \delta$

(b) $w(\delta) \in V'$.

Dann folgt aus $\gamma_m(x,y,t) \in B$ $x_i \in U$ und $y \in U$ oder $t < \frac{1}{2}$, falls δ genügend klein ist. Außerdem ist $(y,t) = w(e_w) = w(\delta) \in V'$, folglich $(y,t) \in V$ und demnach $(x,y,t) \in U^m \times V$. ∎

(17.8) Der folgende Hilfssatz wird zum Beweis von Hilfssatz 12 in der nächsten Nummer verwendet.

Hilfssatz 14.

Voraussetzung: Sei $q : Y \longrightarrow B$ eine Abbildung, $A \subset B$, V Hof von A in B. Die Einschränkungen von q $q_A : Y_A \longrightarrow A$ und $q_{B-A} : Y_{B-A} \longrightarrow B-A$ (vgl.(7.26),(5.12)) seien h-Faserungen. $V-A$ habe eine numerierbare nullhomotope Überdeckung. Es gebe ein kommutatives Diagramm

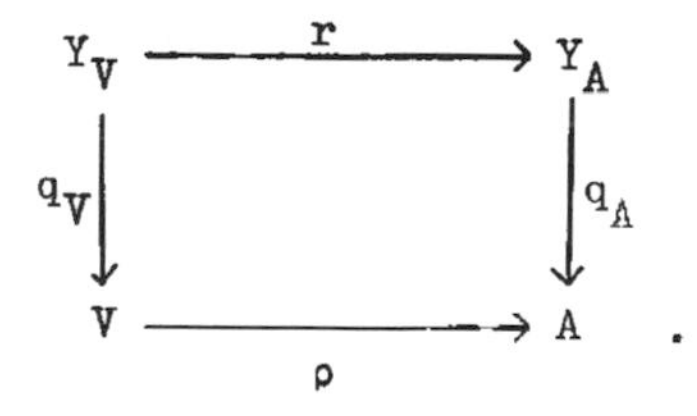

Darin sei ρ eine Deformationsretraktion, r eine h-Äquivalenz, $r_A = r|Y_A$ eine h-Äquivalenz. Für $b \in V-A$ sei $r_b : Y_b \longrightarrow Y_{\rho(b)}$ eine h-Äquivalenz.

Behauptung: Es gibt ein kommutatives Diagramm

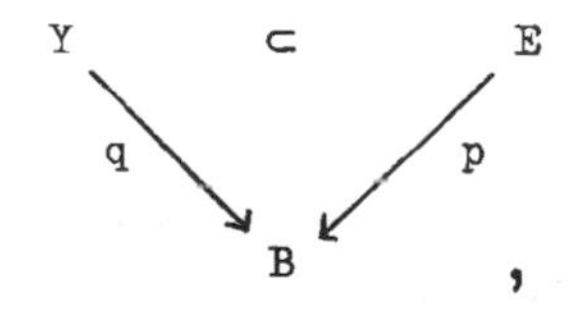

so daß gilt: (a) p ist eine h-Faserung;

(b) Y ist starker Deformationsretrakt von E;

(c) Y_A ist starker Deformationsretrakt von E_A über A;

(d) Y_{B-A} ist starker Deformationsretrakt von E_{B-A} über $B-A$.

Beweis. Wir gehen aus von dem Diagramm

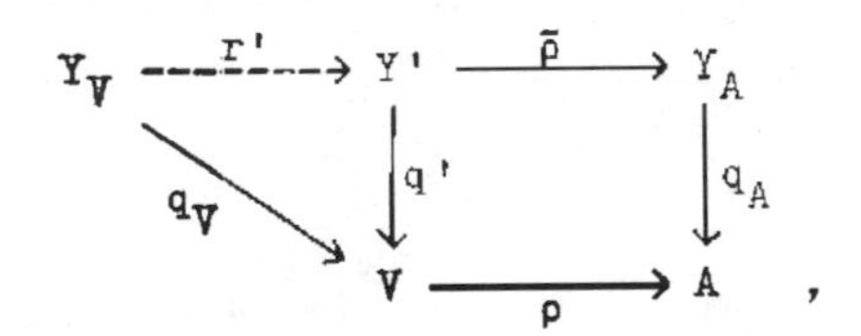

in dem q' die durch ρ von q_A induzierte h-Faserung ist und r' durch $q'r' = q_V$ und $\tilde{\rho}r' = r$ bestimmt ist. $\tilde{\rho}$ ist nach (7.30) eine h-Äquivalenz, weil ρ eine h-Äquivalenz und q_A eine h-Faserung ist. r' ist eine h-Äquivalenz, weil $\tilde{\rho}$ und r h-Äquivalenzen sind.

Konstruktion von E: In der topologischen Summe $Y + Y_V \times I + Y'$ identifizieren wir y und $(y,0)$ sowie $(y,1)$ und $r'(y)$, für $y \in Y_V$. Die Abbildungen q, $q_V \circ pr_1$ und q' auf den drei Summanden sind mit diesen Identifizierungen verträglich und induzieren $p : E \longrightarrow B$. Wir haben offenbar eine Einbettung $Y \subset E$.

Wir beweisen (b),(c),(d) und (a), in dieser Reihenfolge.

(b) Y_V ist nach (1.26) und (2.29) starker Deformationsretrakt von E_V, denn E_V ist der Abbildungszylinder von r' und r' ist eine h-Äquivalenz. Folglich ist Y starker Deformationsretrakt von E.

(c) Wir können E_A als Abbildungszylinder von r'_A auffassen. Wir haben ein kommutatives Diagramm

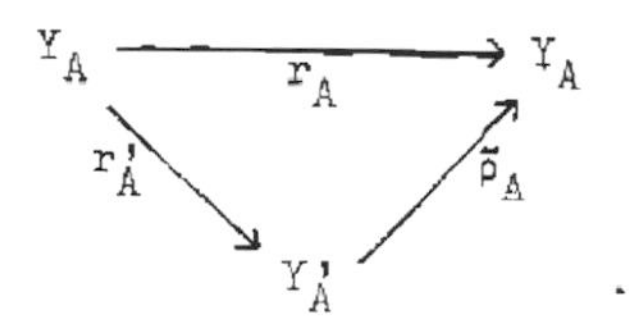

$\tilde{\rho}_A$ ist ein Homöomorphismus, weil $\rho|A$ die Identität von A ist. Weil r_A nach Voraussetzung eine h-Äquivalenz ist, ist auch r'_A eine h-Äquivalenz, und sogar über A nach (6.21), da q_A und q'_A h-Faserungen sind. Dann ist aber nach (2.29), übertragen auf die Kategorie Top_A der Räume über A, Y_A starker Deformationsretrakt von E_A über A, weil $Y_A \subset E_A$ eine Cofaserung über A ist ((1.26)(b) angewandt auf Top_A).

(d) Wir haben ein kommutatives Diagramm

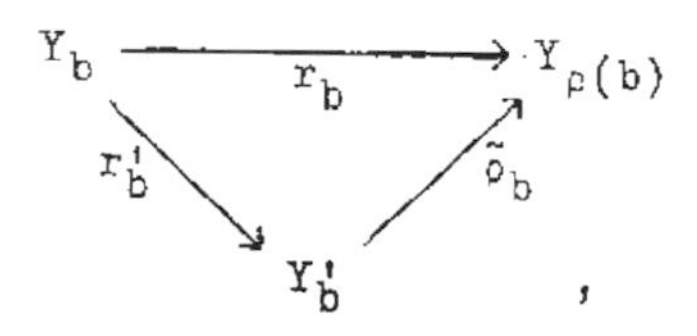

in dem $\tilde{\rho}_b$ ein Homöomorphismus ist. Folglich ist r'_b für jedes $b \in V-A$ eine h-Äquivalenz. Weil q_{V-A} und q'_{V-A} h-Faserungen sind und $V-A$ eine numerierbare nullhomotope Überdeckung hat, ist r'_{V-A} eine h-Äquivalenz über $V-A$ (s.(9.3)). Analog zu (c) ist dann Y_{V-A} starker Deformationsretrakt von E_{V-A} über $V-A$. Folglich ist Y_{B-A} starker Deformationsretrakt von E_{B-A} über $B-A$.

(a) Weil in dem Diagramm

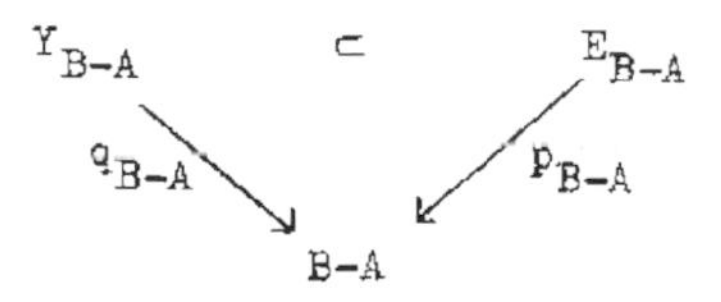

nach (d) die Inklusion eine h-Äquivalenz über $B-A$ ist und weil q_{B-A} eine h-Faserung ist, so ist nach (6.6) auch p_{B-A} eine h-Faserung. Y' ist starker Deformationsretrakt von E_V über V. Folglich ist p_V nach (6.6) eine h-Faserung, weil q' eine h-Faserung ist. Weil schließlich $(V, B-A)$ eine numerierbare Überdeckung von B ist (Ist v eine Hoffunktion von V, so ist $(1-v, v)$ eine Numerierung von $(V, B-A)$.), sagt uns (9.5), daß p eine h-Faserung ist.∎

(17.9) Beweis von Hilfssatz 12.

Wir verifizieren die Voraussetzungen von Hilfssatz 14 für die Abbildung $q : Y \longrightarrow B$, $B = \Sigma X$, aus (17.4) und $A = \{o\}$. Wir erinnern daran, daß X die am Ende von (17.3) angegebene spezielle Gestalt $X = X_o \vee I$ hat.
Die Abbildung q_A ist sicherlich eine h-Faserung. Die Identifizierung $JX \times C'X \longrightarrow Y$ induziert ein kommutatives Diagramm

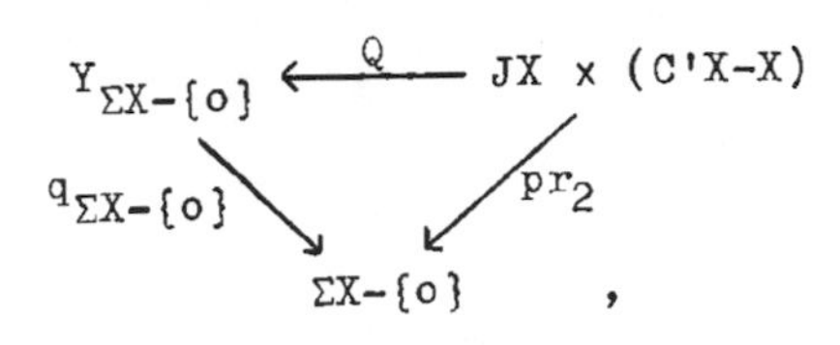

$$\begin{array}{ccc} Y_{\Sigma X-\{o\}} & \xleftarrow{Q} & JX \times (C'X-X) \\ & {\scriptstyle q_{\Sigma X-\{o\}}}\searrow \quad \swarrow{\scriptstyle pr_2} & \\ & \Sigma X-\{o\} & \end{array},$$

in welchem Q ein Homöomorphismus ist, weil $JX \times (C'X-X)$ offen und saturiert in $JX \times C'X$ ist. Also ist auch $q_{\Sigma X-\{o\}}$ eine h-Faserung (nämlich isomorph zu einer trivialen Faserung).
Wegen der speziellen Gestalt von X können wir durch

$$V = \{[x,t] \mid x \in [0,\tfrac{1}{2}[\text{ oder } t \in [0,\tfrac{1}{4}[\cup]\tfrac{3}{4},1]\}$$

eine Umgebung von o in ΣX beschreiben. V ist ein Hof mit der Hoffunktion $v(x,t) = \mathrm{Min}(1, 2u(x), 4t, 4(1-t))$, u

wie am Ende von (17.3).

$V - \{o\}$ hat eine numerierbare nullhomotope Überdeckung.

Beweis. Wir schreiben $V - \{o\} = V_0 \cup V_1$ mit

$$V_0 = \{[x,t] \mid x \in]0,\tfrac{1}{2}[\text{ oder } t \in]0,\tfrac{1}{4}[\}$$

$$V_1 = \{[x,t] \mid x \in]0,\tfrac{1}{2}[\text{ oder } t \in]\tfrac{3}{4},1[\} .$$

Es ist $(X-o) \times \frac{1}{8}$ Deformationsretrakt von V_0 und $(X-o) \times \frac{7}{8}$ Deformationsretrakt von V_1. Ferner ist $X-o$ h-äquivalent zu X_0. Aus Hilfssatz 8 entnehmen wir, daß V_0 und V_1 eine numerierbare nullhomotope Überdeckung haben. (V_0,V_1) ist eine numerierbare Überdeckung von $V - \{o\}$: ist v_0 die Abbildung $[x,t] \longmapsto \mathrm{Min}(2\mathrm{Max}(t-\frac{1}{4},0),1)$, so ist $(1-v_0,v_0)$ eine Numerierung von (V_0,V_1). Unsere Behauptung über $V - \{o\}$ folgt jetzt aus der folgenden einfachen Bemerkung: Sei (V_λ) eine numerierbare Überdeckung eines Raumes X. Hat jedes V_λ eine numerierbare nullhomotope Überdeckung, so auch X.

Wir konstruieren eine Homotopie $\varphi : V \times I \longrightarrow V$ von $\varphi_0 = \mathrm{id}_V$ nach $\varphi_1 : V \xrightarrow{\rho} A \subset V$, wie es folgende Zeichnung veranschaulicht.

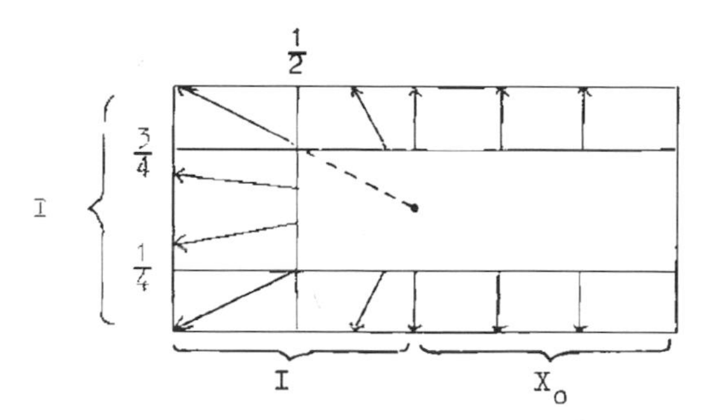

φ zeigt insbesondere, daß ρ eine Deformationsretraktion ist.

Sei $\tilde{V} \subset C'X$ Urbild von V bei der kanonischen Projektion $C'X \longrightarrow \Sigma X$. Die Homotopie φ wird von einer Homotopie $\tilde{\varphi} : \tilde{V} \times I \longrightarrow \tilde{V}$ induziert, wie die Zeichnung zeigt. Wir definieren eine Homotopie $\varphi' : Y_V \times I \longrightarrow Y_V$ durch das kommutative Diagramm

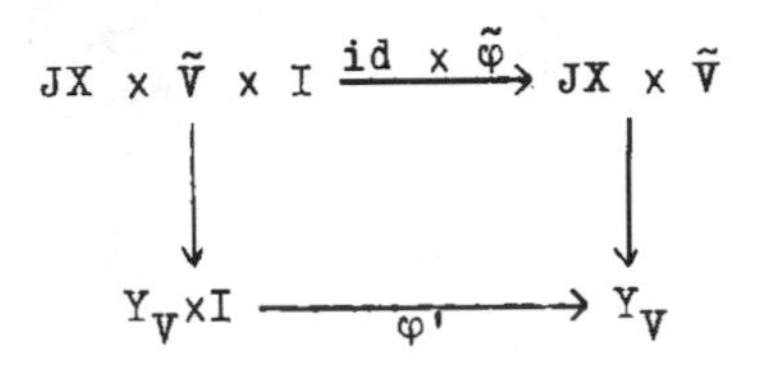

φ' ist stetig, denn $JX \times \tilde{V} \longrightarrow Y_V$ ist eine Identifizierung, weil $JX \times \tilde{V}$ offen und saturiert ist. Wir definieren $r : Y_V \longrightarrow Y_o$ durch $r(y) = \varphi'(y,1)$.
Es handelt sich um eine Deformationsretraktion.
Schließlich ist $r_b : Y_b \longrightarrow Y_o$ für $b \in V-\{o\}$ eine h-Äquivalenz. Wir haben nämlich ein kommutatives Diagramm

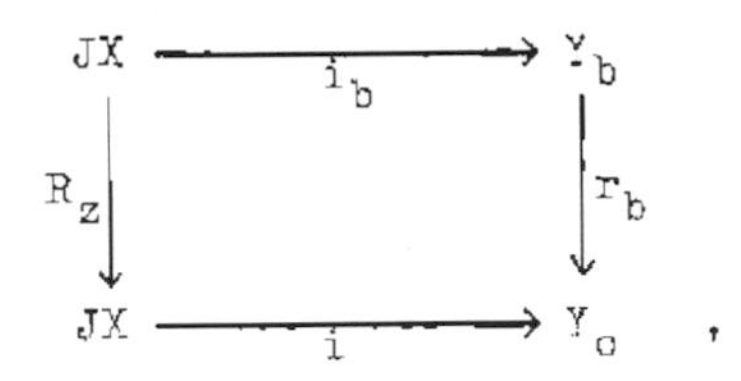

wobei $i_b(x) = (x,b)$, $i(x) = (x,o)$, $R_z(x) = xz$ mit einem durch $\tilde{\varphi}(b,1) = (z,1) \in C'X$ bestimmten Element z. i_b ist ein Homöomorphismus. i ist eine h-Äquivalenz (Hilfssatz 10). Die Abbildung R_z ist homotop zu id_{JX}, da X wegweise zusammenhängend ist. Damit ist Hilfssatz 12 bewiesen. ■

(17.10) Wir zeigen an Beispielen, daß η_X im allgemeinen keine h-Äquivalenz ist, wenn man eine der Voraussetzungen (a)-(c) über X im Satz aus (17.3) wegläßt.

(a) Wegweise zusammenhängend. Sei X topologische Summe seiner Wegekomponenten. Ein Homomorphismus $h_u : JX \longrightarrow \Omega'\Sigma X$ induziert einen Homomorphismus

$$\pi_0(JX) \longrightarrow \pi_0(\Omega'\Sigma X).$$

$\pi_0(JX)$ ist das freie Monoid über der punktierten Menge $\pi_0 X$, während $\pi_0(\Omega'\Sigma X) \cong \pi_0(\Omega\Sigma X) \cong \pi_1(\Sigma X)$ eine Gruppe ist.

(b) Numerierbare nullhomotope Überdeckung. Sei X der durch die folgende Zeichnung veranschaulichte Unterraum der Ebene R^2.

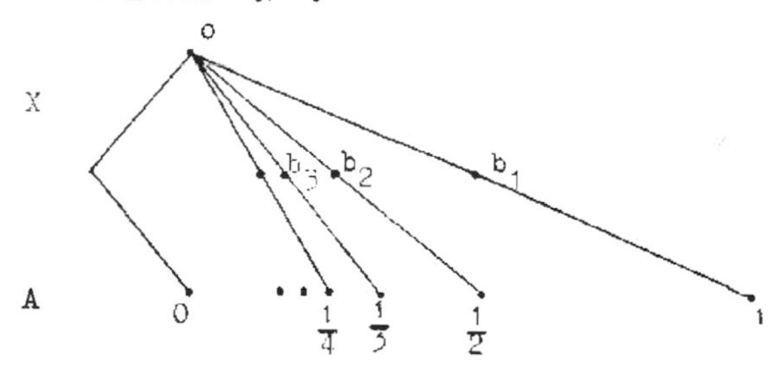

Sei $A = \{a_0, a_1, a_2, \ldots\} \subset X$, wobei $a_0 = (0,0)$, $a_n = (\frac{1}{n}, 0)$ $(n = 1,2,3,\ldots)$, und sei $U_n = X - \{b_n, b_{n+1}, b_{n+2}, \ldots\}$.
Sei h' punktiert h-invers zu $h = h_u$.
Sei $i : \Omega'\Sigma X \longrightarrow \Omega'\Sigma X$ ein h-Inverses für die Verknüpfung im punktierten H-Raum $\Omega'\Sigma X$ (s.(12.1)). Wir setzen $i' = h'ih$. Die Abbildung $A \longrightarrow JX$, $a \longmapsto i'(a)\cdot a$, ist nullhomotop, weil

$$a \longmapsto h(i'(a)\cdot a) = hi'(a)\cdot h(a)$$

homotop zu

$$a \longmapsto ih(a)\cdot h(a) ,$$

also nullhomotop, ist. Sei $\varphi : A \times I \longrightarrow JX$ eine Nullhomotopie. JU_n ist offen in $JX = \bigcup JU_n$. Folglich ist die kompakte Menge $\varphi(A \times I)$ in einem JU_n enthalten. Es folgt, daß $i'a_n$ ein Linksinverses von a_n in $\pi_o(JU_n)$ ist. Andererseits ist aber $a_n \neq 0$ in $\pi_o(JU_n)$. Widerspruch.

(c) <u>h-wohlpunktiert</u>. Sei X der durch die folgende Zeichnung veranschaulichte Unterraum von R^2 .

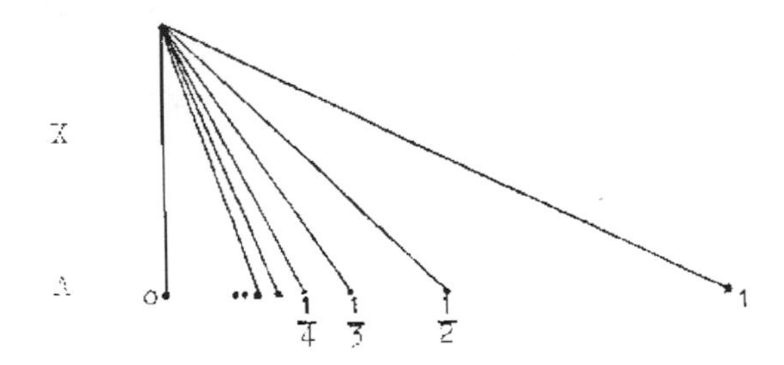

Sei A wie im letzten Beispiel erklärt. JX ist wegweise zusammenhängend, weil X wegweise zusammenhängend ist. $\Omega'\Sigma X$ ist nicht wegweise zusammenhängend. Wir zeigen nämlich, daß $\pi_1(\Sigma X) \neq 0$ ist. Wir verwenden singuläre Homologie. In der exakten Sequenz

$$H_2(\Sigma X, \Sigma A) \longrightarrow H_1(\Sigma A) \longrightarrow H_1(\Sigma X)$$

ist $H_1(\Sigma A) \cong \prod_1^\infty Z$ überabzählbar, während $H_2(\Sigma X, \Sigma A) \cong H_2(\Sigma(X/A)) \cong H_1(X/A) \cong \tilde{H}_o(A)$ abzählbar ist (man beachte: X/A ist wohlpunktiert). Folglich ist $H_1(\Sigma X)$ überabzählbar und deshalb auch $\pi_1(\Sigma X)$ (vgl. Hu[12], Theorem 6.1).

Anhang

In diesem Anhang tragen wir den Beweis von Satz (1.19)(b) nach.

Satz. (vgl. Puppe [21], Fußnote [1]) auf S.81, Strøm [27], 2. Lemma 3).
X sei ein topologischer Raum, A ein Teilraum von X, $i : A \subset X$ die Inklusion.

Behauptung. Ist $(X \times 0) \cup (A \times I)$ Retrakt von $X \times I$, dann ist die in (1.18) definierte bijektive stetige Abbildung $l : Z_i \longrightarrow (X \times 0) \cup (A \times I)$ ein Homöomorphismus.

Beweis. Wir folgen Strøm [27], 2. Lemma 3.
Nachzuweisen ist die Stetigkeit von l^{-1}.
Zunächst identifizieren wir die dem Abbildungszylinder von i zugrunde liegende Menge unter der bijektiven Abbildung l mit $(X \times 0) \cup (A \times I)$.
Wir haben dann zu zeigen: die durch das Produkt $X \times I$ auf $(X \times 0) \cup (A \times I)$ induzierte Teilraumtopologie ist feiner als die Topologie des Abbildungszylinders.

Sei also C eine Teilmenge von $(X \times 0) \cup (A \times I)$, so daß $C \cap (X \times 0)$ offen in $X \times 0$ und $C \cap (A \times I)$ offen in $A \times I$ ist.

Behauptung. C ist offen im Teilraum $(X \times 0) \cup (A \times I)$ von $X \times I$.

Beweis. Wir definieren $U \subset X$ durch

$$U := \{x \in X \mid (x,0) \in C\}.$$

U ist offen in X, da $C \cap (X \times 0)$ offen in $X \times 0$ ist.
Ferner definieren wir offene Teilmengen $U_1, U_2, U_3, \ldots$ von X durch

$U_n := \bigcup \{V \mid V$ ist offene Teilmenge von X und

$(V \cap A)\times[0,\frac{1}{n}[\subset C\}$.

Wir setzen

$$B := U\times 0 \cup \bigcup_{n=1}^{\infty}((A \cap U_n)\times[0,\tfrac{1}{n}[) .$$

Behauptung.

(1) $C = (C \cap (A\times]0,1])) \cup B$.

Beweis von (1). " $\subset$ " Sei $c \in C \subset (X\times 0) \cup (A\times I)$.

Fall 1: $c = (x,0)$ für ein $x \in X$. Dann $c \in U\times 0 \subset B$.

Fall 2: $c = (a,t)$ für ein $a \in A$, $t \in]0,1]$. Dann $c \in C \cap (A\times]0,1])$.

" $\supset$ " Zu zeigen ist: $B \subset C$.

Sei $b \in B$. Fall 1: $b \in U\times 0$. Dann $b \in C$ nach Definition von U. Fall 2: $b \in (A \cap U_n)\times[0,\frac{1}{n}[$ für eine natürliche Zahl $n \geq 1$, d.h. $b = (a,t)$ für ein $a \in A \cap U_n$ und ein $t \in [0,\frac{1}{n}[$. Da $a \in A \cap U_n$, gibt es eine offene Teilmenge V von X mit $a \in A \cap V$ und $(V \cap A)\times[0,\frac{1}{n}[\subset C$.
Also $b = (a,t) \in C$.

Wir betrachten die Gleichung (1).
$C \cap (A\times I)$ ist nach Voraussetzung offen in $A\times I$.
Daher ist $C \cap (A\times]0,1])$ offen in $A\times]0,1]$.
$A\times]0,1]$ ist offen in $(X\times 0) \cup (A\times I)$. Also ist $C \cap (A\times]0,1])$ offen in $(X\times 0) \cup (A\times I)$.
Wenn wir zeigen:

(2) B ist offen in $(X\times 0) \cup (A\times I)$,

haben wir bewiesen, daß C offen in $(X\times 0) \cup (A\times I)$ ist.

Zunächst weisen wir nach

(3) $A \cap U = A \cap \bigcup_{n=1}^{\infty} U_n$.

(4) Ist V eine offene Teilmenge von X mit $V \cap A \subset U_n$, dann gilt $V \subset U_n$.

Zu (3): "$\supset$" Sei $x \in A \cap \bigcup_{n=1}^{\infty} U_n$.

Dann gibt es n_o mit $x \in A \cap U_{n_o}$. Es existiert dann also eine offene Teilmenge V von X mit $x \in A \cap V$ und $(V \cap A) \times [0,\frac{1}{n_o}[\subset C$. Also $(x,0) \in C$, d.h. $x \in U$ und daher $x \in A \cap U$.

"$\subset$" Sei $x \in A \cap U$. Also $(x,0) \in C$ und $x \in A$, also $(x,0) \in C \cap (A \times I)$. Da $C \cap (A \times I)$ nach Voraussetzung offen in $A \times I$ ist, existiert eine offene Teilmenge V' von A und eine natürliche Zahl $n_o \geq 1$ mit $(x,0) \in V' \times [0,\frac{1}{n_o}[\subset C$. Da V' offen in A ist, existiert eine offene Teilmenge V von X mit $V' = V \cap A$.

Also $(x,0) \in V' \times [0,\frac{1}{n_o}[= (V \cap A) \times [0,\frac{1}{n_o}[\subset C$, also $x \in U_{n_o}$, also $x \in A \cap \bigcup_{n=1}^{\infty} U_n$.

Zu (4): Wir zeigen: $(V \cap A) \times [0,\frac{1}{n}[\subset C$.

Sei $v \in V \cap A$, also $v \in U_n$, da $V \cap A \subset U_n$. Es gibt also eine offene Teilmenge W von X mit $v \in W \cap A$ und $(W \cap A) \times [0,\frac{1}{n}[\subset C$. Also $\{v\} \times [0,\frac{1}{n}[\subset C$.

Aus (4) folgt insbesondere: eine offene Teilmenge von X , die A nicht trifft, ist Teilmenge von U_n für alle n.

Daraus ergibt sich unmittelbar:

(5) $X - \bigcup_{n=1}^{\infty} U_n \subset \bar{A}$, wo $\bar{A}$ die abgeschlossene Hülle von A in X bezeichnet.

Wir nutzen jetzt die Voraussetzung " $(X \times 0) \cup (A \times I)$ ist Retrakt von $X \times I$ " aus und beweisen

(6) $U \subset \bigcup_{n=1}^{\infty} U_n$:

Sei $r: X \times I \longrightarrow (X \times 0) \cup (A \times I)$ eine Retraktion.

Ist $t \in]0,1]$, dann ist $A \times t$ die abgeschlossene Hülle von

$A \times t$ in $(X \times 0) \cup (A \times I)$. Da r stetig ist und die Punkte von $A \times I$ festläßt, gilt für $t \in]0,1]$:

$$(6') \quad r(\bar{A} \times t) = A \times t.$$

Wir behaupten:

$$(6'') \quad r((X - \bigcup_{n=1}^{\infty} U_n) \times I) \subset (X - U_n) \times I \quad \text{für alle } n.$$

Beweis von (6"): Sei $x \in X - \bigcup_{n=1}^{\infty} U_n$, $t \in I$.
Wir nehmen an: es gibt eine natürliche Zahl $n \geq 1$ mit $r(x,t) \in U_n \times I$. Da r stetig ist und U_n offen in X ist, gäbe es dann offene Umgebungen V und M von x bzw. t in X bzw. I mit $r(V \times M) \subset U_n \times I$.
Es würde folgen:

$$(V \cap A) \times t = r((V \cap A) \times t) \subset U_n \times I ,$$

also $V \cap A \subset U_n$, daher nach (4) $V \subset U_n$ und somit $x \in U_n \subset \bigcup_{n=1}^{\infty} U_n$. Unsere Annahme führt also zu einem Widerspruch, d.h. (6") ist bewiesen.

Sei jetzt $x \in X - \bigcup_{n=1}^{\infty} U_n$. Aus (5), (6'), (6") und (3) folgt für alle $t \in]0,1]$:

$$r(x,t) \in (A \cap (X - \bigcup_{n=1}^{\infty} U_n)) \times I = (A \cap (X - U)) \times I \subset (X - U) \times I$$

und daher, da r stetig ist und $X - U$ abgeschlossen in X ist:

$(x,0) = r(x,0) \in (X - U) \times I$, also $x \in X - U$.

Das zeigt: $X - \bigcup_{n=1}^{\infty} U_n \subset X - U$, d.h. (6) ist bewiesen.

Wir definieren jetzt: $V_n := U \cap U_n$, $n = 1,2,3,\ldots$.
Dann gilt:

$$(7) \quad U = \bigcup_{n=1}^{\infty} V_n ,$$

denn $\bigcup_{n=1}^{\infty} V_n = \bigcup_{n=1}^{\infty} (U \cap U_n) = U \cap \bigcup_{n=1}^{\infty} U_n = U$, da

nach (6) $U \subset \bigcup_{n=1}^{\infty} U_n$.

Wir behaupten:

(8) $A \cap U_n = A \cap V_n$.

Beweis von (8): $A \cap U_n \supset A \cap V_n$, da $V_n \subset U_n$.
Sei $x \in A \cap U_n$. Da $x \in U_n$, gibt es eine offene Teilmenge W von X mit $x \in W$ und $(W \cap A) \times [0,\frac{1}{n}[\subset C$.
Da $x \in W \cap A$, folgt $(x,0) \in C$, d.h. $x \in U$.
Also $x \in A \cap U_n \cap U = A \cap V_n$.

Mit Hilfe von (7) und (8) beweist man leicht:

(9) $B = ((X \times 0) \cup (A \times I)) \cap \bigcup_{n=1}^{\infty} (V_n \times [0,\frac{1}{n}[)$.

Da V_n offen in X ist, folgt aus (9): B ist offen in $(X \times 0) \cup (A \times I)$.
Wir haben also (2) bewiesen und sind fertig. ■

Literaturverzeichnis

[1] Blakers, A.L.; Massey, W.S., The homotopy groups of a triad II. Ann. of Math. 55 (1952), 192-201.

[2] Bourbaki, N., Eléments de mathématique, Livre III, Topologie générale, Chapitre 9, Utilisation des nombres réels en topologie générale, 2e édition. Hermann, Paris (1958).

[3] ———, Eléments de mathématique, Livre III, Topologie générale, Chapitre 10, Espaces fonctionnels, 2e édition. Hermann, Paris (1961).

[4] Brinkmann, H.-B.; Puppe, D., Kategorien und Funktoren. Lecture Notes in Mathematics No. 18, Springer, Berlin (1966).

[5] Brown, R., Elements of Modern Topology. Mc Graw-Hill, London (1968).

[6] Dold, A., Partitions of unity in the theory of fibrations. Ann. of Math. 78 (1963), 223-255.

[7] ———, Halbexakte Homotopiefunktoren. Lecture Notes in Mathematics No. 12, Springer, Berlin (1966).

[8] Dold, A., Thom, R., Quasifaserungen und unendliche symmetrische Produkte. Ann. of Math. 67 (1958), 239-281.

[9] Eilenberg, S.; Steenrod, N., Foundations of Algebraic Topology. Princeton University Press (1952).

[10] Freudenthal, H., Über die Klassen der Sphärenabbildungen I. Compositio Math. 5 (1937), 299-314.

[11] Hilton, P.J., An Introduction to Homotopy Theory. Cambridge University Press (1961).

[12] Hu, S.T., Homotopy Theory. Academic Press, New York and London (1959).

[13] Hurewicz, W.; Wallman, H., Dimension Theory. Princeton University Press (1948).

[14] James, I.M., Reduced product spaces. Ann. of Math. 62 (1955), 170-197.

[15] Kamps, K.H., Faserungen und Cofaserungen in Kategorien mit Homotopiesystem. Dissertation, Saarbrücken (1968).

16] Lang, S., Introduction to Differentiable Manifolds. Interscience Publishers, New York, London (1962).

17] Mitchell, B., Theory of categories. Academic Press, New York (1965).

18] Nomura, Y., On mapping sequences. Nagoya Math. J. 17 (1960), 111-145.

9] Puppe, D., Homotopiemengen und ihre induzierten Abbildungen I. Math. Zeitschrift 69 (1958), 299-344.

0] ——————, Faserräume. Vorlesungsausarbeitung, Saarbrücken (1964).

1] ——————, Bemerkungen über die Erweiterung von Homotopien. Arch. Math. 18 (1967), 81-88.

[22] ———————, Die Einhängungssätze im Aufbau der Homotopietheorie. Jahresbericht DMV 71 (1969), 48-54.

[23] Schubert, H., Topologie. B.G. Teubner, Stuttgart (1964).

[24] Spanier, E.H., Algebraic Topology. Mc Graw-Hill, New York (1966).

[25] Steenrod, N., The Topology of Fibre Bundles. Princeton University Press (1951).

[26] Strøm, A., Note on cofibrations. Math. Scand. 19 (1966), 11-14.

[27] ———————, Note on cofibrations II. Math. Scand. 22 (1968), 130-142.

[28] Puppe, D., Some well known weak homotopy equivalences are genuine homotopy equivalences. Erscheint demnächst in Symposia Mathematica Vol. V, Istituto Nazionale di Alta Matematica, Universität Rom, Academic Press.

Stichwortverzeichnis

Bitte wenden / Contir